农业现代化进程中农牧户兼业动机及影响因素研究

——以内蒙古农村牧区为例

句　芳　编著

中国农业出版社

本书受到以下项目资助：

国家自然科学基金项目——青年科学基金项目《农业现代化进程中农户兼业动机及影响因素研究——以内蒙古农村牧区为例》（项目批准号：71303103）

国家自然科学基金项目——地区科学基金项目《奶牛不同养殖模式的演化、影响因素及效率的实证研究——以内蒙古为例》（项目批准号：71463040）

农村牧区综合发展创新团队（批准号：NDPYTD 2013 -6）

内蒙古畜牧业经济研究基地项目

内蒙古农村牧区发展研究所项目

前　　言

　　农业是国民经济的命脉，农业现代化是国民经济现代化的基础。伴随我国工业化、信息化、城镇化和农业现代化进程，农业物质技术装备水平不断提高，农村劳动力大量转移，农村劳动力向非农产业和城镇转移，是世界各国工业化、城镇化的普遍趋势，也是农业现代化的必然要求。由此可见，兼业现象将伴随着工业化、城镇化的始终。农户是农村社会最微观的经济主体，改革开放以来在生产经营活动中拥有了更大的生产经营自主权，可以根据自身的资源条件来安排生产经营活动。兼业行为对农户而言是一种家庭内劳动力资源的优化配置，通过参与非农活动，农户可以充分利用家庭闲置资源（劳动力、设备、建筑物等）或改变其用途以获取更多收入，从而分散农业经营风险、熨平收入波动。然而，在内蒙古农村牧区农业与非农业劳动力市场之间已经建立起广泛联系的情况下，有的农牧户依然将全部劳动时间用于农业劳动，有的农牧户几乎将全部劳动时间配置于非农业劳动，大多数农牧户则是将劳动时间按照不同的比例分配于农业与非农业劳动之间。那么为什么不同农牧户所做出的劳动时间配置决策会呈现出如此大的差异性？不同类型的农牧户兼业动机何在？影响内蒙古农村牧区农牧户兼业时间的因素有哪些？其具体作用机制又是如何？以内蒙古农村牧区为例，研究农业现代化进程中农牧户兼业行为动机及影响因素，对于促进内蒙古地区的农业可持续发展有着深远的意义，同时也为内蒙古地区各级政府制定相关政策促进农户兼业的发展提供理论依据和政策建议。

本研究的总目标是探索在农业现代化、工业化和城市化进程快速发展这一特定阶段下，作为欠发达地区和农业主产区的内蒙古农村牧区的农牧户兼业行为基本规律。具体目标包括：通过分析中国发达地区农户的兼业发展阶段来进一步研究欠发达地区农户兼业的发展特征；总结日本农户兼业的发展规律；从理论角度剖析农户兼业行为的动机与决策；从实证角度分析影响农牧户兼业行为的相关因素与作用机理；分析农牧户兼业生产经营特征；注重分析农牧户土地流转特征；探析不同经营模式农牧户的未来经营意向，判断内蒙古农村牧区农牧户兼业的总体发展趋势。本研究的数据来源为2014年初在内蒙古农村牧区所做的问卷调查，采用分层抽样法选取了样本县、乡镇和村（按人均纯收入分层），从各个盟（市）抽取1～3个旗（县），再采用类似的抽样方法从每个样本旗（县）中抽取 2～3 个乡（苏木），然后在每个乡（苏木）抽取 1～3 个行政村，最后在每个村根据人口规模随机抽取一定数量的农牧户作为调查样本。共发放 1 600 份农牧户问卷和 135 份村（嘎查）[①] 问卷，其中，农牧户有效调查问卷 1 332 份，有效问卷率为 83.3%；村（嘎查）调查问卷收回 130 份，有效问卷率为 96.3%。样本数据涵盖内蒙古农村牧区的 11 个盟（市）[②]，26 个旗（县），54 个乡镇（苏木）[③]。

　　本研究运用二分类 Logistic 模型结合农牧户家庭人力资本特征、家庭特征、土地资源特征、获取信息特征、社会环境特征、地理区域特征变量对农牧户的兼业动机与决策进行了实证分析；此外，从农牧户家庭劳动力人力资本特征维度、家庭特征维度、资源禀赋特征维度、土地流转情况维度、社会资产维度、获取信息能力维度、社会环境维度、不同经营模式虚拟变量、地理区域特征虚拟变量，运用 Tobit 模型对内蒙古农村牧区农牧户兼业时间的影响因素进行了计量统计分析；另外，采用无序多分类 Logistic 概率模型分别对不同经营模式农牧户土地承包经营权流转的影

---

　　① "嘎查"，设在内蒙古自治区有关盟（市）所属旗的行政编制下，与行政村平级。

　　② 内蒙古自治区共包括 12 个盟市，此次调研未包含乌海市，主要是因为该城市为城市工矿区。

　　③ "苏木"，源自蒙古语，指一种介于旗及村之间的行政区划单位。

响因素进行了回归分析。

本研究主要得出以下几点研究结论：

（1）纵观中日农户兼业发展历程及阶段，日本农户兼业发展经历了兼业发展初期（纯农户为主体，兼业户初见端倪）——兼业发展中期（兼业户和纯农户并存，Ⅰ兼户为主体）——兼业发展后期（兼业户和纯农户并存，Ⅱ兼户为主体）——兼业发展末期（纯农户和非农户并存，农业现代化发展时期）四个阶段；中国发达地区农户兼业主要经历了三个阶段，从兼业发展初级阶段（纯农户为主体）到兼业发展中级阶段（兼业户的萌芽及发展阶段）再到兼业发展高级阶段（非农户崭露头角，不同经营模式农户并存）；中国欠发达地区兼业发展还处于兼业发展中级阶段。

（2）家庭劳动力最高学历、接受过非农业技术培训的劳动力人数、所有劳动力从事非农工作平均年数变量、家庭总人口数、从事非农工作的总人数占劳动力总人数的比例、15 岁以下孩子人数、农牧户土地类型、承包土地灌溉方便程度、2013 年是否转出自家土地、2013 年通讯费支出均对农牧户兼业行为具有显著的正向影响，户主年龄、家庭中 65 岁以上老人人数、2013 年是否转入土地对农牧户兼业行为具有显著的负向影响，而农牧户认为家庭的亲人或朋友中"有本事"的人数对农牧户兼业行为的影响并不显著。

（3）农牧户劳动力平均年龄及其平方项对农牧户

兼业时间的影响呈倒"U"型，劳动力的最高学历、接受过非农业技术培训的劳动力人数、所有劳动力从事非农工作平均年数、家庭总人口、农牧户家庭中从事非农工作的总人数占劳动力总人数的比例、农牧户家庭所有劳动力兼业总收入以及农牧户家庭中15岁以下孩子的数量、承包地总面积、土地类型、承包土地灌溉方便程度、是否转出自家土地、农牧户家庭的亲人或朋友中的"有本事"的人数变量均与其兼业时间呈现显著正相关关系；而农牧户家庭中65岁以上老人人数、农牧户所在村距最近乡镇府所在地的距离变量则与农牧户兼业时间呈现显著的负相关关系；土地细碎化程度与可用机械作用面积占农牧户家庭总播种面积变量估计结果虽然显著，但其估计参数符号与预期相反；农牧户家庭中接受过农业技术培训的劳动力人数、户籍迁移到现工作地或别处的人数、是否转入土地、户主是否为村干部、农牧户当年通讯费支出、农牧户所在村的位置和村里是否有人提供农技服务变量的估计参数并不显著。

（4）户主年龄、户主受教育程度、家庭承包土地面积和农牧户是否获得社会保障变量是不同经营模式农牧户参与土地承包经营权流转的共同影响因素；户主的非农就业地点对Ⅰ兼农牧户和Ⅱ兼农牧户均呈现显著影响，但对于纯农牧户和非农牧户土地承包经营权流转均影响不显著；非农收入占家庭总收入的比重对Ⅱ兼农牧户和非农牧户均具有显著影响，而对于纯农牧户和非农牧户参与土地承包经营权流转均无显著影响。

（5）样本纯农牧户选择当前经营模式是人力资本要素和家庭因素的双重制约条件之下的被动决策结果，Ⅰ兼农牧户主要是受到了收入约束，从而主动选择兼业模式；Ⅱ兼农牧户不放弃农业经营的首要理由表现为从事非农产业风险较大；对于样本农牧户未来经营意向的调查结果显示不同经营模式农牧户继续兼业经营的倾向非常明显，兼业的发展是内蒙古农村牧区劳动力迁移的一个必经过程。

基于上述研究结论，提出以下政策建议：第一，统筹推进土地制度改革，推动农业现代化的发展进程。第二，实行农村牧区教育一体化，创新农村牧区劳动力培训机制。第三，提高内蒙古农村牧区基础设施建设水平，进一步完善公共服务和社会保障。第四，进一步推进户籍制度改革，真正放宽户籍制度。第五，发挥家庭经营的基础作用，继续重视和扶持其发展农牧业生产。

目　　录

第一章 引 言

1.1 研究背景及意义

　　农业是国民经济的基础，农业现代化是国民经济现代化的基础。农业现代化的过程就是使用现代化和市场化生产要素改造传统农业，以现代化的制度安排与先进科学方法组织和管理现代农业，以城市化和工业化推动现代农业，实现农业的专业化、产业化和市场化，提高农业生产率，建设高效可持续农业的过程。城市化是现代农业的根本就业结构特征，城市化是第一产业人口不断减少，第二、三产业人口逐渐增加的过程，是实现农业现代化的必然要求和伴随工业化与农业现代化的必然结果（冯林杰，2010）。农村劳动力向非农产业和城镇转移，是世界各国工业化、城镇化的普遍趋势，也是农业现代化的必然要求，由此可见，农户兼业将伴随着工业化、城镇化的始终。农户兼业已经是一种十分普遍的国际现象。相关文献显示，德国、奥地利等老牌发达国家的农户兼业率都超过 50%，韩国、日本和我国台湾等地区则超过 80%（扶玉枝等，2007）。已有研究表明，兼业是我国工业化城市化进程中的必然现象，并将在长期内普遍存在（高强，1999；梅建明，2005）。农户兼业作为一种分工现象，不仅在世界各国普遍存在，更是中国农村经济转型时期具有自身特色的重要现象。

　　中国在由传统经济向现代化经济转型的过程中，农户兼业现象随之出现并逐渐深化，并且随时间演进兼业现象有明显的增加趋势（郝海广，李秀彬等，2010）。我国自实行家庭联产承包责任制以来，农户兼业开始萌芽；从 20 世纪 80 年代中期开始，农户兼业逐渐深化。自 1990 年以来，随着工业化、城市化的快速发展，农民非农就业行为越来越普遍，农业劳动力转移速度明显增快，农户兼业化的特征越来越显著，兼业农户比例呈上升趋势。1999 年，我国兼业农户所占的比例为 53％，目前达到 70％（李明艳，陈利根等，2009）。农户兼业化程度逐渐加深，因此，农户兼业已经成为我国农村社会经济最为突出的现象（余维祥，1999）。

农户是农村社会最微观的经济主体，是农业生产组织的基础，是村域经济中最基本的生产消费单元。他们的生产经营行为选择与经营结构对我国的农村发展和社会进步有着重要的意义。改革开放以来，农户在生产经营活动中拥有了更大的生产经营自主权，可以根据自身的资源条件来安排生产经营活动。由于我国人多地少，农村（乡村）人均 2.5 亩[①]耕地（2008 年）难以满足人民日益增长的生活需求；加之工业化和城市化快速推进为农民提供的非农就业机会不断增多，促使农村劳动力大规模向非农产业转移，从而形成了农村非农化和农户兼业现象。我国第一次全国农业普查显示，西部地区纯农户占比为 70.27％，农业兼业户占比为 26.01％，非农兼业户占比为 3.72％。[②] 另据中华人民共和国农业部市场与经济信息司提供的资料，我国的农户兼业近些年来快速发展，全家劳动力外出从业时间也在持续增长，2003 年全国为 205 天，其中西部地区为 216 天，2006 年全国为 245 天，其中西部地区为 265 天。2000 年、2005 年、2011 年内蒙古农村牧区人均工资性收入占人均纯收入比例分别为 14.11％、16.88％、19.74％；其中农

---

①　亩为非法定计量单位，1 亩＝1/15 公顷。——编者注
②　全国农业普查办公室，第一次全国农业普查快速汇总结果的公报（第 2 号）。

民人均工资性收入占人均纯收入比例分别为 16.25%、18.59%、21.29%；牧民人均工资性收入占人均纯收入比例分别为 4.87%、8.3%、12.03%，上述数据表明内蒙古农村牧区的农户兼业程度正在不断深化。

兼业行为对农户而言是一种家庭内劳动力资源的优化配置，通过参与非农活动，农户可以通过充分利用家庭闲置资源（劳动力、设备、建筑物等）或改变其用途以获取更多收入，从而分散农业经营风险、熨平收入波动。然而，在内蒙古农村牧区农业与非农业劳动力市场之间已经建立起广泛联系的情况下，有的农牧户仍然将全部劳动时间用于农业劳动，有的农牧户几乎将全部劳动时间配置于非农业劳动，大多数农牧户则是将劳动时间按照不同的比例分配于农业与非农业劳动之间。特别是对于内蒙古地区的牧民来说，尽管其年人均纯收入远远高于农民，而人均工资性收入占人均纯收入比值却不及农民。那么为什么不同农牧户所做出的劳动时间配置决策会呈现出如此大的差异性？不同类型的农牧户兼业动机何在？农牧户在兼业行为决策过程中，哪些因素影响其选择兼业模式，作用机理如何？如果单单从农民个体层面亦或是从西方发展经济学家所普遍运用的宏观经济发展的角度来解释农民的就业行为是不够的，我们还应该从农户家庭决策出发来分析就业行为及其影响因素（王春超，2005）。因此，要想对以上问题做出合理解释，就需要借助于新古典经济学微观行为主体的理性选择理论、农户经济行为理论等相关理论，在实证分析的基础上识别影响内蒙古农村牧区农牧户兼业行为的主要因素与作用机理。

以内蒙古农村牧区为例，研究农业现代化进程中农牧户兼业动机及影响因素，对于丰富我国农户兼业行为的学术研究和实践中的决策参考（尤其对于欠发达地区）具有较好的现实意义。此外，可为内蒙古地区各级政府制定相关政策促进农牧户兼业的发展提供理论依据和政策建议，并对于发挥内蒙古农村牧区农牧户兼业的潜力和优势，增加农牧民收入，促进内蒙古地区的农业可持续发展有着深远的意义。

1.2 国内外研究现状分析

农户兼业行为是世界范围内的普遍现象，各国学者从不同角度运用不同的方法进行了细致而又深入的研究。研究的主要领域为兼业产生的原因或影响因素、特征以及启示等方面，当然，由于研究方法、选取角度和研究对象范围的不同，得出的结论往往有所差异。现将有代表性的学者的研究成果分类概况如下：

1.2.1 农户模型理论研究

在国外，20 世纪 20 年代苏联经济学家 A·恰亚诺夫（Chyanaov）和美国西奥多·舒尔茨两位著名学者最早开辟了农户经济行为研究的先河，并在事实上形成了农户经济理论研究方面的两个主要学派，即"自给小农学派"和"理性小农学派"。前者建立的用于分析苏联小农的农户经济模型，主要分析了俄罗斯农民对劳动力在工作与休闲之间的时间分配行为；而后者则认为农民的经济行为是理性的，提出"农户生产要素配置效率低下的情况是比较少见的。"但在他们之后黄宗智（Philip C. C. Huang）综合上述两个学派的研究结果，借用克利福德·吉尔茨的"内卷化或过密化"（Involution）的概念，创新出"过密化小农学派"，这也就形成了区别之前两位学者的第三个农户经济行为研究学派，"过密化小农学派"。

以上述几位学者的研究为开端，国外学者逐渐完善和丰富着农户经济行为模型。从农户模型的发展历程看，按照对农户效用函数的假设逐渐放松过程和对农户家庭内部成员之间经济行为研究的逐步深入，可以分为两个阶段：第一阶段是假定农户家庭成员具有共同效用函数的单一模型（Unitary Model）阶段。在单一模型的分析框架下，Gary Bacher（1965）、Barnum&squire（1979）、Alain deanery 等（1991）、Huffman（1980，1991，2001）等人各自研究了在不同外部制度环境下的农户劳动力就业问题。其中 Gary Becker（1965）在恰亚诺夫理论的基础上创建了新农户经济学模型；他认为农户作为生产和消费的结合体，在受收入、生产函数和时间的约束下追求其效用最大化。他通过数学方法分析认为，农户实际上可把生产决策同消费决策分开，先决定最优生产问题，然后在收入极大化的前提下再决定最优消费，即所谓的可分性（Separability）或迭代性（Recursive-ness）。此后日本经济学家 Nakajima（1969）、Yutopoulos&Lau（1974）等诸多经济学家先后将此模型进行了扩展、修正和完善。第二阶段是从农户家庭成员之间具有不同效用函数假定出发的集体模型（Colleetive Model）发展阶段（都阳，2001）。在集体模型的分析框架下，Notburga ott（1992）、Chiappori（1988，1992，2002）等人将博弈论的分析方法运用于农户生产、消费和劳动就业行为，农户模型的应用范围也不断由微观层次向宏观层次拓宽。此外，Pit&Rosenzweig（1985），Lopez（1986）、Taylor（1987）、Fafchamps and Sadoulet（1991）、Atana Sahaetal（1994）以及 Andrew Dorward（2006）等都对农户模型的发展做出了贡献（王春超，2005）。

农户模型理论是基于早期经典农户理论的研究之一，与此同时，风险厌恶理论也是农户行为理论发展的重要分支。与农户模型理论不同的是它并非一种系统的、特有的农户经济行为理论而是注重研究农户经济行为中存在的风险和不确定性，农户模型和风险厌恶已经成为现代西方农户经济理论的主流理论。西方农户经济理论为中国农户经济行为研究准备了丰富的理论营养。

1.2.2　农户兼业行为动因研究

关于农户兼业的原因，不同学者有不同的观点。从国外研究来看，日本农业经济学家七户长生等认为农民的收入水平低下是农户兼业的主要决定因素。部分学者则强调农业内部约束，认为土地资源的特点、农业劳动的特点、农业机械化的发展、地价的上涨是农户兼业的根本原因；然而另一种与此相争的观点则认为农户兼业化的根本原因不是单方面的，而是由于城乡生产力的发展，农业劳动力要素以各种形式逐渐向非农转移。日本经济学家嘉田良平归纳了农户兼业产生的社会经济原因，认为农户兼业化的理由可以从"推"和"拉"两方面去理解，形成了较为流行的"推拉"说。一方面，农业非农产业的拉力和内部的推力促进了农户离开农业；这些因素包括：机械的使用，筹措资金，偿还债务，谋求更高的收入，使家庭劳动力变得相对过剩；从外部来看，城市化、工业化，尤其是非农产业地区的分散化，使农民在农业外部的就业机会扩大了。另一方面，农业自身拉力使农户继续保持经营农业。这些因素包括：农业外部就业不稳定，保障机制不健全，就业机会不充分，土地资产价值上升，生活环境清新、宁静，可以享用廉价的自家用粮。Kada，R.（1980）通过对美、日两国的兼业农户的实证研究与比较，认为日本农户参与兼业转移的动机与美国农户基本相同，大多数农户都把谋生作为主要动机。

从国内研究来看，杨学成和赵瑞莹（1998）调查了42个村343个农户，研究了不同类型村庄在兼业化程度上的差异、兼业户与纯农户的经济差异以及农民的兼业动因。农民兼业的主要动机是增加收入和取得生活的"双重保障"，兼业农民未来"身份"的变化主要取决于其主业是否兴旺发达以及农村社会保障体系是否健全。刘君（2005）结合转移风险决策方法，构建出不同转移方案下的成本收益函数，并通过农业劳动力转移行为的成本收益比较分析，认为"兼业性"转移是农民的理性选择。贺振华（2005）从成本收益的角度建立了一个分析框架，分析农户兼业的条件及各种因素对兼业的影响，并从理论上分析了兼业的形成机制以及兼业的后果，提出工业工资、农业收入、农业生产最低投入时间、农户劳动力结构以及农户外出可能从事的工作影响了农户的就业选择。陈晓红、汪朝霞（2007）对苏州农户的兼业行为进行了分析，认为从微观上看，兼业是农户在一定条件下合理配置家庭生产要素的理性选择；从宏观上分析，农村普遍的兼业现象则可能导致农业投入要素质量下降、土地粗放经营等一系列问题。

1.2.3 农户兼业行为影响因素的实证分析

Stallmann, J. I. (1995) 通过实证研究分析了农村劳动力参与兼业性转移的可能性，认为教育有助于农村劳动力的兼业性转移，而农业的职业培训不利于兼业性转移，并且不劳而获收入的获取与参与兼业的可能性负相关。Wood, C. M. (2000) 通过对英格兰与威尔士农户的实证研究，认为农村劳动力对信息的获得影响农户的兼业，农业类型、农场规模、非农就业条件和当地条件对农户的兼业起着重要影响，并且劳动力兼业与当期资产负债的流动率正相关，与劳动力的年龄负相关。劳动力的兼业对农业多样化的影响小于自然条件，但对环境产生了积极影响。Giourga. C. (2006) 通过对希腊某地 114户农户的调查，发现农户兼业是被调查区农业结构的稳定组成部分，并且青年农户往往选择兼业，而农地规模的大小对农户是否选择兼业没有影响。

国内众多学者采用实地调查数据对农户兼业行为进行了实证研究，但由于各学者采用数据来源的差异性，其研究结果不尽相同。其对于农户兼业行为影响因素的研究基本都综合考虑农户内部因素和外部环境因素这两个方面（董昭容等，1996；卫新等，2005；陈宗胜等，2006；句芳等，2008；刘敏，2010等）。其中，句芳，高明华等（2008）利用2007年年初对河南省550个农户的调查数据，结合以往相关研究（赵耀辉，1997；刘秀梅，2004；扶玉枝，2007；陈晓红，2007；王春超，2007等），着重从家庭特征、劳动力个人特征、社会环境几个主要方面提出假设，运用Tobit模型判断影响农户兼业时间的主要因素，并得出相关建议。史清华、黄祖辉（2001）以浙江省农村固定跟踪观察农户资料为基础，对农户家庭收入结构变迁及形成根源进行了实证分析，指出依据"经济理性化准则"，农户家庭会优先选择效率高的业别来配置家庭资源，而家庭资源的非农化投向构成了农户经济增长的重要保障。刘敏（2010）通过建立二元Logistic模型，从村庄概况、农户人口与劳动力、资源禀赋、经营情况、土地流转情况等方面对农户兼业分化影响因素进行计量分析。郝海广和李秀彬（2010）对内蒙古太仆寺旗的23个行政村的农户的家庭基本情况、外出务工情况、家庭畜牧业情况、家庭经营耕地情况进行了调查；并且定量分析了农户之间劳动力资源、土地资源及收入结构对兼业行为的影响，结果表明农业部门与非农业部门之间的劳动收益率的差别是造成农户兼业的根本原因；农户内部不同成员的人力资本差异为农户兼业提供了基本条件；劳动力总数较多、家庭成员最高文化程度越高、拥有农用机械的农户其兼业的可能性越大，而劳均耕地面积、农牧业收入占比较大的农户其兼业的可能性较小。

1.2.4 农户兼业行为效应分析

目前我国学术界对于农户兼业行为影响的研究视角主要集中于农户兼业对农业发展的影响，农户兼业行为与农业专业化是否相矛盾，农户兼业行为与土地经营的关系等方面。总体来说，可以归纳为以下三种观点：第一种是完全否定论。持这种观点的人，一般从农业的角度看待兼业问题，认为兼业一方面使资金流向非农产业，另一方面使农业青壮劳动力投入非农行业，从而引起农业的粗放经营；从农户规模经营的观点看兼业问题的学者认为，土地规模的扩大受到农户兼业化经营阻碍。农户兼业化经营使土地的流转和集中困难，从而形成小规模农户经营的固化，甚至导致农业生产的副业化，不利于农业生产的发展（陆一香，1988；陈言新，彭展，1989；辜胜阻，1992）。第二种是部分肯定论。认为兼业经营在微观即农户层次上是合理的，但在宏观层次上，即从农业现代化、专业化角度来看，兼业经营是不合理的农户兼业经营阻碍了农业现代化。第三种是肯定论。持有该观点的学者认为农户兼业化的产生和存在有深刻的经济原因，是由农户经营的内外条件决定的。Givovagnoli，Mastanori（1977）认为农村劳动力的非农兼业使农户家庭在人力资源和家庭劳动力的配置上更合理、更有计划性。Bollman，R.D.（1982）通过对加拿大农户的调查分析，认为农户兼业可以改善农户和农村社区的福利。Mrohs，E.（1982）认为兼业农户在德国占有重要地位，兼业能增加农户收入，并认为兼业农户将在德国进一步增长。速水佑次郎和神门善久（2003）通过计算，认为日本农户参与兼业性转移在改变农户与非农户收入差距上的作用是显著的。因此，农户兼业化是一种必然的现象，它的产生、存在和发展都是合理的（冯海发，1988）。农户兼业化有利于推动经济的发展，它的作用是积极的；兼业引致了迂回经济的发展，催化了农民组织化的演进，促进了农民个体土地经营规模的扩大和小农经济效率的提高（韩绍凤，2005）。当兼业程度增加时，若农地规模小，同样可以使土地产出率表现为增大（蔡基宏，2005）。

1.2.5 研究现状评述

综上可以看出，现有研究在兼业产生的背景、原因及其后果方面等做了大量研究，研究视角众多、观点多样，为我们进一步研究奠定了坚实的基础。许多国家在进行农业现代化的过程中都存在农户兼业行为。各个国家的农户兼业是与其农业发展历程联系在一起的，不同时期或同一时期但处在不同农业发展阶段的国家，其农户兼业的原因和发展规律也不完全相同。农户兼业是工业化和城镇化过程中的一个趋势，我国发达地区已经十分普遍，研究成果较为丰富。而针对作为欠发达地区和农业主产区的内蒙古农村牧区的农牧户兼业行为的系统研究却尚不多见。

1.3 研究目标

本研究的总目标是：在农业现代化、工业化和城市化进程快速发展的背景下，探索这一特定阶段下，作为欠发达地区和农业主产区的内蒙古农村牧区的农牧户兼业行为基本规律。根据上述总体研究目标，具体目标可以涵盖以下几个方面：

（1）通过分析中国发达地区农户的兼业发展阶段来进一步研究欠发达地区农户兼业的发展特征；总结日本农户兼业的发展规律，提出相应启示。

（2）结合农户模型，从理论角度剖析农户兼业行为的动机与决策。

（3）从内蒙古农村牧区的基本特征出发，从实证角度分析影响农牧户兼业行为的相关因素与作用机理。

（4）结合调查资料的不同样本总体来分析农牧户兼业生产经营特征；注重分析农牧户土地流转特征。

（5）探索不同经营模式农牧户的未来经营意向，判断内蒙古农村牧区农牧户兼业的总体发展趋势。

1.4　研究内容与结构

为了实现研究目标，研究内容主要包括以下八章：

第一章，引言。主要包括研究背景及意义，国内外研究现状分析，研究目标，以及研究内容与结构。

第二章，日中农户兼业发展阶段对比及启示。首先，介绍调查样本的数据来源、调查内容、不同经营模式农牧户家庭特征以及生产资源特征；其次，系统梳理并总结中国发达地区兼业发展各阶段（初级、中级和高级阶段）农户兼业特点；然后以内蒙古农村牧区农牧户为例，分别从兼业劳动力特征、兼业收入和兼业时间角度分析欠发达地区农户兼业发展特征；最后，回顾日本农户兼业发展历程的四个阶段，并进一步提出启示。

第三章，农牧户兼业时间的基本模型与分析框架。首先回顾总结农牧户劳动时间利用的经典理论模型，并以此为基础，构建本研究中农户家庭劳动时间配置的基本分析框架，从理论角度全面深入剖析农户兼业行为的动机与决策。

第四章，农牧户兼业行为的实证分析。分别采用所调查的农牧户样本总体以及农户与牧户样本数据，首先运用 Logistic (Binary Logistic Regession Model) 模型结合农牧户家庭人力资本特征、家庭特征、土地资源特征、获取信息特征、社会环境特征、地理区域特征变量分析农户兼业行为的动机与决策；以此为基础，提出若干待检验理论假设，应用 Tobit 模型，从农牧户家庭劳动力人力资本特征维度、家庭特征维度、资源禀赋特征维度、土地流转情况维度、社会资产维度、获取信息能力维度、社会环境维度、不同经营模式虚拟变量、地理区域特征虚拟变量，对比分析不同样本农牧户的兼业时间的主要影响因素，探讨农牧户兼业行为机理。

第五章，农牧户兼业生产经营特征分析。分别从不同经营模式农牧户、不同经营模式农户与牧户、不同地理区域不同经营模式农牧户、分地区不同经营模式农牧户四个角度分别对内蒙古农村牧区的种植业和养殖业生产经营特征进行分析。

第六章，农牧户土地流转特征分析。首先分析内蒙古农村牧区不同经营模式农牧户土地概况以及土地流转现状，然后进一步探析土地转出和转入的原因，最后对不同经营模式农牧户土地承包经营权流转的影响因素进行实证分析。

第七章，农牧户未来经营意向及发展阶段分析。运用实地调查资料，首先探究样本农牧户选择不同经营模式的原因；而后对不同经营模式农牧户的未来经营意向进行分析；并且以此为基础，对内蒙古农村牧区农牧户兼业发展进行阶段性分析。

第八章，结论与政策建议。本研究的主要结论、相关政策建议以及研究的创新点。

第二章 中日农户兼业发展
阶段对比及启示

  农户兼业既是客观需要，也是必然趋势。从世界范围来看，兼业既是农业生产不断发展的必然产物，也是实现农业现代化的必由之路。农户兼业不仅可以增加农户收入，改善其生活水平，还有助于推动城镇化发展。本章包括如下四部分内容：第一部分首先介绍了本研究所用的数据来源及相关统计分析，而后进一步分析了不同经营模式农牧户的家庭特征和生产资源特征；第二部分探析了中国发达地区农户的兼业发展阶段；第三部分研究了欠发达地区农户兼业的发展特征；第四部分是日本农户兼业的发展历程回顾及启示。

2.1 数据来源及相关统计分析

2.1.1 数据来源及调查内容

  本书分析所用资料来源于课题组 2014 年 1—3 月在内蒙古农村牧区所做的实地调查。调查采取实地走访入户的问卷调查方式，采用分层抽样法选取了样本县、乡镇和村（按人均纯收入分层），从各个盟（市）抽取 1～3 个旗（县），再采用类似的抽样方法从每个样本旗（县）中抽取 2～3 个乡（苏木），然后在每个乡（苏木）抽取 1～3 个行政村，最后在每个村根据人口规模随机抽取一定数量的农牧户作为调查样本。共发放 1 600 份农牧户问卷和 135 份村（嘎查）问卷，其中，农牧户有效调查问卷 1 332 份，有效问卷率为 83.3%；村（嘎查）调查问卷收回 130 份，有效问卷率为 96.3%。样本数据涵盖内蒙古农村牧区的 11 个盟（市），26 个旗（县），54 个乡镇（苏木）（表 2-1）。从调查样本总体的地理区域分布情况来看，东部地区调查农牧户为 502 户，占比 37.69%；中部地区调查农牧户为 348 户，占比 26.13%；西部地区调查农牧户为 482 户，占比 36.18%；样本数据在地理区域分布基本均衡。本研究根据国家统计局农调队统计口径对农牧户进行分类，以农业收入在当年总收入中所占比重为依据：占比 95% 以上的是纯农牧户；占比为 50%～95% 的是 I 兼农牧户；占比为 5%～50% 的是 II 兼农牧户，占比 5% 以下的是非农牧户。

表 2-1　调研地区盟市、旗县、乡、村及农牧户分布表

单位：个，户

地　区	盟（市）	旗（县）	乡（苏木）	村（嘎查）	农牧户
东部地区	呼伦贝尔盟	2	4	10	101
	兴安盟	2	4	10	99
	通辽	3	6	9	89
	赤峰	4	8	21	213
中部地区	呼市	2	5	13	130
	锡林郭勒盟	2	3	7	75
	乌兰察布市	2	5	13	143
西部地区	包头	2	4	10	100
	鄂尔多斯	3	7	18	183
	巴彦淖尔市	3	6	17	179
	阿拉善盟	1	2	2	20
合　计		26	54	130	1 332

资料来源：根据调查资料整理所得。

　　调查问卷包括农牧户问卷和村（嘎查）问卷，调研内容主要针对农牧户 2013 年基本情况。其中，农牧户调研问卷的主要内容包括：①农牧户家庭人口数、劳动力人数、各年龄段孩

子人数、老人人数等家庭基本情况；②农牧户劳动力性别、年龄、上学年数、健康状况、婚姻状况、户籍现状、接受培训情况、从事农业及非农业劳动时间、从事非农工作的行业地点及收入等人力资本特征；③农牧户农作物生产投入产出情况；④农牧户养殖业生产情况；⑤农牧户土地流转情况及相应原因；⑥农牧户选择不同经营模式的原因及迁移城镇意愿。村（嘎查）调研问卷的主要内容包括：①村总户数、总人口、所在位置、地势等基本信息；②村总耕地面积、水浇地面积、撂荒面积及原因、总草地面积和总饲草面积等土地方面基本情况；③村人均纯收入、是否有农业合作社、交通是否便利等村总体经济发展状况。

2.1.2　调查样本分布

从不同经营模式来看，纯农牧户 694 户，占比最高，为 52.1%；Ⅰ兼农牧户 192 户，占比 14.41%；Ⅱ兼农牧户 236 户，占比 17.72%；非农牧户 210 户，占比 15.77%（表2-2）。

表 2-2　调研样本不同地理区域经营模式农牧户分布表

单位：户,%

地　区	纯农牧户		Ⅰ兼农牧户		Ⅱ兼农牧户		非农牧户	
	户数	占比	户数	占比	户数	占比	户数	占比
东部地区	271	53.98	80	15.94	83	16.53	68	13.55
中部地区	169	48.56	33	9.48	61	17.53	85	24.43
西部地区	254	52.70	79	16.39	92	19.09	57	11.82
农区	393	46.51	110	13.02	183	21.66	159	18.81
牧区	81	65.32	19	15.32	13	10.48	11	8.88
半农半牧区	220	60.6	63	17.36	40	11.02	40	11.02
样本总量	694	52.1	192.00	14.41	236.00	17.72	210.00	15.77

资料来源：根据调查资料整理所得。

从所处地理区域来看，东部、中部和西部地区的纯农牧户占比均为最高，分别为53.98%、48.56%、52.70%；东部和西部地区的Ⅱ兼农牧户占比分别为16.53%和19.09%，均略高于Ⅰ兼农牧户占比，较非农牧户高2.98%和7.27%；中部地区的非农牧户占比最高，为24.43%，分别比Ⅱ兼农牧户和Ⅰ兼农牧户高6.9%和14.95%。分地区来看，农区、牧区和半农半牧区的纯农牧户占比均为最高，分别为46.51%、65.32%、60.6%。

2.1.3 不同经营模式农牧户家庭特征统计分析

据统计，调研样本农牧户总人口数均值为3.69人（表2-3），Ⅱ兼农牧户总人口数最高，为4.15人；从劳动力总数来看，样本总量均值为2.33人；Ⅱ兼农牧户最多，为2.71人；Ⅰ兼农牧户次之，为2.6人；纯农牧户最少，为2.15人。女性劳动力的样本总量均值为1.08人，占家庭劳动力总数的46.35%，纯农牧户、兼业农牧户、非农牧户占比分别为48.00%、45.39%、45.47%。不同经营模式农牧户家庭6岁以下孩子人数相差无几。纯农牧户的65岁以上老人人数和患病劳动力人数均为最多，分别为0.37人和0.22人；非农牧户均为最少，分别为0.23人和0.11人。从家庭成员最高学历来看，纯农牧户主要为初中以下，占比为77.09%；其他类型农牧户则主要集中于初中和高中（或中专），占比均高于70%。Ⅱ兼农牧户的户主年龄值最高，为48.81岁；非农牧户最低，为45.76岁。非农牧户的户主受教育程度最高，为7.75年，是样本均值的1.11倍。从户主从事非农工作总年数来看，非农牧户最高，为7.14年；Ⅱ兼农牧户次之，为5.12年；纯农牧户最低，仅为0.20年。可见，样本农牧户的总人口数、6岁以下孩子人数、成员最高学历、户主受教育年限、户主从事非农工作总年数均随着兼业程度的加深而增加；而家庭65岁以上老人人数以及患病人数则与兼业程度为反方向关系。从承包草场面积和承包耕地总面积来看，纯农牧户最多，分别为687.70亩和37.06亩；其次为Ⅰ兼农牧户和Ⅱ兼农牧户；非农牧户最低，分别为110亩和19.2亩。2013年Ⅰ兼农牧户的总收入最高，为98 412元；分别是纯农牧户、Ⅱ兼农牧户、非农牧户的1.22倍、1.34倍和1.99倍。纯农牧户的农业总收入最高，为80 334元；Ⅰ兼农牧户次之，为72 906元；非农牧户最少，为230.1元。Ⅱ兼农牧户的非农总收入最高，为54 331元；非农牧户次之，为49 290元；纯农牧户最少，为109.4元。从2013年人均收入来看，调研样本农牧户均值为20 842.26元，Ⅰ兼农牧户最高，分别是纯农牧户的1.11倍，Ⅱ兼农牧户的1.34倍；非农牧户最低，为14 383.35元。从2013年人均农业收入来看，样本均值为15 114.53元；纯农牧户最高，为22 635.8元；Ⅰ兼农牧户次之，为18 688.9元；非农牧户最少，为66.84元。非农牧户的人均非农收入最高，为14 316.51元；Ⅱ兼农牧户次之，为13 097.21元；纯农牧户最低，为30.82元。

表2-3 不同经营模式农牧户家庭基本情况描述性统计分析表

	样本总量	纯农牧户	Ⅰ兼农牧户	Ⅱ兼农牧户	非农牧户
总人口数（人）	3.69	3.55	3.90	4.15	3.44
劳动力总数（人）	2.33	2.15	2.60	2.71	2.25
女性劳动力（人）	1.08	1.03	1.17	1.23	1.02
男性劳动力（人）	1.25	1.12	1.43	1.48	1.23
家庭6岁以下孩子人数（人）	0.18	0.16	0.19	0.19	0.21
家庭65岁以上老人人数（人）	0.34	0.37	0.33	0.34	0.23
家庭成员中因病不能劳动的人数（人）	0.19	0.22	0.19	0.17	0.11

（续）

	样本总量	纯农牧户	Ⅰ兼农牧户	Ⅱ兼农牧户	非农牧户
户主年龄（岁）	47.29	47.31	47.00	48.81	45.76
户主受教育程度（年）	6.99	6.68	6.79	7.43	7.75
户主从事非农工作总年数（年）	2.54	0.20	2.91	5.12	7.14
2013年承包草场面积（亩）	489.80	687.70	533.90	210.00	110.00
2013年承包耕地总面积（亩）	30.93	37.06	30.75	23.51	19.20
人均收入（元）	20 842.26	22 666.62	25 227.15	18 857.00	14 383.35
人均农业收入（元）	15 114.53	22 635.8	18 688.9	4 570.5	66.84
人均非农收入（元/人）	5 727.73	30.82	6 538.24	13 097.21	14 316.51

资料来源：根据调查资料整理所得。

2.1.4　不同经营模式农牧户生产资源利用分析

2.1.4.1　土地占有及利用特征分析

就调查农牧户的土地面积①来看，纯农牧户最高，为724.76亩；Ⅰ兼农牧户次之，为564.65亩；非农牧户最少，仅为129.2亩。从承包耕地面积来看，纯农牧户最高，为37.06亩，分别是Ⅰ兼农牧户、Ⅱ兼农牧户和非农牧户的1.21倍、1.58倍和1.93倍。其中，从撂荒面积来看，非农牧户最高，是样本总量均值的2.01倍；纯农牧户最低，仅为1.34亩。从休耕面积来看，纯农牧户和非农牧户分别比Ⅰ兼农牧户

---

①　包括承包耕地面积和草场面积。

和Ⅱ兼农牧户多 0.47 亩和 0.38 亩，据调查，休耕的主要原因为土壤质量较差。从承包草场面积来看，纯农牧户最高，为 687.7 亩，分别是Ⅰ兼农牧户、Ⅱ兼农牧户和非农牧户的 1.29 倍、3.27 倍和 6.25 倍。

2.1.4.2　劳动力资源及其利用情况

纯农牧户、Ⅰ兼农牧户、Ⅱ兼农牧户和非农牧户的劳动力总人数分别为 2.15 人、2.60 人、2.71 人和 2.25 人；劳动力户均年龄均集中于 30～50 岁（表 2-4），占比分别为 70.75%、82.21%、87.71% 和 80.48%。从劳动力户均受教育年限来看，纯农户的小学占比最高，为 45.97%（表 2-5）；

表 2-4　不同经营模式农牧户劳动力户均年龄分段统计表

单位:%

户均年龄	纯农牧户	Ⅰ兼农牧户	Ⅱ兼农牧户	非农牧户	样本总量
30 岁以下	2.88	6.77	0.84	3.81	3.23
31～40 岁	25.65	35.42	36.02	39.05	31.01
41～50 岁	45.11	46.88	51.69	41.43	45.95
51～60 岁	19.16	10.42	10.59	12.86	15.39
61 岁以上	7.20	0.51	0.86	2.85	4.42

资料来源：根据调查资料整理所得。

表 2-5　不同经营模式农牧户劳动力户均受教育年限分段统计表

单位:%

户均教育程度	纯农牧户	Ⅰ兼农牧户	Ⅱ兼农牧户	非农牧户	样本总量
小学	45.97	33.33	26.69	24.76	37.39
初中	44.38	42.19	44.49	46.67	44.44
高中	9.22	22.40	25.01	25.71	16.52
大专	0.43	2.08	3.81	1.91	1.50
本科	0	0	0	0.95	0.15

资料来源：根据调查资料整理所得。

Ⅰ兼农牧户、Ⅱ兼农牧户和非农牧户均为初中占比最高，分别为42.19%、44.49%和46.67%。从接受过农业培训的人数来看，Ⅰ兼农牧户最多，为0.21人；非农牧户最少，为0.11人。从接受过非农业培训的人数来看，非农牧户最多，为0.51人；纯农牧户最少，为0.04人。

从农牧户家庭劳动力劳均全年种植业工日来看，纯农牧户最高，为120.03个工日（表2-6），分别是Ⅰ兼农牧户、Ⅱ兼农牧户和非农牧户的1.23倍、1.53倍和3.26倍。从农牧户家庭劳动力劳均全年养殖业工日来看，纯农牧户最高，为89.46个工日；Ⅰ兼农牧户次之，为60.94个工日；非农牧户最低，为11.45个工日。纯农牧户、Ⅰ兼农牧户、Ⅱ兼农牧户以及非农牧户的劳均全年种植业工日占比均高于劳均全年养殖业工日占比。从农牧户家庭劳动力劳均全年农业总工日来看，纯农牧户最多，为209.49个工日；Ⅰ兼农牧户次之，为158.29个工日；非农牧户最少，仅为48.25个工日。从农牧户劳动力劳均全年非农总工日来看，非农牧户最高，为198.82个工日；Ⅱ兼农牧户次之，为156.50个工日。从农牧户家庭劳动力劳均全年总工日来看，Ⅱ兼农牧户最高，为262.71个工日；Ⅰ兼农牧户次之，为247.38个工日；再者是非农牧户，为247.07个工日；纯农牧户最少，仅为210.06个工日。非农牧户的劳均从事非农工作时间占总劳动时间比重最高，为80.47%；其次是Ⅱ兼农牧户和Ⅰ兼农牧户，占比分别为59.57%和36.01%。由此，从农牧户家庭劳动力劳动时间利用率来看[①]，样本总量均值为42.6%；其中，Ⅱ兼农牧户最高，为48.1%；Ⅰ兼农牧户和非农牧户次之，分别为45.3%和44.7%；纯农牧户最低，占比为39.4%。

---

① 根据实际调查情况，本研究将劳动力人均日工作总时间上限按照12小时计算，然后再统一折合为工日。

表 2-6　不同经营模式农牧户劳动力劳均全年劳动时间明细表

单位：工日，%

指　　　标	纯农牧户	Ⅰ兼农牧户	Ⅱ兼农牧户	非农牧户	样本总量
劳均全年种植业工日	120.03	97.35	78.38	36.79	95.12
劳均全年种植业工日占比	57.30	61.50	73.80	76.25	61.21
劳均全年养殖业工日	89.46	60.94	27.84	11.45	60.29
劳均全年养殖业工日占比	42.70	38.50	26.21	23.75	38.79
劳均全年农业总工日	209.49	158.29	106.21	48.25	155.41
劳均全年农业总工日占比	99.73	63.99	40.43	19.53	66.83
劳均全年非农总工日	0.57	89.09	156.50	198.82	77.13
劳均全年非农总工日占比	0.27	36.01	59.57	80.47	33.17
劳均全年总工日	210.06	247.38	262.71	247.07	232.54

资料来源：根据调查资料整理所得。

2.1.4.3　农业物质投入情况分析

纯农牧户的农业总成本、种植业总成本和养殖总成本均最高，分别为 39 098.00 元、23 780.00 元和 15 318.00 元（表 2-7）；Ⅰ兼农牧户均次之，分别为 27 457.00 元、14 579.00 元和 12 877.00 元，分别是Ⅱ兼农牧户的 2.24 倍、1.50 倍和 5.10 倍；非农牧户均最少，分别为 1 539.00 元、1 526.00 元和 13.70 元，仅为样本总量均值的 6.00%、9.27% 和 0.13%。

表 2-7　不同经营模式农牧户农业物质投入指标表

单位：元

指　　　标	纯农牧户	Ⅰ兼农牧户	Ⅱ兼农牧户	非农牧户	样本总量
农牧户种植业总成本	23 780.00	14 579.00	9 719.00	1 526.00	16 454.00
农牧户养殖业总成本	15 318.00	12 877.00	2 524.00	13.700	10 287.00
农牧户农业总成本	39 098.00	27 457.00	12 243.00	1 539.00	26 740.00

资料来源：根据调查资料整理所得。

2.1.4.4 生产率指标分析

首先，从粮食每亩产量来看，Ⅰ兼农牧户最高，为1 078.81斤[①]，是样本总量均值的1.25倍（表2-8）；分别比纯农牧户、Ⅱ兼农牧户和非农牧户高9.91%、9.21%和85.82%。其次，从种植业每亩产值来看，Ⅰ兼农牧户最高，但与纯农牧户相差无几，二者分别为972.60元和928.22元；Ⅱ兼农牧户596.29元，为样本总量均值的68.76%；非农牧户最少，仅为32.53元。其中，就粮食每亩产值来看，Ⅰ兼农牧户最高，为803.54元，是样本均值的1.11倍，分别比纯农牧户、Ⅱ兼农牧户和非农牧户高4.71%、45.04%和95.97%。再次，从种植业劳动力单位工日产值来看，纯农牧户最高，为138.64元，分别是Ⅰ兼农牧户、Ⅱ兼农牧户和非农牧户的1.07倍、2.43倍和61.34倍。

表2-8 不同经营模式农牧户生产率指标表

指　　标	纯农牧户	Ⅰ兼农牧户	Ⅱ兼农牧户	非农牧户	样本总量
粮食播种面积（亩）	29.73	26.04	17.35	4.74	23.07
粮食总产量（斤）	29 184.97	28 089.04	17 134.35	2 754.34	19 881.18
粮食总产值（元）	22 816.98	20 921.85	9 610.36	153.53	16 630.83
粮食每亩产量（斤/亩）	981.56	1 078.81	987.74	580.56	861.92
粮食每亩产值（元/亩）	767.39	803.54	554.01	32.36	721.01
种植业每亩产值（元/亩）	928.22	972.60	596.29	32.53	867.24
种植业劳动力单位工日产值（元/工日）	138.64	129.05	57.05	2.26	115.14

资料来源：根据调查资料整理所得。

---

① 斤为非法定计量单位，1斤=500克。

2.2　中国发达地区农户兼业发展阶段分析

（1）第 I 阶段（1978 年农村改革前）：兼业发展初级阶段，纯农户为主体。新中国成立以后，为了保障重工业优先发展战略的有效实施，人民公社制度和户籍制度将农业生产要素集中用于农业，人口迁移和农业劳动力转移受到严格限制，农村劳动力被排斥在非农就业之外，失去了非农就业的机会，农户兼业行为严重受限。1963 年实施的"三级所有、队为基础"政策使得土地所有者及经营主体由公社缩小为生产小队，但农户依然缺乏土地所有权及经营决策权。土地所有权及经营决策权的缺失使农户成为集体统一支配下的"农业生产操作者"，家庭劳动力受制于严格的人口流动制度而无法拥有就业选择权；在这种特殊的制度安排下，绝大多数农户的劳动力资源都被限制于农业生产之中，因此，这一阶段的农户是高度同质的，农户即使有经营其他产业的意愿和能力，也受制于强制性的制度安排而无从施展（李宪宝，高强，2013）。

（2）第 II 阶段（1978—2000 年）：兼业发展中级阶段，兼业户的萌芽及发展阶段。

1）兼业户的萌芽时期（1978—1991 年）：I 兼户和 II 兼户并存，I 兼户为主体。十一届三中全会制定的改革开放的重大决策，推动农业剩余劳动力进入了大规模有序转移的新时期。农村劳动力的流动方向主要体现在从农村向城镇流动、从农业向非农业流动，使得农户兼业经营在全国各地农村已相当普遍；一些地区特别是东南沿海地区及大城市郊区，农户经营已日趋兼业化。1984 年 3 月，中共中央正式将"社队企业"改为"乡镇企业"，要求地方政府大力支持乡镇企业的发展。在国家政策的支持下，乡镇企业迅速崛起，成为吸纳农业剩余劳动力的主力军（魏悦，2011）。余维祥（1999）根据国家统计局农村社会经济调查总队 1987 年对 6.7 万户农户家庭的抽样调查，估算出中国的纯农户占比为 23.4%，Ⅰ兼户占比为 66.0%；发达地区的纯农户、Ⅰ兼户和Ⅱ兼户占比分别为 17.9%、65.7% 和 16.4%。

2）兼业户快速发展时期（1992—2000 年）：Ⅰ兼户和Ⅱ兼户并存，Ⅱ兼户为主体。一般来讲，农户兼业的程度与地区经济发展水平呈正相关关系，即商品经济越发达的地区，农户的兼业化程度也就越高，并且经济发达地区的Ⅱ兼户占比显著高于欠发达地区。如无锡春建村的Ⅱ兼农户已占农户总数的 70% 左右，而广大西部地区，兼业农户则主要属于Ⅰ兼农户（李民寿，1993）。第一次农业普查资料显示，1996 年江苏省的农户兼业化现象已经相当普遍，兼业农户占农户总数比例为 61.4%，高出全国平均水平 24 个百分点；其中，Ⅱ兼户的比重更是达到 35.4%，较全国平均水平高 6.6%；这主要是由于江苏的经济相对发达，农外就业机会较多（胡浩，王图展，2003）。南京市农业兼业化程度已达 66.9%，高于全省平均 54.8% 的水平，已接近高度兼业化，但仍低于苏南的 78.8% 及苏中的 68.6%（胡荣华，2000）。此外，还可以从工资性收入所占比重来间接考察兼业程度，譬如 2000 年上海和北京的工资性收入占纯收入比重分别为 77% 和 61%，而经济落后地区的西藏和贵州则分别为 17% 和 12%（段庆林，2002）。

（3）第Ⅲ阶段（2000 年至今）：兼业发展高级阶段，非农户崭露头角，不同经营模式农户并存。这一时期，市场经济改革取得阶段性成果，城镇化与工业化快速推进对农村劳动力的吸纳能力上升，导致纯农户占比呈现持续下降趋势（陈晓红，2006）。李争，杨俊（2010）于 2010 年初对长江中下游地区的油菜种植户进行了调查，结果显示，纯农户占 11.4%；非农业户占 12.9%；而两类兼业农户的比例高达 74.69%，成为农户类型中最大的一个群体。目前，浙江农户兼业已进入后期分化阶段，Ⅰ兼农户和Ⅱ兼农户比重逐年下降，兼业农户正向非农户转化（廖洪乐，2012）。

2.3　欠发达地区农户兼业发展特征分析

2.3.1　兼业劳动力特征统计分析

调查农牧户样本总量的劳动力总数为 3 115 人，其中，男性劳动力 1 666 人，占比 53.48％。劳动力健康状况为良好的占比 71.56％，健康状况为很差的占比 5.8％。婚姻状况为未婚的劳动力 365 人，占比 11.72％；婚姻状况为已婚有子女的劳动力 2 653 人，占比 85.17％。截至 2013 年未迁移户籍的劳动力 2 899 人，占比 93.07％；户籍已迁移至工作地的劳动力 168 人，占比 5.4％。从样本总量来看，81.9％的农牧户劳动力未接受过任何农业或非农业技术培训（表 2 - 9）。从接受过农业技术培训的不同经营模式农牧户来看，纯农牧户和Ⅰ兼农牧户劳动力占比相对较高，分别为 8.8％和 8.0％。从接受过非农业技术培训的不同经营模式农牧户来看，非农牧户劳动力占比最高，为 25.2％；分别比纯农牧户、Ⅰ兼农牧户和Ⅱ兼农牧户劳动力高 23.5％、11.3％和 6.9％。从接受过非农培训的具体行业来看，主要集中于技工（电工、钳工、车工等）、建筑业和驾驶，占比分别为 27.78％、18.52％和 16.29％。培训机构为政府的劳动力占比 22.99％；企业培训的劳动力占比

表 2 - 9　2013 年不同经营模式农牧户劳动力培训情况表

单位：％

指　　　标	纯农牧户	Ⅰ兼农牧户	Ⅱ兼农牧户	非农牧户	样本总量
没有接受过培训	89.5	78.1	75.8	70.0	81.9
接受过农业技术培训	8.8	8.0	5.9	4.8	7.4
接受过非农技术培训	1.7	13.9	18.3	25.2	10.7

9.82%；职业培训机构培训的劳动力占比17.49%；个人自学的劳动力占比26.72%。

调查农牧户兼业劳动力总人数为1 620人，占劳动力总人数的52%（表2-10）；其中，Ⅱ兼农牧户兼业劳动力人数最多，为644人；分别是Ⅰ兼农牧户和非农牧户兼业劳动力人数的1.28倍和1.36倍。从兼业劳动力从事兼业的工作类型来看，2013年主要工作为打工的兼业劳动力243人，占兼业劳动力总数的24.82%；主要工作为固定工资工作的兼业劳动力584人，占兼业劳动力总数的59.65%；做生意的兼业劳动力152人，占兼业劳动力总数的15.53%。从获得工作途径来看，自己联系的占比最高，为51.63%；亲朋介绍的兼业劳动力占比次之，为32.39%；44.1%的兼业劳动力在找工作过程中受限。从2013年劳动力持续外出务工时间来看，Ⅰ兼农牧户、Ⅱ兼农牧户和非农牧户分别为2.22个月、4.22个月和4.86个月。从劳动力从事非农工作总年数来看，非农牧户最高，为5.11年，分别为Ⅰ兼农牧户和Ⅱ兼农牧户的2.6倍和1.5倍。不同经营模式农牧户兼业劳动力从事非农工作的行业均集中于建筑或装修业（表2-11），Ⅰ兼农牧户和Ⅱ兼农牧户占比分别为40.1%和23.5%。从劳动力从事非农工作地点来看（表2-12），纯农牧户主要集中于本村，占比为46.7%；Ⅰ兼农牧户主要集中于外村本乡，占比为33.9%；Ⅱ兼农牧户和非农牧户均集中于县外省内，占比分别为28.3%和28.9%。从2013年不同经营模式农牧户劳动力兼业总工作月数来看，非农牧户最多，为6.50个月；Ⅱ兼农牧户次之，为5.35个月；Ⅰ兼农牧户最少，为3.26个月。从兼业每月工作天数来看，非农牧户最多，为18.38天，分别是Ⅰ兼农牧户和Ⅱ兼农牧户的1.54倍和1.20倍。从兼业每天工作小时数来看，非农牧户最多，为6.14小时；Ⅱ兼农牧户次之，为5.21小时；Ⅰ兼农牧户最少，为4.16小时。从兼业月工资来看，非农牧户最高，

表 2-10　2013 年兼业农牧户兼业劳动力相关指标统计分析表

指　　标	Ⅰ兼农牧户	Ⅱ兼农牧户	非农牧户	样本总量
兼业劳动力人数（人）	503	644	473	1 620
2013 年持续外出务工时间（月）	2.22	4.22	4.86	3.83
从事非农工作总年数（年）	2.01	3.31	5.11	3.58
2013 年兼业总工作月数（月）	3.26	5.35	6.50	5.07
兼业每月工作天数（天）	11.91	15.35	18.38	15.36
兼业每天工作小时数（小时）	4.16	5.21	6.14	5.23
兼业月工资（元）	1 461.43	2 244.94	2 305.16	2 032.52

表 2-11　2013 年不同经营模式农牧户劳动力兼业行业统计分析表

单位：%

指标（代码）	纯农牧户	Ⅰ兼农牧户	Ⅱ兼农牧户	非农牧户	样本总量
1	0	40.1	23.5	25.2	24.6
2	0	2.6	7.7	6.8	5.8
3	0	12.8	7.9	11.2	9.1
4	25	15.4	15.6	11.2	12.7
5	25	12.2	8.7	10.6	9.2
6	50	9.1	2.9	3.1	4.3
7	0	5.1	4.8	7.5	5.3
8	0	2.4	28.8	24.5	29.1

代码：1. 建筑或装修；2. 制造业；3. 商业；4. 餐馆娱乐服务业；5. 交通运输、仓储和邮政业；6. 政府部门；7. 文教卫生；8. 其他。

表 2 - 12　2013 年不同经营模式农牧户劳动力兼业工作地点统计分析表

单位：%

指标（代码）	纯农牧户	Ⅰ兼农牧户	Ⅱ兼农牧户	非农牧户	样本总量
1	46.7	22.7	20.1	18.0	20.5
2	20	12.0	13.8	15.2	13.9
3	20	33.9	27.8	25.8	28.5
4	13.3	23.2	28.3	28.9	27.0
5	0	8.2	9.8	12.1	10.0
6	0	0	0.3	0	0.1

代码：1. 本村；2. 外村本乡；3. 乡外县内；4. 县外省内；5. 省外国内；6. 国外和港澳台。

为 2 305.16 元；分别比Ⅰ兼农牧户和Ⅱ兼农牧户高 57.73% 和 2.7%。73.36% 的兼业劳动力未与非农就业单位签署劳动合同；已签署劳动合同的兼业劳动力中，合同期限为半年至一年的占比最高，为 38.49%；合同期限为 2～3 年的占比次之，为 25.40%；合同期限为 4～5 年的占比最少，仅为 7.94%。从兼业劳动力工作性质来看，普通员工占比最高，为 69.69%；技术人员占比次之，为 19.54%；管理人员占比最少，为 10.77%。从兼业劳动力获取技术职称情况来看，有技术但未获得技术证书者占比 55.07%；拥有初级技术证书者占比 28.03%；拥有中级技术证书者占比 13.53%；拥有高级技术证书者占比仅为 3.37%。兼业劳动力所在单位主要集中于私营和个体企业，占比 66.31%。

2.3.2　兼业收入特征统计分析

从 2013 年不同经营模式农牧户总收入来看，样本均值为 76 891 元（表 2 - 13），Ⅰ兼农牧户最高，为 98 412 元；纯农牧户次之，为 80 444 元；非农牧户最低，为 49 520 元。从非

农总收入来看，样本均值为 21 131 元，Ⅱ兼农牧户最高，为
54 331 元，分别是Ⅰ兼农牧户和非农牧户的 2.1 倍和 1.1 倍；
纯农牧户最少，仅为 109.4 元。从农牧户非农总收入占比来
看，非农牧户最高，为 99.54%，分别比纯农牧户、Ⅰ兼农牧
户和Ⅱ兼农牧户高 99.4%、73.62% 和 25.41%。从人均收入
来看，Ⅰ兼农牧户最高，为 25 227.15 元；纯农牧户次之，为
22 666.62 元；非农牧户最低，为 14 383.35 元。从人均非农
收入来看，非农牧户最高，为 14 316.51 元，分别是Ⅰ兼农牧
户和Ⅱ兼农牧户的 2.19 倍和 1.09 倍。

表 2-13　2013 年不同经营模式农牧户总收入和非农收入统计分析表

单位：元，%

指　　　标	纯农牧户	Ⅰ兼农牧户	Ⅱ兼农牧户	非农牧户	样本总量
总收入	80 444	98 412	73 291	49 520	76 891
非农总收入	109.4	25 506	54 331	49 290	21 131
非农总收入占比	0.14	25.92	74.13	99.54	27.48
人均收入	22 666.62	25 227.15	17 667.71	14 383.35	20 842.26
人均非农收入	30.82	6 538.24	13 097.21	14 316.51	5 727.73
人均非农收入占比	0.14	25.92	74.13	99.54	27.48

2.3.3　兼业时间特征统计分析

从农牧户家庭劳动力全年种植业总工日来看（表 2-14），
纯农牧户最高，为 258 个工日，分别是Ⅰ兼农牧户、Ⅱ兼农牧
户和非农牧户的 1.02 倍、1.22 倍和 3.11 倍。从农牧户家庭
劳动力全年养殖业工日来看，纯农牧户最高，为 192.3 个工
日；Ⅰ兼农牧户次之，为 158.4 个工日；非农牧户最低，为
25.8 个工日。纯农牧户、Ⅰ兼农牧户、Ⅱ兼农牧户和非农牧
户的家庭劳动力全年种植业工日占比均高于全年养殖业工日占

比。从农牧户家庭全年农业总工日来看，纯农牧户最多，为450.4 个工日；Ⅰ兼农牧户次之，为411.4 个工日；非农牧户最少，仅为108.7 个工日。从家庭全年非农总工日来看，非农牧户最高，为447.8 个工日；Ⅱ兼农牧户次之，为423.7 个工日。从农牧户家庭全年总工日来看，Ⅱ兼农牧户最高，为711.3 个工日；Ⅰ兼农牧户次之，为642.9 个工日；再者是非农牧户，为556.5 个工日；纯农牧户最少，仅为451.6 个工日。非农牧户的家庭全年非农总工日占比最高，为80.47%；其次是Ⅱ兼农牧户和Ⅰ兼农牧户，占比分别为59.57%和36.01%。

表 2-14 农牧户家庭劳动力全年劳动时间明细表

单位：工日，%

指　标	纯农牧户	Ⅰ兼农牧户	Ⅱ兼农牧户	非农牧户	样本总量
家庭全年种植业总工日	258	253	212.2	82.88	221.6
家庭全年种植业总工日占比	57.28	61.50	73.78	76.25	61.22
家庭全年养殖业总工日	192.3	158.4	75.37	25.8	140.5
家庭全年养殖业总工日占比	42.72	38.50	26.22	23.75	38.78
家庭全年农业总工日	450.4	411.4	287.6	108.7	362
家庭全年农业总工日占比	99.73	63.99	40.43	19.53	66.83
家庭全年非农总工日	1.22	231.5	423.7	447.8	179.7
家庭全年非农总工日占比	0.27	36.01	59.57	80.47	33.17
农牧户家庭全年总工日	451.6	642.9	711.3	556.5	541.7

资料来源：根据调查资料整理所得。

2.4　日本农户兼业发展历程回顾

（1）第一阶段（明治维新至第二次世界大战结束）——农户兼业发展初期：纯农户为主体，兼业户初见端倪。1868 年初，太政官才下令各藩封建主交出其私领及社寺领的产量册，禁止各藩私自设卡，允许农民自由迁徙和居住。1870 年大藏省废除了不允许农民转业的规定，允许农民有选择职业的自由。1873 年日本实行了为期约 10 年的土地制度改革，废除了封建地主土地所有制，建立了近代土地制度，确认了地主和自耕农的土地所有权，从而为其兼业提供了可能。从明治初期至1920 年，农业就业人员减少了 1/4，但农户总数并未减少。日本农业生产规模较小，受自然条件和生产时间的间歇性等因素的制约，农业劳动力经常在农闲时寻求农外就业；由此，农户在从事农业生产的同时，外出打工、从事家庭手工业的兼业现象开始出现。1906 年农户总量为 573.8 万户，其中兼业农户为 155.9 万户，占比 29%；该比例一直持续至第二次世界大战前。

（2）第二阶段（第二次世界大战后至 1955 年）——农户兼业发展中期：兼业户和纯农户并存，Ⅰ兼户为主体。

第二次世界大战后，由于日本的城市和工业在战争中受到重创而濒临崩溃，不能吸收大量工人就业，加之大批的复员军人、海外回归人员以及失业人员，无法在非农部门正常就业，使得农户数量急剧上升。1947 年日本纯农户占比高达 55.3%，农村剩余劳动力数量日益增多；对此，1952 年日本颁布《农地法》确立了小农经济的土地所有制，推动了土地所有权转移，从而为农户进一步扩大兼业经营范围提供了条件。1946—1955 年，纯农户由 306 万户（占比 54.2%）减少至 211 万户（占比 34.93%），减少了 45.02%。兼业户则由 1953 年的 363万户（占比 59%）增加至 1955 年的 393 万户（占比 65%），增加了 8.3%；其中，Ⅰ兼户为 227 万户，占兼业户总数比重为 57.8%；Ⅱ兼户为 166 万户，占兼业户总数比重为 42.2%。

（3）第三阶段（1955—1975 年）——农户兼业发展后期：兼业户和纯农户并存，Ⅱ兼户为主体。20 世纪 50 年代中期，日本 300 人以下的中小企业数占比持续高达 79%，其就业人数在总就业人数中占比为 70%。日本中小企业与大企业之间工资差距较大，低廉的工资使中小企业对城市劳动力的吸引极其有限，从而为农户兼业提供了有利条件。此外，随着城镇化的发展，日本城乡二元社会经济结构逐步被打破；城市户籍制度和劳动用工制度的改革以及劳动力市场的开放，使农民获得了一定限度的自由和解放。1961 年确立的《农业基本法》，鼓励农户进行规模经营和机械化作业，并要求 10 年内将 60% 的农户转移到非农领域，从而促进了土地所有权的进一步转移。1955—1975 年，日本农业人口占社会总人口的比重由 41% 下降至 13.9%；农户总数由 604.3 万户减少到 495.3 万户；其中，纯农户总数由 210.6 万户降至 61.6 万户，占比由 34.9% 降至 12.4%；而兼业户则由 393.7 万户增加至 433.7 万户，其中，Ⅱ兼户由 166.3 万户增加到 307.8 万户，占兼业户总数的比重由 42.2% 增至 71.0%。根据《农户就业动向调查》，农业劳动力向其他非农产业转移的人数由 1958 年的 54 万人增至 1960 年的 75 万人；工业化的发展和经济高速增长，加大了对非农产业劳动力的需求，此后的 10 年内，每年由农业转入非农就业的劳动力高达 83 万人。

（4）第四阶段（1975 年至今）——农户兼业发展末期：纯农户和非农户并存，农业现代化发展时期。20 世纪 70 年代中期，日本农户非农收入占家庭总收入的比重为 66%。在农业现代化进程中，虽然日本农业机械化率和产量在世界上均处于领先地位，但由于其耕地面积较小，加之农业生产成本过高，导致生产规模较小且单一依靠农业收入的农户生活难以为继。为避免破产，他们不得不从事非农活动，从而推动大量农村劳动力完全脱离了农业劳动。20 世纪 90 年代以后，日本农业人口数量急剧下降，2005 年日本的农业人口为 832.5 万人，较 1990 年的 1 792.6 万户下降了 115.3%，该时期的农户兼业极大地推动了农村剩余劳动力的完全转移。由于农业生产效率的较大提升，使得更多的农村剩余劳动力得以解放；很多兼业劳动力由临时性转为固定性。

2.5　日本农户兼业发展启示

农户兼业既是客观需要，也是必然趋势。日本农户兼业发展经历了兼业发展初期（纯农户为主体，兼业户初见端倪）——兼业发展中期（兼业户和纯农户并存，Ⅰ兼户为主体）——兼业发展后期（兼业户和纯农户并存，Ⅱ兼户为主体）——兼业发展末期（纯农户和非农户并存，农业现代化发展时期）四个阶段。中国发达地区农户兼业主要经历了三个阶段，从兼业发展初级阶段（纯农户为主体）到兼业发展中级阶段（兼业户的萌芽及发展阶段）再到兼业发展高级阶段（非农户崭露头角，不同经营模式农户并存）。而对欠发达地区，我们主要以内蒙古为例，通过分析其当前农牧户兼业的现状，认为中国欠发达地区兼业发展还处于兼业发展中级阶段。

第三章 农牧户兼业时间的基本模型与分析框架

农户经济学的发展和演变经历了一个长期的发展过程，农户模型是将农户的生产、消费和劳动力供给决策有机结合的具体理论框架。对于既定的农户，家庭劳动力的数量是确定的，因而时间资源也是既定的。如何将有限的时间在农业生产、非农市场劳动、闲暇等之间分配，使得家庭效用最大化，就是农户时间配置模型所要探讨的问题（罗芳，2010）。本章首先回顾总结农牧户劳动时间利用的经典理论模型，并以此为基础，构建本研究中农户家庭劳动时间配置的基本分析框架。

3.1 农牧户兼业时间利用经典理论模型回顾[①]

农户模型是用来分析农户的生产、消费和劳动力供给决策的行为模型；其基本假说为：农户是一个效用最大化追求者，其效用受到农户收入、生产效益和农户休闲需求等因素影响，农户的决策行为受到农户资金、劳动力和技术等资源的限制（张林秀，1996）。从已有研究来看，国内外学者们从众多角度设计了可用来反映农户的生产、消费和劳动力供给的微观经济模型；其中具有代表性的是恰亚诺夫模型（A. V. Chayanov Model）、新家庭经济模型（The New Home Economics Mod-

---

① 以下理论介绍主要参考了弗兰克·艾利思（2006）；张林秀（1996）；李强（2005）；陈和午（2006）；郑杭生、汪雁（2005）；罗芳（2010）的研究成果。

el)、Barnum-Squire 农业家庭模型（The Farm Household Model）以及罗的农户模型（Allan Low Model）。

3.1.1　恰亚诺夫模型（A. V. Chayanov Model）

农户经济学属于微观经济学范畴，最早利用农户经济学理论来分析农户行为的模型可以追溯至 1920 年苏联农业经济学家 A. V. Chayanov 建立的用于分析苏联小农的农户模型，此后被 Mellor（1963）、Sen（1966）、Nakajima（1986）以及其他人所发展。恰亚诺夫模型主要用于分析当时俄罗斯农民对劳动力在工作与休闲之间的时间分配行为。恰亚诺夫（1996，中文版）提出"劳动消费均衡理论（有条件均衡理论）"，该理论认为农户是一种集生产决策与消费决策于一体的经济单元，其从事经济活动组织的基础是家庭劳动农场；农户家庭所经营的产品主要是为了满足其家庭内部消费，即家庭效用最大化；农户为满足家庭消费，需要把家庭劳动投入到农业生产；农户经济发展主要依靠农户自身劳动力而非雇佣劳动力；认为"在完全相同的水平上，对于同样客观描述的单位劳动收益，主观评价的不同主要取决于：需求满足程度与劳动辛苦程度之间的基本均衡状况"[①]，即农户消费的边际效用等于休闲的边际效用。此外，该理论认为影响农户权衡劳动劳苦和需求满足程度的主要因素是农民家庭规模与家庭中劳动人口与非劳动人口的数量比率，即家庭人口结构；并且认为农户家庭在耕地面积和产量的差别是人口差异的结果。A. V. Chayanov 模型为后来整合生产和消费的农户行为模型提供了必要的基础。

（1）假设前提。

1）不存在劳动市场，家庭既不雇佣外部劳动力，家庭劳动力成员也不从家庭之外获取工资收入。

[①]　恰亚诺夫. 农民经济组织. 萧正洪，译. 北京：中央编译出版社，1996.

2）农户面对完全竞争的农产品市场，农业产出既可留做家庭消费，也可在市场上出售，农业产出的价值以市场价格衡量。

3）农户对土地可以灵活弹性接近。

4）农民有最低消费水平保障。

（2）目标函数。

$$U = f(Y, l)$$

（3）约束条件。

1）生产函数：$Y = P_y \times f(L)$

2）时间禀赋：$T = L + l$

3）农户可接受的最低收入水平：$Y \geqslant Y_{min}$

4）农户可投入的最大劳动天数：$L \leqslant L_{max}$

其中，U 表示农户效用函数，Y 表示农户收入，P_y 表示农产品的市场价格，$f(L)$ 表示劳动投入的生产函数，T 表示农户的时间禀赋，l 表示农户的闲暇时间，L 表示农户投入到农业生产中的劳动时间。

将时间禀赋的约束式带入农户收入式中，可以得到 $Y = P_y \times f(T - l)$

上述的农户问题可以归结为如下的最大化问题：

$$\text{Max}\psi = U(Y, l) + \lambda[Y - P_y \times f(T - l)]$$

拉格朗日问题的一阶条件为：

$$\partial U / \partial Y = -\lambda$$

$$\partial U / \partial l = -\lambda P_y f_L$$

这里 f_L 表示 $f(L)$ 的一阶导数。由上式可以进一步得到

$$\frac{\partial U / \partial l}{\partial U / \partial Y} = P f_L$$

其解为闲暇对收入的边际替代率（即主观工资）等于劳动的边际产品价值。

图 3-1 中横轴表示由家庭劳动力数量所决定的农户可投

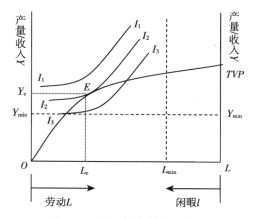

图 3-1　恰亚诺夫的农民模型

转引自：弗兰克·艾利思. 农民经济学. 上海：上海人民出版社，2006.

入的劳动时间总量；从左向右的 OL 表示农户家庭劳动力从事农业生产的时间总量（单位：工日），从右向左的 LO 表示农户家庭劳动力的闲暇时间总量（单位：工日）。纵轴表示农户的土地总产量（或土地总收入）[①]。图中，TVP 曲线（收入曲线）表示既定技术条件下不同劳动力投入水平下的产出量，主要用于反映生产函数，呈现劳动边际收益递减的特性。I 是"收入－闲暇"无差异曲线，曲线上任意一点的斜率代表家庭的主观工资水平的区间，表示农户为弥补一单位闲暇损失而必须获得的收入数量；无差异曲线的位置显示了家庭主观工资的相对水平；无差异曲线的斜率和位置受到农户家庭必须满足的最低消费水平（Y_{min}[②]）和家庭劳动者在生理极限允许下所能工作的最高劳动天数（L_{max}[③]）的双重制约；而这两个约束又

---

① 由于存在农产品市场，土地产品收入可以货币表示。

② 由家庭规模决定。

③ 由家庭中劳动者数量决定。

反过来取决于家庭人口结构（即农民家庭规模与家庭中劳动人口与非劳动人口的数量比率）。图中的均衡点为 E 点，此时，农户家庭劳动力闲暇时间对收入的边际替代率等于劳动的边际产品价值；对应的劳动时间投入和收入水平分别为 Le 和 Ye。

（4）特点。

1）恰亚诺夫模型包含了农民家庭决策中的生产和消费两个方面，是最早将农户的生产与消费决策相整合于一体的模型。

2）恰亚诺夫的"有条件的均衡理论"认为家庭规模与家庭结构是农户家庭效用函数中收入与闲暇的决定要素，同时也是家庭主观工资的决定因素；进而得出人口因素决定产出水平的结论。

3）该模型没有设定固定的消费目标。农民留作家庭消费的农产品占总产量的比重，不论对"收入—闲暇"曲线斜率，还是对农民的均衡产量和均衡劳动量都没有影响。

4）农户可以根据需要自由土地这一假设实质上是推迟了递减劳动边际生产率的出现时期。

5）第一个假设将劳动时间投入的最优化认定为是各个家庭主观决定的事情，家庭决策在该模型中的独特性完全归因于缺少劳动市场；由此得出结论，各个农户之间的平均产品和边际产品都是可变的，家庭人口结构是农户经济绩效的核心影响因素。

（5）缺陷。

1）根据恰亚诺夫模型"不存在劳动力市场"以及"每个农户家庭都可以根据需要而自由获得耕种的土地"的假设前提进行推导，若农户家庭劳动力相对于耕地而言存在剩余或不足，农户可以依靠租赁或买卖土地来解决此矛盾。显然，对于任何存在农村劳动力市场或者土地的使用权比较僵化的地域，"劳动均衡理论"的推理逻辑将不再成立。

2）恰亚诺夫模型认为农户经济发展主要依靠自身的劳动力，而不是雇佣劳动力；其生产产品主要是为了满足家庭自给需要而不是追求市场利润最大化；由此进一步推论就会得出结论：此类型的农户将因为没有机会充分出售自身的劳动力，而会倾向于过多地向土地投入劳动时间。

3）恰亚诺夫模型认为农户的劳动投入不是以工资的形式表现，因而无法计算其成本，使得投入与产出常常成为不可分割的整体。此外，该模型不能告诉我们，农民对影响生产函数的各种因素会作出何种反应；也无法指明生产函数变化对家庭决策的影响。

3.1.2　Becker 新家庭经济学模型

（The New Home Economics Model）

加里·贝克尔（Becker，1965）在恰亚诺夫模型的基础上，通过改进新古典的消费理论，创建了另外一种在农户内部分配时间的新家庭经济学模型，即单一农户模型（Unitary Model）。新家庭经济学将家庭视为一个生产单位，家庭成员的时间与从市场购入的商品与劳务相结合，生产出最终消费的物品；家庭成员的所有时间无论是用于家务、雇佣劳动还是闲暇，都采用市场工资来作为自身的机会成本。效用在新家庭经济模型中被重新定义，效用除了依赖于购买的商品和服务，还依赖于家庭自身所生产的商品，即农户家庭成员利用他们的时间、人力资本和购买的商品和服务去生产生计性消费品，这些产品又被称为 Z 商品（李强，2005）。关于农户劳动时间配置，贝克尔认为人们不单纯是追求个人效用的最大化，也不仅仅是在工作与闲暇之间做出抉择，而是在不同消费活动之间进行抉择以实现家庭总效用的最大化；家庭成员共用一个效用函数，家庭生产最终用来消费的物品和劳务；家庭效用函数代表了家庭对这一系列物品和劳务的偏好排序。农户作为生产和消费的结合体，在家庭的生产函数、时间禀赋和货币收入等条件约束下，追求效用函数的最大化。通过做数学模型分析，贝克尔认为农户的生产和消费具有可分性（Separability）或迭代性（Recursiveness），也就是说农户可以将生产决策同消费决策分开考虑，先决定最优生产问题，然后在收入最大化的前提下再决定最优消费问题。

（1）假设前提。

1）家庭有一个效用函数。效用不能从市场商品中直接获得，而是从家庭内生产的最终消费物品中获得。家庭被视为生产单位，它使用购入的物品和自有的劳动，加上家庭的资源，生产出具有消费效用的物品和劳务（使用价值）。家庭效用函数代表了家庭对这一系列物品和劳务的偏好排序。

2）为了把使用价值和与从市场上购买的商品区别开，常常称前者为 Z 产品，后者为 x 产品。家庭内生产 Z 产品需要家庭投入劳动时间（即"家务劳动时间"）和从市场购买的商品与劳务。

3）家庭的"户内产品（Z 产品）"只能够用于家庭自身的直接消费，产品不可以向市场出售。

4）存在充分竞争的劳动力市场，家务劳动时间可以用市场工资标准进行评价。

（2）目标函数。$U = f(Z_1, Z_2, \cdots, Z_n)$。

（3）约束条件。

1）家庭生产函数：$Z = f(x_i, T_i)$

即农户家庭用市场投入 x_i 和花费在其上的时间 T_i 生产 Z 产品。

2）家庭总劳动时间约束：$T = T_w + \sum T_i$

即家庭总劳动时间由家庭外出从事雇佣劳动的时间 T_w 和家庭用于生产 Z 产品的时间总和所构成。

3）家庭的货币收入约束：$Y = wT_w = \sum p_i x_i$（注：p 是 x 产品的价格）

即家庭的货币收入约束由市场工资和家庭用于雇佣劳动的时间两者之积 wT_w 决定。在均衡时，家庭货币收入等于家庭为生产 Z 产品而从市场上购买的 x 产品的价值 $\sum p_i x_i$；

为了用市场工资来估计家庭总劳动时间的价值，我们把家庭时间约束和货币收入约束合并为一个约束条件：$F = wT = w\sum T_i + \sum p_i x_i$（注：$F$ 称为家庭的"完全收入"）

家庭的均衡条件是每两种 Z 产品的边际替代率等于生产它们的边际成本之比（MC_i/MC_j）；生产任一 Z 产品 Z_i 的边际成本是指为了生产更多一个单位 Z_i 所需要支付的新增成本。

图 3-2 中假定家庭仅仅生产一种 Z 产品，w 表示货币工资，p 表示家庭从市场购买的商品 x_i 的一般价格水平。横轴

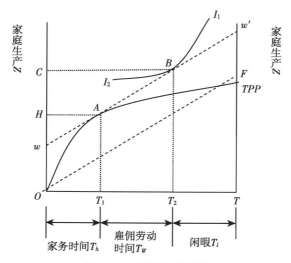

图 3-2 家庭生产模型

转引自：弗兰克·艾利思. 农民经济学. 上海：上海人民出版社，2006.

表示家庭拥有的时间总量（T），由家务劳动时间（T_h）、家庭劳动力外出从事雇佣劳动时间（T_w）和闲暇（T_l）构成，满足了时间约束。纵轴表示家庭生产 Z 产品的数量。TPP 为生产函数线，描述了由家庭劳动转变为最终家庭消费产出 Z 的状况。I_1 为无差异曲线，表示在家庭效用既定时家庭劳动力闲暇和 Z 产品达到此效用水平所可能有的各种组合。直线 OF 表示随着劳动时间投入的增加，实际总收入的增长状况，其斜率为 w/p（实际市场工资）。F 点表示一个家庭时间的总机会成本，其计算公式为 $F = wT/p$。ww' 为实际工资线，表示用市场价格计量的时间机会成本。图 3-2 中 A 点是家庭在 Z 生产中的均衡点，在这一点上，家务劳动的 MPP 等于实际工资，即 $MPP = w/p$ 或 $MVP = w$。此时，用于从市场购买的商品 x_i 的总支出（纵轴上的 CH 线段）等于家庭的货币总收入（$Y = wT_w$）。B 点是家庭在 Z 消费中的均衡点，在 B 点，闲暇和 Z 的边际替代率等于闲暇的机会成本与生产 Z 产品的市场价格之比（即 $MU_l/MU_z = w/p$）。

（4）特点。

1）贝克尔的新家庭经济学模型分析明确将家庭而非单个劳动力（除非二者完全统一）作为分析家庭效用最大化的基本单元。

2）进一步放松了恰亚诺夫模型中"不存在劳动力市场"的假设前提条件，改为将"存在充分竞争的劳动力市场"作为假设前提；据此，家庭成员可采用市场工资标准将其所有时间单元（家务劳动时间、雇佣劳动时间和闲暇时间等）的价值以机会成本进行折价。

3）贝克尔系统地提出了非工作时间在家庭效用函数中的作用，即家庭将从市场上购买的商品与其拥有的时间禀赋结合起来"生产出一种更基本的，可以直接进入效用函数的物品"；选择这些物品的最佳组合以实现家庭效用的最大化。

4）根据"Z产品只能够用于农户自身的直接消费"的前提假设条件，新家庭经济学模型的重点便落在家庭如何在生产Z产品的家务劳动和雇佣劳动之间配置时间以提高家庭效用总水平，从而揭示了家庭内部时间配置和效用最大化之间的关系，将"时间分配理论"和"生产消费一体化"有机结合。

5）新家庭经济学模型可用来探讨外生变量的各种不同变化所带来的影响，可将孩子数量、教育、营养等变量引入效用函数内。

（5）缺陷。

1）在新家庭经济学模型中，家庭的"户内产品（Z产品）只能够用于家庭自身的直接消费，产品不可以向市场出售"的前提假设过于僵化，有些时候有悖于实际情况。

2）在收入约束中，新家庭经济学模型将家庭的收入仅限定于工作的工资收入，这与实际不符；在实际生活中，较多农户家庭的收入构成中，农业收入所占比重依旧较大。

3.1.3 Barnum-Squire 农业家庭模型
（The Agricultural Household Model）

完整的农户模型（The Agricultural/Farm Household Model）是既包括了消费者又包括生产者的模型。该模型是由 Barnum（巴鲁姆）和 Squire（斯奎尔）（1979）提出，随后又由 Singh，Squire 和 Strauss（1986）进一步发展完善。完全的农户模型提供了一个分析农户的各种行为活动，即为市场的生产、为家庭消费的生产、工资工作和消费购买的物品等活动之间关系的理论框架（李强，2005）。

（1）假设前提。

1）存在劳动力市场，农户可以根据给定的市场工资雇入或雇出劳动①，但市场工资率是单一的。

2）农户可以有效接近的耕地数量一定（至少在所研究的周期内不动）。

3）"户内"活动（Z产品的生产）和"闲暇"被合并为一个消费项目来实现效用最大化。

4）农户家庭生产的产品自给有余，存在完全竞争的农产品市场，农户需要作出的一个重要选择是将多少家庭产品用于自我消费，多少家庭产品用于出售以便购买非农业消费品。

5）不确定性和风险行为忽略不计。

6）农户劳动力资源在研究的周期内固定不变。

（2）目标函数。

$$U = f(T_z, C, M)$$

上述效用函数中，T_z 代表农户用于 Z 产品生产以及闲暇的时间；C 代表农户家庭自我消费的农产；M 代表农户家庭从市场购买的商品。农户对这三种消费项的偏好，受到家庭规模、劳动人口和抚养人口结构的多重影响。

（3）约束条件。

1）生产函数约束。

$$Y = f(A, L, V)$$

生产函数约束式中，Y 表示农户的农业产出总量；A 表示农户的耕地数量（通常假设为常数）；L 表示农户劳动力从事农业生产的时间总量，包括农户家庭自有劳动时间投入和雇入劳动时间投入；V 表示农户从事生产的其他可变资本投入。

2）时间约束。

$$T = T_z + T_F + T_m$$

时间约束式中，T 是农户劳动力劳动时间总量；T_z 是农

---

① 在巴纳姆—斯奎尔模型中，农户生产的粮食自给有余，更多强调农户从劳动力市场上雇入劳动。

户劳动力投入 Z 产品生产和闲暇（两者不再区分）的时间总和；T_F 是农户劳动力从事农业生产的时间；T_m 是农户劳动力净分配给工资工作的时间，它可以是正数或负数；如果雇入劳动，则 $T_m > 0$，总的可支配时间增加；如果雇出劳动，则 $T_m < 0$，总时间减少。

3）收入约束。

$$p(Q-C) + / - wT_m - vV = mM$$

收入约束式中，p 为农户在农产品市场出售农产品的价格；Q 为农户生产的农产品总量；"$Q-C$" 为农户在农产品市场出售的农产品产量；w 为劳动市场中的市场工资，wT_m 是可以提高农户家庭收入的正数（雇出劳动），也可以是减少农户家庭收入的负数（雇入劳动）；v 是农户农业生产中可变投入（V）的价格，m 是非农业消费品（M）的平均价格。因此，收入约束指的是农户家庭的净收入应当等于农户家庭用于购买非农业消费品的总支出。

巴纳姆—斯奎尔农业家庭模型的均衡条件为：

1）劳动的边际产品等于工资，其他可变投入的边际产品等于其平均价格。

2）效用函数中农户自身消费时间和购买产品的边际替代率应等于工资和购进物价格之比。

3）农户自身消费品和购买品之间的边际替代率必须等于产出品价格和购买商品价格之比。

根据收入约束，wT_m 既可以提高农户家庭收入的正数（雇出劳动），也可以是减少农户家庭收入的负数（雇入劳动）。由此，我们将农户家庭分为以下两种情况来分别进行分析，一种农户家庭是劳动力的净购买者（雇入劳动）；另一种农户家庭是劳动力的净销售者（雇出劳动）。

第一种类型：根据假设前提"存在劳动力市场，农户可以根据给定的市场工资雇入劳动"，那么，具体情况如图 3 - 3

表示。

图 3-3 中横坐标轴表示农户拥有的时间总量，纵坐标轴表示农业产量；U_0 和 U_1 是农户的效用曲线；TPP 曲线为生产函数线；$w\,w'$ 曲线表示农户劳动力的机会成本，其斜率越陡，说明相对工资率越高。一方面，ww' 曲线与 TPP 曲线相切于 A 点，表明农户在 A 点从事农业生产，此时农户劳动力的边际产出为 MP，且 $MP = w/p$；对应投入的劳动时间总量为农户劳动力自身从事农业生产的时间（T_F）与农户雇入劳动时间（T_w）的总和。另一方面，ww' 曲线与 U_1 相切于 B 点，表明此时消费闲暇发生于 B 点，且 $MRS = w/p$，即产品与闲暇的边际替代率等于闲暇的价格与产品价格的比值；对应的农户劳动力闲暇时间总量为 T_w 与 T_z（农户用于 Z 产品生产以及闲暇的时间）总和。对比来看，当假设前提为"不存在劳动力市场"时，U_0 与 TPP 曲线相切于 C 点，对应的农户劳动力自身投入农业生产的时间为 T_0。显然，存在劳动力市场的前提假设使得农户的福利水平得到了极大改进。

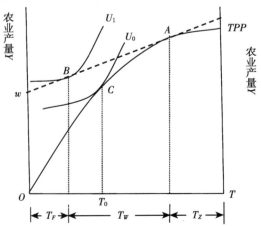

图 3-3　Barnum-Squire 模型农户雇入人工

转引自：陈和午. 农民经济学. 上海：上海人民出版社，2006.

第二种类型：根据假设前提"存在劳动力市场，农户可以根据给定的市场工资雇出劳动"，那么，具体情况如图3-4表示。

与图3-3相比，图3-4中的 ww' 曲线的斜率比较陡峭，说明相对工资率相对较高。一方面，ww' 曲线与 TPP 曲线相切于 D 点，表明农户在 D 点从事农业生产，对应投入的劳动时间总量为 T_F（农户劳动力自身从事农业生产的时间）；显见，所有的农业生产时间均由农户家庭自己提供。另一方面，ww' 曲线与 U_1 相切于 E 点，表明此时消费闲暇发生于 E 点，对应的农户劳动力闲暇时间总量为 T_Z。农户劳动力在劳动力市场所提供的非农劳动供给时间总量为 T_w；由此可见，由于工资率的提升，使得不工作的机会成本上升，导致闲暇的时间较图3-3较少。对比来看，当假设前提为"不存在劳动力市场"时，U_0 与 TPP 曲线相切于 F 点，对应的农户劳动力自身投入农业生产的时间为 T_1。显然，存在劳动力市场的前提假设同样使得农户的福利水平得到了提高。

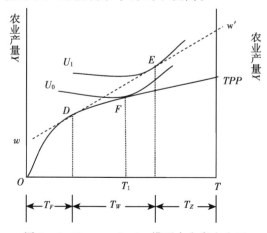

图3-4　Barnum-Squire 模型农户雇出人工

转引自：弗兰克·艾利思.农民经济学.上海：上海人民出版社，2006.

（4）特点。

1）农户追求整个家庭的效用最大化，每个家庭成员的个人目标和偏好从属于整个家庭，农户家庭效用最大化和家庭成员效用最大化是统一的。

2）与新家庭经济学模型不同，巴纳姆－斯奎尔模型的前提假设中，农户家庭生产的产品可以在农产品市场进行出售。

3）若产品要素和劳动力市场都存在完全竞争市场，则该模型具有农户模型的"递归性质"，生产和消费决策相互独立，即产出和要素的投入水平根据要素和产品的价格决定，然后生产的利润影响农户对消费的选择和劳动力的供给。

4）该模型针对农户对于家庭规模和结构变化以及市场变化（农产品价格、生产资料、工资和技术等的变化）行为反映的分析和预测提供了一个理论框架。

5）模型中，利润效应决定了农户对投入价格或产出价格变化的反映方向和程度。

（5）缺陷。

该模型的假设前提过于强调完全的生产要素和产品市场，限定了它在市场充分形成和理性竞争环境中的应用，从而使其比较适用于商业化的家庭农业企业。

3.1.4 罗的农户模型（Allan Low Model）

艾伦·罗（Allan Low）1986年进一步将巴鲁姆和斯奎尔的模型做了改进，提出以下假设条件：

1）存在劳动力市场，在劳动力市场上，工资率因劳动的种类、尤其是性别而不同，这明显不同于 Barnum-Squire 模型的单一市场工资率的假定。

2）农户可以依据其家庭规模而相应的取得耕地，即原始土地租佃制度，这点与恰亚诺夫模型的耕地假设较为类似，但却不同于 Barnum-Squire 模型的固定耕地假设。

　　3）半生存经济，农户在自家门口出售粮食的价格与粮食在市场上的零售价格不同；也就是说，当农户需要从市场上购进粮食时，必须支付更高的价格；这点也区别于 Barnum-Squire 模型中的单一农产品价格（固定食品价格）假定①。

　　4）对于大量粮食自给不足的农户来说，家庭雇出劳动力是农户劳动配置的主要特征（对照于 Barnum-Squire 模型的农户劳动以劳动雇入为主要特征）。

　　罗的上述假定隐含着"工资性工作比较优势"的存在，并且以此来分析家庭内劳动的性别分工。由于增加了对农户面临形势的适应性，罗的模型被认为是微观经济学分析的一个更为有力的工具。

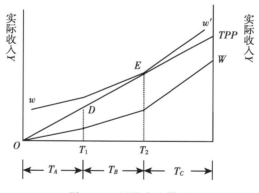

图 3-5　罗的农户模型

转引自：弗兰克·艾利思. 农民经济学. 上海：上海人民出版社，2006.

　　图 3-5 用于显示罗的粮食短缺农户模型运行方式。纵轴表示实际收入（Y），横轴表示劳动时间。假设某个农户有三个劳动人口，他们各自的劳动时间就是图 3-5 中横轴上的 T_A、T_B、T_C；曲线 TPP 为一条直线，表示农业生产中的劳

---

　　①　在巴纳姆－斯奎尔模型中，食品价格是固定的。

动边际生产率是常数。三个劳动力的农业劳动的边际生产率相等，但由于三个人在劳动市场上挣得的实际工资不同，各个人的劳动时间与其工资之积就是其劳动的工资收入或者说是其农业劳动的机会成本。曲线 OW 表示总工资或总劳动机会成本的增长状态。平行的劳动机会成本线 ww' 与曲线 TPP 在 E 点相切，表示此时该农户劳动投入达到了"利润最大化"水平，其含义为：一个劳动力只有在其劳动的实际机会成本（w/p），小于农业生产的 $MPPL$ 时，才应当从事农业生产，反之，家庭成员就应当从事非农雇佣劳动。

Low 研究的是靠近南非的非洲诸国的工资水平与粮食零售价格之间的关系，这些国家经济生活最重要的特征是近似高度发达的雇工劳动市场。

3.2 农牧户兼业时间理论分析框架

农户经济学属于微观经济学范畴，它将农户的生产、消费和劳动力供给决策有机地联系。在家庭具有自主支配家庭成员的劳动（以及闲暇）时间权利的条件下，家庭劳动力及其时间配置同样遵循效用最大化原则。本研究以新家庭经济学模型和巴纳姆－斯奎尔模型为基础做如下假定：①农牧户是一个效用最大化追求者；②存在劳动力市场，农牧户可以根据给定的市场工资雇入或雇出劳动力；③农牧户可用的土地数量在所研究的周期内不变；④"户内"活动（Z 产品的生产）和"闲暇"两者独立，分别作为消费项目来实现农户家庭总效用最大化；⑤农牧户的一个重要选择是多少产品用于自我消费，多少产品用于出售以换回自己不能生产的产品；⑥农牧户为风险中性。对于任何一个生产周期来说，农牧户的经济行为可描述为：

$$\text{Max } U = U(X_a, X_m, Z_t, R_t) \text{（效用函数）} \tag{1}$$

（1）式中，U 代表农牧户总效用，X_a 代表其自产自销的

产品；X_m 代表其从自由市场购进的商品；Z_t 代表农牧户用于
Z 产品（农牧户家庭成员利用他们的时间、人力资本和购买的
商品和服务去生产那些家庭生产的商品）生产的时间；R_t 代
表农牧户对休闲时间的需求。图 3-6 中，TFV 代表农牧户劳
动力从事农业劳动所得农业净产值，WW' 代表劳动力从事兼
业的净收入曲线，T_F^* 代表最优农业劳动时间，T_M^* 代表最优
兼业时间。农业劳动的边际收入 MFV（即 TFV 的斜率）随
着农业劳动时间的增加而不断下降。一般而言，农户所面临的
非农就业市场是一个完全竞争市场，兼业收入相对恒定，因
此，兼业的边际净收入 MMV（WW' 的斜率）是一个定值。根
据第二个假定，农牧户可以根据给定的市场工资雇出劳动力，
此时，最优农业劳动时间 T_F^* 出现在 TFV 与 WW' 相切的位
置，此时农业劳动时间的边际净产值等于兼业时间的边际净收
入，即 $MFV = MMV$；最优总劳动时间（$T_F^* + T_M^*$）出现在
WW' 与效用曲线 I_1 相切的位置上。

　　根据新古典经济理论，个人和家庭被看作是追求效用最大
化的主体，他们根据所面对的外部环境和自身条件所做出的各

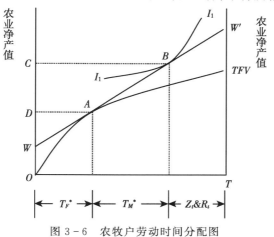

图 3-6　农牧户劳动时间分配图

种决策，都是建立在实现自身效用最大化基础上的理性选择。据此，本书认为，效用函数最大时的时间配置即为均衡时间配置。在本研究中，效用最大化所服从的约束是：

$$
\begin{cases}
Q = Q(A, L, V) \text{（技术约束）} \\
P_m \times X_m = P_a \times (Q - X_a) + MMV \times T_M - P_v \times V \text{（收入约束）} \\
T = Z_t + R_t + T_F + T_M \text{（时间约束）} \\
T_M \leqslant T^* (\delta, \varphi, \sigma) \text{（兼业时间约束）}
\end{cases}
$$

$$(2)$$

（2）式中，Q 代表农牧户农业生产总产量，A 代表农牧户耕种的土地面积（假定为不变量），V 代表农牧户生产中的可变物质投入，$(Q - X_a)$ 代表农产品市场出售量，P_a、P_m、P_v 分别代表农产品价格、市场购进品价格和可变物质投入物价格。T^* 代表农牧户能够提供的最大兼业时间 $(Q - X_a)$，它是农牧户自然资本（δ）、人力资本（φ）和社会资本（σ）的函数，拥有较高资本禀赋的农牧户，能够较多参与非农活动，其兼业时间也就相应越长。由此，本研究从农牧户资源禀赋特征、经营目标、经营模式、劳动时间利用结构四个环节分析农牧户兼业时间的分配。资源禀赋的差异性直接导致不同经营模式农牧户经营目标的差异性，进而影响其对于农业劳动时间和兼业时间的分配（图 3-7）。

兼业的实质是对生产经营目标和生产要素结构的改变，而这种改变的前提是与农牧户自身劳动力及资本收益特征相适应，改变的驱动力与判别标准则是家庭整体利益的最大化（周婧等，2010）。在兼业程度较低阶段，农牧户对土地依赖性较强，农业收入是农牧户的主要收入来源，从而将劳动时间主要配置于农业生产。随着兼业程度的提升，农业生产收入所占比重逐渐降低，农业劳动时间投入也随之降低，受劳动时间投入约束，兼业时间投入不断增加；在兼业程度较高阶段，农业生产的目的转为保障家庭口粮供给，兼业收入成为家庭收益的主

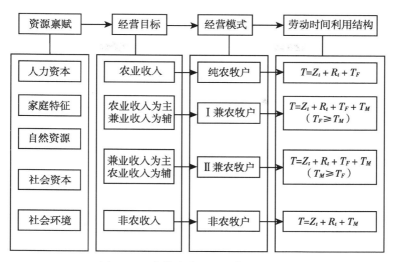

图 3-7　农牧户兼业时间作用机理图

体，此时，农牧户的劳动时间资源主要配置于非农产业。

第四章 农牧户兼业行为的
实证分析

农户兼业是指农户家庭以内部分工形式，部分劳动力从事农业生产劳动，其他家庭成员从事其他部门的生产劳动；或者个别劳动力同时从事农业生产和非农业活动，以此使农户家庭受益最大化。随着我国农户兼业化程度的逐渐加深，农业劳动力非农就业与农户兼业已经成为我国农村社会经济最为突出的现象（郝海广等，2010）。在内蒙古农村牧区农业与非农业劳动力市场之间已经建立起广泛联系的情况下，有的农牧户仍然将全部劳动时间资源用于农业劳动，有的农牧户几乎将全部劳动时间资源配置于非农业劳动，大多数农牧户则是将劳动时间资源按照不同的比例分配于农业与非农业劳动之间。那么为什么不同农牧户所做出的劳动时间资源配置决策会呈现出如此大的差异性？影响内蒙古农村牧区农牧户兼业时间的因素有哪些？其具体作用机制又是如何？本章首先运用二分类 Logistic 模型对农牧户的兼业动机与决策进行实证分析；而后以此为基础，运用 Tobit 模型对内蒙古农村牧区农牧户兼业时间的影响因素进行计量统计分析。

4.1 农牧户兼业动机与决策的实证分析

4.1.1 模型设定

本书分别将 2013 年农牧户是否具有兼业行为作为被解释变量，因其为取值 1 和 0 的离散变量，将其视为两个事件，概率之和为 1；因此本书选择二分类 Logistic 模型做回归分析。
二分类 Logistic 模型基于累积逻辑概率函数，其表达式为：

$$P_i = F(Z_i) = F(X_i\beta) = \frac{1}{1 + e^{-Z_i}} \tag{1}$$

（1）式中：e 为自然对数。因为累积逻辑概率函数是非线性函数，对 Logistic 模型进行线性变换得到：

$$\ln\left(\frac{P_i}{1 - P_i}\right) = Z_i = X_i\beta \tag{2}$$

其中 $\frac{P_i}{1-P_i}$ 表示两种选择的机会比。这里设 P_i（取值范围为 0～1）是 $Y = 1$ 的概率，由（2）式对 $\frac{P_i}{1-P_i}$ 取对数，作 logistic 转换并且以 LogisticP 作为因变量，则 i 个自变量为 X_1，X_2，$\cdots$，X_i，对应的 Logistic 回归模型为：

$$\text{Logistic}P = \ln\left(\frac{P}{1 - P}\right) = \beta_0 + \beta_1 X_1 + \beta_2 X_2 + \cdots + \beta_i X_i$$

其中，$X_j(j = 1, 2, \cdots, i)$ 表示影响农牧户兼业的各项因素；β_j 是 X_j（$j = 1, 2, \cdots, i$）的偏回归系数，表示如果其他影响因素的取值不变，则该影响因素取值增加 1 单位时会导致两种选择概率的机会比的自然对数的变化量，即 X_j 的偏回归系数；β_0 为常数项。

4.1.2　变量设定及说明

本书选取 2013 年农牧户是否具有兼业行为（y）作为因变量；其中，"$y = 1$" 表示农牧户具有兼业行为，是兼业农牧户；"$y = 0$" 表示农牧户不具有兼业行为，是纯农牧户或非农牧户。已有文献研究表明，劳动力人力资本变量特征、家庭经营特征、家庭拥有资源状况等变量均对农户兼业具有显著影响，如句芳等（2008），韩亚恒（2015）。基于此，本书主要从农牧户劳动力人力资本特征、家庭特征、土地资源禀赋、获取信息特征、社会环境、地理区域特征六个维度对农牧户兼业行为的影响因素进行分析，其具体说明及相应的研究假设表4-1。

表4-1 解释变量赋值说明表

解释变量	变量说明及均值	相应研究假设
（一）家庭人力资本特征变量		
户主年龄（MAJORAGE）	均值＝47.44	1. 户主年龄越大的农牧户其兼业的概率越小
家庭劳动力最高学历（HIGHEDU）	1＝小学；2＝初中；3＝高中或中专；4＝大学及以上（均值＝2.22）	2. 劳动力最高学历越高的农牧户其兼业的概率越大
接受过非农业技术培训的劳动力人数（NATRAIN）	均值＝0.25	3. 家庭中接受过非农技术培训的劳动力人数越多，越促进农牧户兼业
所有劳动力从事非农工作平均年数（ANATY）	家庭所有劳动力从事非农工作总年数与家庭劳动力总数的比值（均值＝1.908）	4. 劳动力从事非农工作平均年数越多，越促进农牧户兼业
（二）家庭特征变量		
总人口数（HPOPU）	均值＝3.689	5. 总人口数越多，越促进农牧户兼业
家庭中从事非农工作的总人数占劳动力总人数的比例（NALABORP）	均值＝0.297	6. 从事非农工作的总人数占比越高，越促进农牧户兼业
家庭中15岁以下孩子人数（CHILD）	均值＝0.473	7. 家庭中15岁以下孩子人数越多，越促进农牧户兼业

（续）

解释变量	变量说明及均值	相应研究假设
家庭中 65 岁以上老人人数（ELDER）	均值＝0.335	8. 家中 65 岁以上老人人数越多的农牧户其兼业概率越低
（三）土地资源特征		
农牧户土地类型（LANDK）	1＝坡地、山地或河边地；2＝梯田；3＝平坦（均值＝2）	9. 土地类型越平坦，越促进农牧户兼业
承包土地灌溉方便程度（WATER）	1＝非常不方便；2＝很不方便；3＝方便；4＝很方便；5＝非常方便（均值＝2.2）	10. 承包土地灌溉越方便，越促进农牧户兼业
2013 年是否转出土地（LAND1）	0＝没转出；1＝以转包、租赁、入股、转让、互换中的任何一种形式转出（均值＝0.905）	11. 转出土地行为会促进农牧户兼业
2013 年是否转入土地（LAND2）	0＝没转入；1＝以转包、租赁、入股、转让、互换中的任何一种形式转入（均值＝0.731）	12. 转入土地行为会阻碍农牧户兼业
（四）获取信息特征		
2013 年通讯费支出（TEL）	均值＝1 423	13. 通讯费支出越多，越促进农牧户兼业
农牧户认为家庭的亲人或朋友中"有本事"的人数（RELATIVE）	均值＝1.9	14. 亲朋中"有本事"的人数越多，越促进农牧户兼业

（续）

解释变量	变量说明及均值	相应研究假设
（五）社会环境特征		
农牧户所在村的位置（VILLAGEP）	1＝城郊结合地；2＝乡镇政府所在地；3＝普通村庄（均值＝2.608）	15. 所在村为城郊结合地的农牧户兼业概率更大
（六）地理区域特征		
东部地区（EAST）	EAST＝1 表示东部地区；EAST＝0 表示中部地区或西部地区	16. 中部地区的农牧户较东部和西部地区的农牧户兼业的概率大
中部地区（MIDDLE）	MIDDLE＝1 表示中部地区；MIDDLE＝0 表示东部地区或西部地区	

4.1.3 模型估计结果分析

根据样本数据和上述的解释变量，使用 Eview8.0 软件，采用二分类 Logistic 模型进行估计，并利用怀特检验方程矫正异方差，估计结果表 4-2、表 4-3、表 4-4。

4.1.3.1 样本农牧户兼业动机影响因素的模型估计结果分析

从农牧户劳动力人力资本特征来看，户主年龄变量对农牧户兼业行为具有显著的负向影响，即户主年龄越大，农牧户兼业的兼业动机就会减弱；家庭劳动力最高学历、接受过非农业技术培训的劳动力人数、所有劳动力从事非农工作平均年数变量均对农牧户兼业行为具有显著的正向影响，即家庭劳动力最高学历越高、接受过非农技术培训的劳动力人数越多、所有劳动力从事非农工作平均年数越多的农牧户，其兼业的动机越强烈。从农牧户家庭特征来看，农牧户家庭总人口数、家庭中从事非农工作的总人数占劳动力总人数的比例、家庭中 15 岁以下孩子人数均对农牧户兼业行为具有显著的正向影响，即农牧户家庭总人口数越多、家庭中从事非农工作的总人数占劳动力总人数的比例越高、家庭 15 岁以下孩子人数越多的农牧户，其兼业动机越强烈；而家庭中 65 岁以上老人人数则对农牧户兼业行为具有显著的负向影响，即农牧户家中 65 岁以上老人人数越多，其兼业的可能性越小；这与研究假设一致。据调查，受访纯农牧户对于"除农活之外，您家现在为什么没干点别的？"这一问题的回答表明，首要原因为"家庭成员文化程度低，缺乏技术和资金，没有外出打工的门路"，占比为22.81%；其次是"由于家庭拖累，走不开"，占比为17.02%；再者是因为"家里承包地比较多而劳动力少"，占比为 13.16%。由此可见，样本农牧户选择当前经营模式是在人力资本要素和家庭因素的双重制约条件之下的被动决策结果。从土地资源禀赋特征来看，农牧户土地类型、承包土地灌溉方便程度、2013 年是否转出自家土地均对农牧户兼业行为具有显著的正向影响，即土地较为平坦、灌溉方便度越高、转出自家土地面积越大的农牧户，其具有兼业行为的可能性越大；2013 年是否转入土地对农牧户兼业行为具有显著的负向影响，即转入土地越多的农牧户，其兼业动机会相应减弱；与研究假设一致。从获取信息特征来看，2013 年通讯费支出变量对农牧户兼业行为具有显著的正向影响；而农牧户认为家庭的亲人或朋友中"有本事"的人数对农牧户兼业行为的影响并不显著。从社会环境维度来看，农牧户所在村的位置变量虽然在10%水平显著，但估计系数的符号与预期相反。从地理区域特征来看，中部地区虚拟变量高度显著，但估计系数符号与预期相反（表 4－2）。

表 4 - 2　样本农牧户兼业动机影响因素的模型估计结果表

解释变量	估计参数	标准差	z-统计值	伴随概率
MAJORAGE	−0.006***	0.001	−4.464	0.000
HIGHEDU	0.234***	0.090	2.609	0.009
NATRAIN	0.037*	0.020	1.835	0.067
ANATY	0.075***	0.026	2.889	0.004
HPOPU	0.516***	0.092	5.639	0.000
NALABORP	5.071***	0.399	12.724	0.000
CHILD	0.391***	0.136	2.875	0.004
ELDER	−0.301**	0.149	−2.023	0.043
LANDK	0.238***	0.089	2.674	0.008
WATER	0.200***	0.079	2.530	0.011
LAND1	2.510***	0.428	5.870	0.000
LAND2	−0.364**	0.156	−2.329	0.019
TEL	0.000***	0.000	2.508	0.012
RELATIVE	0.058	0.132	0.436	0.663
VILLAGEP	0.261*	0.138	1.893	0.058
EAST	0.095	0.183	0.518	0.605
MIDDLE	−0.908***	0.241	−3.761	0.000
C	−3.700	0.720	−5.137	0.000

注：*、**、***分别表示估计量在10%、5%、1%的显著性水平。

4.1.3.2　样本农户兼业动机影响因素的模型估计结果分析

从农户劳动力人力资本特征来看，户主年龄变量与农户兼业行为呈现显著的负相关关系；家庭劳动力最高学历、接受过非农业技术培训的劳动力人数、所有劳动力从事非农工作平均年数变量均与农户兼业行为呈现显著的正相关关系。从农户家庭特征来看，农户家庭总人口数、家庭中从事非农工作的总人数占劳动力总人数的比例、家庭中15岁以下孩子人数均与农户兼业行为呈现显著的正相关关系；而家庭中 65 岁以上老人人数则与农户兼业行为呈现显著的负相关关系；与研究假设一致。从土地资源禀赋特征来看，农户土地类型、承包土地灌溉方便程度、2013 年是否转出自家土地均与农户兼业行为呈现显著的正相关关系；2013 年是否转入土地与农户兼业行为呈现显著的负相关关系；与研究假设一致。从获取信息特征来看，2013 年通讯费支出变量与农户兼业行为呈现显著的正相关关系；而农户认为家庭的亲人或朋友中"有本事"的人数对农户兼业行为的影响并不显著。从社会环境维度来看，农户所在村的位置变量虽然显著，但估计系数的符号与预期相反。中部地区虚拟变量高度显著，但估计系数符号与预期相反（表4－3）。

表 4－3　样本农户兼业动机影响因素的模型估计结果表

解释变量	估计参数	标准差	z-统计值	伴随概率
MAJORAGE	−0.004 ***	0.004	−0.900	0.000
HIGHEDU	0.173 *	0.099	1.751	0.080
NATRAIN	0.494 ***	0.149	3.324	0.001
ANATY	0.069 ***	0.028	2.474	0.013
HPOPU	0.533 ***	0.101	5.281	0.000
NALABORP	5.132 ***	0.453	11.324	0.000
CHILD	0.407 ***	0.149	2.724	0.006
ELDER	−0.279 *	0.161	−1.732	0.083
LANDK	0.305 ***	0.106	2.877	0.004
WATER	0.286 ***	0.096	2.972	0.003
LAND1	2.616 ***	0.443	5.899	0.000
LAND2	−0.503 ***	0.172	−2.920	0.004
TEL	0.000 ***	0.000	3.382	0.001
RELATIVE	0.188	0.149	1.263	0.207

（续）

解释变量	估计参数	标准差	z-统计值	伴随概率
VILLAGEP	0.257*	0.144	1.788	0.074
EAST	0.320	0.207	1.549	0.121
MIDDLE	−0.844***	0.260	−3.241	0.001
C	−4.343	0.817	−5.313	0.000

注：*、**、***分别表示估计量在10%、5%、1%的显著性水平。

4.1.3.3 样本牧户兼业动机影响因素的模型估计结果分析

从牧户劳动力人力资本特征来看，户主年龄变量与牧户兼业动机呈现显著的负相关关系；户主年龄越大，牧户兼业的可能性越小；家庭劳动力最高学历、接受过非农业技术培训的劳动力人数、所有劳动力从事非农工作平均年数变量均与牧户兼业动机呈现显著的正相关关系，可见，受教育程度、非农技术培训与非农工作经验的提高有助于促进牧户从事兼业。从牧户家庭特征来看，牧户家庭总人口数、家庭中从事非农工作的总人数占劳动力总人数的比例、家庭中15岁以下孩子人数均与牧户兼业动机呈现显著的正相关关系；而家庭中65岁以上老人人数则与牧户兼业动机呈现显著的负相关关系。从土地资源禀赋特征来看，牧户土地类型、承包土地灌溉方便程度、2013年是否转出自家土地均与牧户兼业动机呈现显著的正相关关系；2013年是否转入土地与牧户兼业动机呈现显著的负相关关系；与研究假设一致。从获取信息特征来看，2013年通讯费支出变量与牧户兼业动机呈现显著的正相关关系；而牧户认为家庭的亲人或朋友中"有本事"的人数对牧户兼业动机的影响并不显著。从社会环境维度来看，牧户所在村的位置变量虽然显著，但估计系数的符号与预期相反。中部地区虚拟变量高度显著，但估计系数符号与预期相反（表4-4）。

表 4 - 4　样本牧户兼业动机影响因素的模型估计结果表

解释变量	估计参数	标准差	z-统计值	伴随概率
MAJORAGE	-0.005 ***	0.002	-1.949	0.000
HIGHEDU	0.173 *	0.099	1.751	0.080
NATRAIN	0.153 ***	0.045	3.429	0.001
ANATY	0.069 ***	0.028	2.474	0.013
HPOPU	0.533 ***	0.101	5.281	0.000
NALABORP	5.132 ***	0.453	11.324	0.000
CHILD	0.407 ***	0.149	2.724	0.006
ELDER	-0.279 *	0.161	-1.732	0.083
LANDK	0.305 ***	0.106	2.877	0.004
WATER	0.286 ***	0.096	2.972	0.003
LAND1	2.616 ***	0.443	5.899	0.000
LAND2	-0.503 ***	0.172	-2.920	0.004
TEL	0.000 ***	0.000	3.382	0.001
RELATIVE	0.188	0.149	1.263	0.207
VILLAGEP	0.257 *	0.144	1.788	0.074
EAST	0.320	0.207	1.549	0.121
MIDDLE	-0.844 ***	0.260	-3.241	0.001
C	-4.343	0.817	-5.313	0.000

注：*、**、***分别表示估计量在10%、5%、1%的显著性水平。

4.2　农牧户兼业时间的实证分析

4.2.1　待检验理论假设

假设1：农牧户家庭劳动力人力资本特征变量是农牧户兼业时间的核心影响因素。

1）结合以往研究结果（句芳，2008），农牧户劳动力平均年龄对于其兼业时间的影响并非线性而是呈倒"U"形,即随着劳动力年龄的增加,其兼业时间呈现先增长,到达峰值后再逐步下降的趋势;当劳动力处于中青年时期,其兼业时间往往会比较长。

2)农牧户家庭劳动力的最高学历对其兼业时间呈现正向影响。学历是衡量劳动力质量的核心指标,属于典型的人力资本变量。农牧户家庭中学历最高的家庭成员往往会对家庭决策产生决定性的影响,尤其是对于非农就业决策。

3)农牧户家庭中接受过农业或非农业技术培训的劳动力人数越多,农牧户兼业时间越长。一般来说,参加种植业、养殖业类的农业技术培训有助于提高农牧户农业劳动生产效率,有效提高劳动时间利用率,从而增加农牧户非农劳动时间;而建筑、技工、维修、驾驶等非农业技术培训有助于提高劳动者专项技能水平,从而提高其从事非农产业的信心和积极性,为其从事非农工作创造条件;且农牧户家庭劳动力从事非农工作年数越长,非农工作经验就愈加丰富,兼业时间也相应越长。

假设2:农牧户家庭特征变量对农牧户兼业时间具有重要影响作用。

1)农牧户家庭总人口数越多,从事非农工作的总劳动力人数就会相应增多,家庭中将户籍迁移到现工作地或别处的行为发生概率会随之增加,其兼业时间就会越长。

2)农牧户家庭所有劳动力兼业总收入越高,农牧户兼业时间就相应越长,即理性农牧户会将更多的劳动时间配置于非农产业。

3)农牧户家庭中15岁以下孩子的数量会对农牧户兼业时间产生正方向影响。现代社会家庭普遍都较为注重孩子的受教育程度,期望自家孩子能够得到更高质量的教育机会,因此,一部分家长会利用兼业尽可能地增加家庭收入,为孩子能够接受更好的教育提供经济准备;当然,也有一些家长可能会忽视基础教育的重要性，他们会选择将孩子托付给其父母全程照料，子女的基础教育情况对其外出务工与否可能就不会产生本质性的影响。

4）农牧户家庭中 65 岁以上老人人数对农牧户兼业时间的影响具有不确定性，倘若老年人身体健康状况较差，需要家庭成员的细心照料，就会减少家庭劳动力的兼业时间；而若老年人身体康健，则可以辅助家庭主要劳动力从事农业活动，促使家庭主要劳动力有更多的时间从事兼业活动。

假设 3：农牧户资源禀赋情况对其兼业时间具有一定程度的影响。农牧户承包地总面积对农牧户兼业时间的影响方向具有不确定性。一方面，农牧户种植总面积越大，地块数越多，且处于坡地、山地或河边地数量越大，投入种植业的农业劳动时间就会越长，在劳动总时间既定的前提下，劳动力外出就业的时间就会越少。另一方面，农牧户承包地总面积较大，且农业投资成本偏高时，农牧户可能会选择出租一部分土地，从而将其更多的劳动时间用于兼业。此外，农牧户所承包的土地灌溉方便程度越差，土地机械化程度越低，劳动力的兼业时间也就会相应减少。

假设 4：土地流转情况会对农牧户兼业时间产生影响。一般来讲，通过转包、租赁、入股、转让、互换中的任何一种形式转入土地都会使农牧户实际耕种面积扩大，致使农牧户投入农业劳动的时间增加，从而减少兼业时间的投入；反之则相反。

假设 5：社会资产会影响农牧户兼业时间的长短。很多研究结果显示，若农牧户的户主担任村干部，其与外界联系较为紧密，获取信息就具有较强的优越性，兼业时间也就会越长。此外，农牧户家庭的亲人或朋友中"有本事"的人数与农牧户兼业时间也同样呈正相关关系。

假设 6：获取信息能力对农牧户兼业时间具有重要影响。

采用农牧户家庭当年通讯费支出可以更为贴切地反映其获取信息的情况；一般而言，家庭当年通讯费支出越高，农牧户兼业时间越长。此外，借鉴前人研究成果，笔者还考虑将农牧户所在村距最近乡镇府所在地的距离作为反映农牧户获取信息难易程度的重要变量。通常，农牧户所在村距最近乡镇府所在地越近，就越有可能获得更多的非农就业信息，农牧户兼业时间也就会越长。

假设7：社会环境会影响农牧户兼业时间。通常，农牧户所在村位置的不同会导致农牧户兼业时间产生差异性；如若村里可以为农牧户提供农技服务，则有助于农牧户提高农业生产效率，为其节约更多的劳动时间，从而促使其增加兼业时间。

假设8：不同经营模式和不同地理区域农牧户的兼业时间会具有一定的差异性。笔者推断与纯农户相比，非农牧户的兼业时间最长，其次是Ⅱ兼农牧户和Ⅰ兼农牧户。

4.2.2 设定与验证估计模型

4.2.2.1 估计模型的设定和相关变量说明

根据前述各假设，综合考虑各影响因素及数据的可获得性，本书构建的农户兼业时间配置模型如下：

$$PROPNATTIME = C + b_1 AAGE + b_2 AAGE\hat{\ }2 + b_3 HIGHEDU + b_4 ATRAIN + b_5 NATRAIN + b_6 ANATY + b_7 HPOPU + b_8 NALABORP + b_9 \log（NATMINCOME）+ b_{10} HUKOU + b_{11} CHILD + b_{12} ELDER + b_{13} LANDAR + b_{14} LANDK + b_{15} LANDC + b_{16} WATER + b_{17} LANDM + b_{18} LANDL1 + b_{19} LANDL2 + + b_{20} LEADER + b_{21} RELATIVE + b_{22} \log（TEL）+ b_{23} DIS + b_{24} VILLAGEP + b_{25} TECH + b_{26} APARTTIMEH + b_{27} NAPARTTIMEH + b_{28} PARTTIMEH + b_{29} EAST + b_{30} MIDDLE + U_t$$

模型中，PROPNATTIME 为因变量，表示 2013 年样本农牧户劳动力的总兼业时间占所有劳动力的农业劳动时间与非农劳动时间总和的比重,其中,兼业时间为劳动力从事固定工资工作、家庭自主经营或者打工(包括本地及外地)的时间,在此,将农牧户农业劳动时间和非农劳动时间都统一折合为工日。U_i 表示残差项。解释变量的含义及赋值表 4 - 5。

表 4 - 5 解释变量的含义、赋值及统计分析结果表

变量类型	变量名称及代码	变量说明及赋值	均值	标准差	预期影响方向
(一)农牧户家庭劳动力人力资本特征变量	农牧户家庭劳动力平均年龄一次项(AAGE)	样本劳动力是指年龄为 16～65 岁,且不上学已经工作的人,年老体弱或者由于患病不能干活的人不算是劳动力	43.95	8.199	+
	农牧户家庭劳动力平均年龄平方项(AAGE-2)	—	1998	759.6	—
	农牧户家庭劳动力的最高学历(HIGHEDU)	1=小学;2=初中;3=高中或中专;4=大学及以上	2.22	0.895	+
	农牧户家庭中接受过农业技术培训的劳动力人数(ATRAIN)	连续性数值	0.174	0.517	+
	农牧户家庭中接受过非农业技术培训的劳动力人数(NATRAIN)	连续性数值	0.25	0.583	+
	农牧户家庭所有劳动力从事非农工作平均年数(ANATY)	家庭所有劳动力从事非农工作总年数与家庭劳动力总数的比值	1.908	4.056	+

（续）

变量类型	变量名称及代码	变量说明及赋值	均值	标准差	预期影响方向
	农牧户家庭总人口数（HPOPU）	连续性数值	3.689	1.225	＋
	农牧户家庭中从事非农工作的总人数占劳动力总人数的比例（NALABORP）	连续性数值	0.297	0.363	＋
（二）农牧户家庭特征变量	农牧户家庭所有劳动力兼业总收入（NATMINCOME）	农牧户劳动力从事固定工资工作、打工、家庭自主经营所获得兼业收入总和	21 130.672	36 530.154	＋
	农牧户家庭中户籍迁移到现工作地或别处的人数（HUKOU）	连续性数值	0.162	0.573	＋
	农牧户家庭中 15 岁以下孩子人数（CHILD）	连续性数值	0.473	0.67	＋
	农牧户家庭中 65 岁以上老人人数（ELDER）	连续性数值	0.335	0.642	＋／－
（三）农牧户资源禀赋特征	农牧户 2013 年承包地总面积（LANDAR）	连续性数值	30.93	41.73	＋／－
	农牧户土地类型（LANDK）	1＝坡地、山地或河边地；2＝梯田；3＝平坦	2	1.159	＋

（续）

变量类型	变量名称及代码	变量说明及赋值	均值	标准差	预期影响方向
（三）农牧户资源禀赋特征	土地细碎化程度（LANDC）	以农牧户当年承包地的块均面积来测度，也就是承包耕地面积与地块数的比值（单位为亩/块）	9.299	26.99	＋
	农牧户家庭承包土地灌溉方便程度（WATER）	1＝非常不方便；2＝很不方便；3＝方便；4＝很方便；5＝非常方便	2.2	1.334	＋
	农牧户家庭土地机械化程度（LANDM）	可用机械作用面积占农牧户家庭总播种面积比重	0.652	0.859	＋
（四）农牧户土地流转情况	农牧户家庭2013年是否转出自家土地（LANDL1）	0＝没转出；1＝以转包、租赁、入股、转让、互换中的任何一种形式转出	0.905	0.293	＋
	农牧户家庭2013年是否转入自家土地（LANDL2）	0＝没转入；1＝以转包、租赁、入股、转让、互换中的任何一种形式转入	0.731	0.444	－
（五）社会资产	户主是否村干部（LEADER）	1＝是；0＝否	0.075	0.264	＋
	农牧户认为家庭的亲人或朋友中的"有本事"的人数（RELATIVE）	1＝没有；2＝很少；3＝较多	1.9	0.586	＋

（续）

变量类型	变量名称及代码	变量说明及赋值	均值	标准差	预期影响方向
（六）获取信息能力变量	农牧户家庭 2013 年通讯费支出（TEL）	连续性数值	1 423	2 099	＋
	农牧户所在村距最近乡镇府所在地的距离（DIS）	连续性数值（单位：公里）	15.67	21.9	－
（七）社会环境变量	农牧户所在村的位置为（VILLAGEP）	1＝城郊结合地；2＝乡镇政府所在地；3＝普通村庄	2.608	0.673	＋/－
	村里是否有人提供农技服务（TECH）	1＝是；0＝否	0.328	0.470	＋
（八）不同经营模式虚拟变量	Ⅰ兼农牧户（APARTTIMEH）	APARTTIMEH＝1 表示调查样本为Ⅰ兼农牧户；APARTTIMEH＝0 表示调查样本为纯农牧户、Ⅱ兼农牧户或非农牧户	0.144	0.351	＋
	Ⅱ兼农牧户（NAPARTTIMEH）	NAPARTTIMEH＝1 表示调查样本为Ⅱ兼农牧户；NAPARTTIMEH＝0 表示调查样本为纯农牧户、Ⅰ兼农牧户或非农牧户	0.177	0.382	＋
	非农牧户（PARTTIMEH）	PARTTIMEH＝1 表示调查样本为非农牧户；PARTTIMEH＝0 表示调查样本为纯农牧户、Ⅰ兼农牧户或Ⅱ兼农牧户	0.158	0.365	＋

（续）

变量 类型	变量名称及代码	变量说明及赋值	均值	标准差	预期影 响方向
（九） 地理 区域 特征 虚拟 变量	东部地区 （EAST）	EAST＝1 表示东部 地区；EAST＝0 表示 中部地区或西部地区	—	—	＋/－
	中部地区 （MIDDLE）	MIDDLE＝1 表示中 部地区；MIDDLE＝0 表示东部地区或西部 地区	—	—	＋/－

4.2.2.2　估计模型的计量方法

本书将 2013 年样本农牧户劳动力的总兼业时间占所有劳动力的农业劳动时间与非农劳动时间总和的比重作为因变量，由于部分纯农牧户不存在兼业行为，其样本观察值对应为零，因变量的取值存在着由零表示的下限。因此，本研究对牧户兼业时间的估计存在着被解释变量的截断问题。此时，可采用 Tobit 模型估计具有这种特性的样本。估计 Tobit 模型有两种方法：一种是 Heckman 两阶段估计方法；另一种是用最大似然法直接进行估计。利用最大似然法可以保证得到具有一致性的参数估计结果，并且有效性得到提高，因而是一种比 Heckman 两阶段估计方法更为有效的估计方法（田维明，2005）。

设隐变量 Z_i 与解释变量 X_i 的函数关系为：

$$Z_i = \alpha + \beta x_i + \mu_i^*$$

式中，x_i 为解释变量，β 是一组待估参数，μ_i^* 是截取后的样本数据对应的误差项。

隐变量 Z_i 与实际观察到的行为 Y_i 之间有以下的对应关系：当 $Z_i > 0$ 时，有 $Y = Y_i$；当 $Z_i \leqslant 0$ 时，有 $Y = 0$。实际估

计的方程为 $Y_i = \alpha + \beta x_i + \mu_i$

利用最大似然法估计模型时，假定误差项 μ_i 服从正态分布。

$$F(\alpha + \beta x_i) = F(Z_i)$$

$$\lambda_i = \frac{f(\alpha + \beta x_i)}{F(\alpha + \beta x_i)}$$

$$Y_i = \alpha + \beta x_i + \sigma \lambda_i + \mu_i$$

取对数后的似然函数为：

$$LogL = \sum_{Y_i > 0_i} -\frac{1}{2}\left[\log(2\pi) + \log\sigma^2 + \frac{(Y_i - \alpha - \beta x_i)^2}{\sigma^2}\right]$$

$$+ \sum_{Y_i = 0}\left[1 - F\frac{(\alpha + \beta x_i)}{\sigma}\right]$$

根据样本数据和上述的解释变量，使用 Eview8.0 软件，采用 Tobit 模型进行估计，并利用怀特检验方程矫正异方差，估计结果表 4 - 6、表 4 - 7、表 4 - 8。

4.2.2.3　估计模型结果分析

（1）样本农牧户兼业时间影响因素的模型估计结果分析。

1）农牧户家庭劳动力人力资本特征变量中农牧户劳动力平均年龄及其平方项对农牧户兼业时间具有显著影响，其影响方向与预期一致，即农牧户劳动力平均年龄对于农牧户兼业时间的影响呈倒"U"型。农牧户家庭劳动力的最高学历对其兼业时间呈现显著的正向影响，即劳动力最高学历水平越高，农牧户兼业时间就会相应越长。农牧户家庭中接受过农业技术培训的劳动力人数变量并不显著，国家统计局内蒙古调查总队（2014）的调查结果显示，农牧民工中，接受过技能培训的占48.3%，其中接受过农业技术培训的农民工仅占8.6%，较去年同期下降6.6个百分点；接受过非农职业技能培训的占39.5%，较去年同期提高8.1个百分点。农牧户家庭中接受过非农业技术培训的劳动力人数越多，农牧户兼业时间越长，与预期方向一致。农牧户家庭所有劳动力从事非农工作平均年数与农牧户兼业时间呈显著正相关关系，表明劳动力非农工作经验有助于提升农牧户兼业水平。

2）农牧户家庭特征变量中农牧户家庭总人口、农牧户家庭中从事非农工作的总人数占劳动力总人数的比例、农牧户家庭所有劳动力兼业总收入以及农牧户家庭中 15 岁以下孩子的数量均对农牧户兼业时间具有显著的正方向影响，即家庭总人数越多、从事非农工作总人数占比越高、兼业总收入越高、家中 15 岁以下孩子数量越多，农牧户兼业时间相应越长。而农牧户家庭中 65 岁以上老人人数则与农牧户兼业时间呈现显著的负相关关系。农牧户家庭中户籍迁移到现工作地或别处的人数变量的估计参数不显著，笔者认为可能的原因是：一方面，样本劳动力的年龄均值为 43 岁，年龄在 40 至 50 岁区间的劳动力人数占比高达 40.77％，很多研究结果认为，户籍迁移因素对该群体出外打工的吸引力较弱；另一方面，调查结果显示，户籍状况为"未迁移"的劳动力总数占比高达 93.07％。

3）农牧户承包地总面积、农牧户土地类型、农牧户家庭承包土地灌溉方便程度、是否转出自家土地与农牧户兼业时间呈现显著的正相关关系，即农牧户承包地总面积越多、土地质量越高、灌溉方便度越高、转出自家土地面积越多，其兼业时间相应越长。土地细碎化程度与可用机械作业面积占农牧户家庭总播种面积变量估计结果虽然显著，但其估计参数符号与预期相反。根据估计结果，农牧户承包地总面积较大，且农业投资成本偏高时，农牧户可能会选择出租一部分土地。从调查结果来看，超过半数的农牧户将"转出土地的主要原因"主要归结于"缺乏劳动力"和"农业投资太高，农业收入低下"，这与模型估计结果一致。而是否转入土地对农牧户兼业时间影响并不显著。

4）社会资产变量中，户主是否为村干部变量并不显著

（这与很多学者研究结论相反）；农牧户家庭的亲人或朋友中的"有本事"的人数变量较为显著，对农牧户兼业时间具有正方向影响。笔者推断，前者不显著是样本数据有偏所致，调查结果显示，户主为村干部的户数仅为 100 户，占样本总量比例仅为 7.51%；而 84.02% 的农牧户劳动力外出就业者获得相关就业信息的主要渠道是亲朋介绍或自己联系，这与模型估计结果一致。

5）在反映农牧户获取信息的两个变量中，农牧户当年通讯费支出变量不显著，而农牧户所在村距最近乡镇府所在地的距离对于农牧户兼业时间具有显著的负向影响。样本的统计结果显示，农牧户从事非农工作的地点在本村、外村本乡和乡外县内的劳动力占比依次为 20.46%、13.92 和 28.48%；可见，在县内从事兼业活动的劳动力占比为 62.87%，这或许就是导致农牧户当年通讯费支出变量不显著的原因。而与大多数学者研究结论一致，农牧户所在村距最近乡镇府所在地的距离越近，获得相关的兼业信息量就越多，农牧户兼业时间也就相应越长。

6）农牧户所在村的位置和村里是否有人提供农技服务这两个变量主要用于反映农牧户所处的社会环境，从模型估计结果来看二者均不显著。不同经营模式虚拟变量的估计结果均较为显著，估计参数与预期一致，表明兼业农牧户和非农牧户的兼业时间均显著高于纯农牧户。地区虚拟变量估计结果显示，东部地区虚拟变量并不显著，而中部地区虚拟变量高度显著，表明中部地区兼业时间明显多于东西部地区。调查结果显示，中部地区户均兼业时间为 219.7 个工日，分别是东部地区和西部地区的 1.4 倍和 1.3 倍（表 4-6）。

（2）样本农户兼业时间影响因素的模型估计结果分析。农户家庭劳动力人力资本特征变量中农户劳动力平均年龄及其平方项对农户兼业时间具有显著影响，其影响方向与预期一致，

表 4 - 6　样本农牧户兼业时间影响因素的模型估计结果表

解释变量	估计参数	标准差	z -统计值	伴随概率
AAGE	0.014*	0.008	1.754	0.079
AAGE-2	−0.000**	9.25E−05	−2.189	0.029
HIGHEDU	0.024***	0.009	2.708	0.007
ATRAIN	−0.005	0.016	−0.317	0.751
NATRAIN	0.018*	0.010	1.770	0.077
ANATY	0.004**	0.002	2.425	0.015
HPOPU	0.028***	0.008	3.327	0.000
NALABORP	0.595***	0.037	16.125	0.000
Log（NATMINCOME）	0.089***	0.012	7.442	0.000
HUKOU	0.007	0.011	0.684	0.494
CHILD	0.028***	0.013	3.568	0.000
ELDER	−0.046***	0.013	−3.589	0.000
LANDAR	0.001*	0.000	1.754	0.079
LANDK	0.025***	0.009	2.690	0.007
LANDC	−0.002**	0.001	−2.047	0.041
WATER	0.019***	0.007	2.718	0.007
LANDM	−0.037**	0.017	−2.142	0.032
LANDL1	0.073***	0.023	3.114	0.002
LANDL2	−0.006	0.017	−0.327	0.744
LEADER	−0.012	0.030	−0.391	0.696
RELATIVE	0.021*	0.013	1.625	0.104
LOG（TEL）	−0.003	0.010	−0.332	0.739
DIS	−0.001**	0.001	−1.902	0.057
VILLAGEP	0.015	0.011	1.332	0.183
TECH	−0.019	0.015	−1.301	0.193
APARTTIMEH	0.458***	0.036	12.677	0.000

（续）

解释变量	估计参数	标准差	z-统计值	伴随概率
NAPARTTIMEH	0.621***	0.037	16.958	0.000
PARTTIMEH	0.662***	0.041	16.018	0.000
EAST	0.028	0.019	1.490	0.136
MIDDLE	0.041**	0.019	2.134	0.033
C	−1.044	0.211	−4.946	0.000

注：*、**、*** 分别表示估计量在 10%、5%、1% 的显著性水平。

即农户劳动力平均年龄对于农户兼业时间的影响呈倒"U"型。农户家庭劳动力的最高学历对其兼业时间呈现显著的正相关关系。农户家庭中接受过农业技术培训的劳动力人数变量并不显著。农户家庭所有劳动力从事非农工作平均年数与农户兼业时间呈显著正相关关系。农户家庭特征变量中农户家庭总人口、农户家庭中从事非农工作的总人数占劳动力总人数的比例、农户家庭所有劳动力兼业总收入以及农户家庭中 15 岁以下孩子的数量均对农户兼业时间具有显著的正方向影响。而农户家庭中 65 岁以上老人人数则与农户兼业时间呈现显著的负相关关系。农户家庭中户籍迁移到现工作地或别处的人数变量的估计参数不显著。农户承包地总面积、农户土地类型、农户家庭承包土地灌溉方便程度、可用机械作业面积占农户家庭总播种面积、是否转出自家土地与农户兼业时间呈现显著的正相关关系。土地细碎化程度变量估计结果虽然显著，但其估计参数符号与预期相反。而是否转入土地对农户兼业时间影响并不显著。社会资产变量中，户主是否为村干部变量并不显著（这与很多学者研究结论相反）；农户家庭的亲人或朋友中的"有本事"的人数变量较为显著，对农户兼业时间具有正方向影响。在反映农户获取信息的两个变量中，农户当年通讯费支出变量不显著，而农户所在村距最近乡镇府所在地的距离对于农户兼业时间具有显著的负向影响。农户所在村的位置和村里是否有人提供农技服务这两个变量均不显著。不同经营模式虚拟变量的估计结果均较为显著，估计参数与预期一致，表明兼业农户和非农户的兼业时间均显著高于纯农户。地区虚拟变量估计结果显示，东部地区和中部地区虚拟变量均高度显著，表明东部地区和中部地区兼业时间均明显多于西部地区（表4-7）。

表4-7　样本农户兼业时间影响因素的模型估计结果表

解释变量	估计参数	标准差	z-统计值	伴随概率
AAGE	0.014*	0.009	1.667	0.096
AAGE^2	-0.000**	0.000	-1.963	0.050
HIGHEDU	0.023**	0.010	2.400	0.016
ATRAIN	-0.009	0.016	-0.572	0.567
NATRAIN	0.020*	0.011	1.800	0.072
ANATY	0.004**	0.002	2.030	0.042
HPOPU	0.026***	0.009	2.821	0.005
NALABORP	0.554***	0.040	13.715	0.000
Log（NATMINCOME）	0.000***	0.000	5.924	0.000
HUKOU	0.004	0.011	0.376	0.707
CHILD	-0.028**	0.013	-2.214	0.027
ELDER	-0.039***	0.014	-2.852	0.004
LANDAR	0.001***	0.000	4.890	0.000
LANDK	0.028***	0.010	2.829	0.005
LANDC	-0.003***	0.001	-2.793	0.005
WATER	0.019**	0.008	2.396	0.017
LANDM	0.018**	0.008	2.250	0.016
LANDL1	0.038**	0.019	2.051	0.040
LANDL2	-0.007	0.019	-0.352	0.725
LEADER	-0.007	0.033	-0.219	0.827

（续）

解释变量	估计参数	标准差	z-统计值	伴随概率
RELATIVE	0.025*	0.013	1.874	0.061
LOG（TEL）	−0.000	0.000	−0.882	0.378
DIS	−0.001**	0.001	−2.178	0.029
VILLAGEP	0.009	0.011	0.812	0.417
TECH	−0.015	0.016	−0.941	0.347
APARTTIMEH	0.495***	0.040	12.448	0.000
NAPARTTIMEH	0.659***	0.040	16.671	0.000
PARTTIMEH	0.711***	0.044	15.976	0.000
EAST	0.052**	0.021	2.498	0.013
MIDDLE	0.053***	0.020	2.620	0.009
C	−0.943	0.200	−4.713	0.000

注：*、**、*** 分别表示估计量在10%、5%、1%的显著性水平。

（3）样本牧户兼业时间影响因素的模型估计结果分析。牧户家庭劳动力人力资本特征变量中牧户劳动力平均年龄及其平方项对牧户兼业时间具有显著影响，其影响方向与预期一致，即牧户劳动力平均年龄对于牧户兼业时间的影响呈倒"U"型。牧户家庭劳动力的最高学历对其兼业时间呈现显著的正相关关系。牧户家庭中接受过农业技术培训的劳动力人数变量并不显著。牧户家庭所有劳动力从事非农工作平均年数与牧户兼业时间呈显著正相关关系。牧户家庭特征变量中牧户家庭总人口、牧户家庭中从事非农工作的总人数占劳动力总人数的比例、牧户家庭所有劳动力兼业总收入以及牧户家庭中15岁以下孩子的数量均对牧户兼业时间具有显著的正方向影响。而牧户家庭中65岁以上老人人数则与牧户兼业时间呈现显著的负相关关系。牧户家庭中户籍迁移到现工作地或别处的人数变量的估计参数不显著。牧户承包地总面积、牧户土地类型、牧户家庭承包土地灌溉方便程度、土地细碎化程度变量、是否转出自家土地与牧户兼业时间呈现显著的正相关关系。可用机械作业面积占牧户家庭总播种面积估计结果虽然显著，但其估计参数符号与预期相反。而是否转入土地对牧户兼业时间影响并不显著。社会资产变量中，户主是否为村干部变量并不显著（这与很多学者研究结论相反）；牧户家庭的亲人或朋友中的"有本事"的人数变量较为显著，对牧户兼业时间具有正方向影响。在反映牧户获取信息的两个变量中，牧户当年通讯费支出变量不显著，而牧户所在村距最近乡镇府所在地的距离对于牧户兼业时间具有显著的负向影响。牧户所在村的位置对牧户兼业时间具有显著的正方向影响，而村里是否有人提供农技服务这个变量并不显著。不同经营模式虚拟变量的估计结果均较为显著，估计参数与预期一致，表明兼业牧户和非牧户的兼业时间均显著高于纯牧户（表 4-8）。

表 4-8　样本牧户兼业时间影响因素的模型估计结果表

解释变量	估计参数	标准差	z-统计值	伴随概率
AAGE	0.047*	0.030	1.584	0.113
AAGE^2	−0.001*	0.000	−1.667	0.096
HIGHEDU	0.041**	0.019	2.103	0.035
ATRAIN	0.027	0.031	0.889	0.374
NATRAIN	0.130**	0.056	2.301	0.021
ANATY	0.007*	0.004	1.799	0.072
HPOPU	0.034***	0.021	1.611	0.107
NALABORP	0.990***	0.083	11.991	0.000
Log（NATMINCOME）	0.001***	0.000	3.810	0.000
HUKOU	0.043	0.031	1.382	0.167
CHILD	0.148***	0.038	3.886	0.000
ELDER	−0.149***	0.032	(4.604)	0.000

（续）

解释变量	估计参数	标准差	z-统计值	伴随概率
LANDAR	0.000 **	0.000	2.502	0.012
LANDK	0.078 ***	0.023	3.445	0.001
LANDC	0.002 *	0.001	1.837	0.066
WATER	0.028 *	0.016	1.812	0.070
LANDM	−0.051 **	0.024	−2.163	0.031
LANDL1	0.078 *	0.047	1.653	0.098
LANDL2	−0.094	0.076	−1.235	0.217
LEADER	0.034	0.046	0.739	0.460
RELATIVE	0.056 *	0.035	1.617	0.106
LOG（TEL）	0.000	0.000	1.547	0.122
DIS	−0.003 ***	0.001	−2.791	0.005
VILLAGEP	0.167 ***	0.037	4.564	0.000
TECH	−0.047	0.033	−1.404	0.160
APARTTIMEH	0.198 ***	0.049	4.038	0.000
NAPARTTIMEH	0.260 ***	0.071	3.656	0.000
PARTTIMEH	0.340 ***	0.077	4.432	0.000
EAST	0.068	0.053	1.291	0.197
MIDDLE	−0.063	0.110	−0.571	0.568
C	−1.081	0.643	−1.681	0.093

注：*、**、***分别表示估计量在 10%、5%、1%的显著性水平。

第五章 农牧户兼业生产经营特征分析

本章从不同经营模式农牧户、不同经营模式农户与牧户、不同地理区域不同经营模式农牧户、分地区不同经营模式农牧户四个角度分别对内蒙古农村牧区的种植业和养殖业生产经营特征进行分析。

5.1 农牧户种植业生产经营特征分析

5.1.1 不同经营模式农牧户种植业生产经营特征分析

从内蒙古农村牧区不同经营模式农牧户种植业播种面积总和来看（表 5-1），样本总量均值为 29.43 亩；纯农牧户最多，为 38.53 亩；Ⅰ兼农牧户次之，为 33.57 亩；非农牧户最低，仅为 5.77 亩。分品种来看，小麦、杂粮、经济作物及豆类的播种面积都是纯农牧户最高，分别为 4.26 亩、4.41 亩、8.50 亩、1.92 亩；Ⅰ兼农牧户次之，分别为 2.14 亩、2.22 亩、7.05 亩、1.03 亩；非农牧户最低，分别为 0.98 亩、0.52 亩、0.95 亩、0.43 亩。玉米和饲草的播种面积均是Ⅰ兼农牧户最多，纯农牧户次之，非农牧户最少。从种植结构来看，不同经营模式农牧户的玉米播种面积均为最高，纯农牧户为 19.14 亩，占比为 49.67%；Ⅰ兼农牧户为 20.65 亩，占比为 61.52%；Ⅱ兼农牧户为 12.94 亩，占比为 63.74%；非农牧户为 2.81 亩，占比为 53.32%。不同经营模式农牧户的饲草播种面积均为最低，纯农牧户为 0.3 亩，占比为 0.79%；Ⅰ

兼农牧户为 20.65 亩，占比为 1.43%；Ⅱ 兼农牧户为 12.94 亩，占比为 1.4%；非农牧户为 2.81 亩，占比为 1.32%。

表 5-1 内蒙古农村牧区不同经营模式农牧户种植业投入产出明细表

项 目	纯农牧户	Ⅰ兼农牧户	Ⅱ兼农牧户	非农牧户	样本总量
播种面积总和（亩）	38.53	33.57	20.30	5.77	29.43
小麦播种面积	4.26	2.14	2.12	0.98	3.06
玉米播种面积	19.14	20.65	12.94	2.81	15.69
杂粮播种面积	4.41	2.22	1.75	0.52	3.01
经济作物播种面积	8.50	7.05	2.67	0.95	6.07
豆类播种面积	1.92	1.03	0.53	0.43	1.31
饲草播种面积	0.30	0.48	0.28	0.08	0.29
生产资料投入总和（元）	14 147.00	13 916.00	6 975.00	1 477.00	10 846.00
种子费投入总和	3 406.00	2 891.00	1 472.00	273.30	2 495.00
化肥费投入总和	4 780.00	4 743.00	2 543.00	479.90	3 700.00
灌溉费用投入总和	1 937.00	2 142.00	1 023.00	195.60	1 530.00
农机费用投入总和	2 385.00	2 355.00	1 042.00	258.00	1 807.00
农药费用投入总和	803.40	882.70	414.70	159.50	644.40
农膜和地膜费用投入总和	493.70	515.90	284.00	74.06	393.60
其他费用投入总和	342.60	386.00	196.70	36.52	274.70
雇工费用总和（元）	9 628.10	663.70	2 744.20	48.72	5 605.42
男性劳动力雇工费用总和	1 347.41	458.42	2 489.44	28.00	1 213.53
女性劳动力雇工费用总和	8 280.69	205.28	254.76	20.72	4 391.89
家庭用工投入总工日（工日）	258.10	253.00	212.20	82.88	221.60

（续）

项　　　目	纯农牧户	Ⅰ兼农牧户	Ⅱ兼农牧户	非农牧户	样本总量
男性劳动力投入总工日	139.10	131.50	107.00	43.32	117.20
女性劳动力投入总工日	119.00	121.50	105.20	39.56	104.40
种植业总收入（元）	35 733.92	32 648.70	12 104.62	187.65	25 498.86
小麦总收入	1 584.00	1 503.00	532.00	5.88	1 137.00
玉米总收入	16 666.00	17 350.00	7 952.00	112.90	12 611.00
杂粮总收入	3 791.00	1 514.00	898.20	32.86	2 358.00
经济作物总收入	12 912.00	11 662.00	2 399.00	34.15	8 839.00
豆类总收入	775.30	554.70	227.70	1.86	524.60
饲草总收入	5.62	65.00	95.72	0.00	29.26
种植业净收入（元）	11 988.00	18 069.00	2 386.00	−1 338.00	9 062.00
人均种植业收入（元/人）	10 078.32	8 369.21	2 917.95	54.51	6 916.47
人均种植业净收入（元/人）	3 377.80	4 631.89	575.13	−388.58	2 456.44
劳动力单位工日种植业产值（元/工日）	138.45	129.05	57.04	2.26	115.07

　　从生产资料投入总和来看，样本总量均值为 10 846.00元；纯农牧户最高，为 14 147.00 元；Ⅰ兼农牧户次之，为13 916.00元；非农牧户最低，为 1 477.00 元。从生产资料投入细项来看，种子费投入总和、化肥费投入总和、农机费投入总和都是纯农牧户最高，分别为 3 406.00 元、4 780.00 元、2 385.00元；Ⅰ兼农牧户次之，分别为 2 891.00 元、4 743.00元、2 355.00 元；非农牧户最低，分别为 273.30 元、479.90

元、258.00 元。灌溉费用投入总和、农药费用投入总和、农膜地膜费用投入总和及其他费用投入总和则都是Ⅰ兼农牧户最多,分别为 2 142.00 元、882.70 元、515.90 元、386.00 元;纯农牧户次之,分别为 1 937.00 元、803.40 元、493.70 元、342.60 元;非农牧户最低,分别为 195.60 元、159.50 元、74.06 元、36.52 元。从生产资料投入结构来看,不同经营模式农牧户的化肥费投入总和均为最高,纯农牧户占比为33.79%;Ⅰ兼农牧户占比为 34.08%;Ⅱ兼农牧户占比为36.46%;非农牧户占比为 32.49%。不同经营模式农牧户的其他费用投入总和均为最低,纯农牧户占比为 2.42%;Ⅰ兼农牧户占比为 2.77%;Ⅱ兼农牧户占比为 2.82%;非农牧户占比为 2.47%。

从雇工费用总和来看,样本总量均值为 5 605.42 元,纯农牧户最高,为 9 628.10 元,分别是Ⅰ兼农牧户、Ⅱ兼农牧户和非农牧户的 14.51 倍、3.51 和 197.64 倍。从雇工劳动力的性别来看,纯农牧户的女性劳动力雇工费用总和为 8 280.69元,是男性劳动力雇工费用总和的 6.15 倍;而Ⅰ兼农牧户、Ⅱ兼农牧户、非农牧户的男性劳动力雇工费用总和则分别为458.42 元、2 489.44 元、28.00 元,分别是其女性劳动力雇工费用总和的 2.23 倍、9.77 倍和 1.35 倍。从农牧户家庭用工投入总工日来看,样本总量均值为 221.6 工日;纯农牧户最多,为 258.10 工日;Ⅰ兼农牧户次之,为 253.00 工日;非农牧户最少,为 82.88 工日。从劳动力投入性别来看,纯农牧户、Ⅰ兼农牧户、Ⅱ兼农牧户和非农牧户的男性劳动力投入总工日占比分别为 53.89%、51.98%、50.42%、52.27%。

从种植业总收入来看,纯农牧户最高,为 35 733.92 元,Ⅰ兼农牧户次之,为 32 648.70 元;而Ⅱ兼农牧户和非农牧户分别低于样本总量均值的 52.53% 和 99.26%。分品种来看,小麦、杂粮、经济作物及豆类总收入都是纯农牧户最高,分别

为 1 584.00 元、3 791.00 元、12 912.00 元、775.30 元；Ⅰ
兼农牧户次之，分别为 1 503.00 元、1 514.00 元、11 662.00
元、554.70 元；非农牧户最低，分别为 5.88 元、32.86 元、
34.15 元、1.86 元。从玉米总收入来看，Ⅰ兼农牧户最高，纯
农牧户次之，非农牧户最少。从饲草总收入来看，Ⅱ兼农牧户
最高，Ⅰ兼农牧户次之，非农牧户最少。从种植业总收入的结
构来看，不同经营模式农牧户的玉米总收入均为最高，纯农牧
户为 16 666.00 元，占比为 46.64%；Ⅰ兼农牧户为 17 350.00
元，占比为 53.14%；Ⅱ兼农牧户为 7 952.00 元，占比为
65.69%；非农牧户为 112.90 元，占比为 60.17%。不同经营
模式农牧户的饲草总收入均为最低，纯农牧户为 5.62 元，占
比为 0.02%；Ⅰ兼农牧户为 65.00 元，占比为 2.00%；Ⅱ兼
农牧户为 95.72 元，占比为 0.79%。从种植业净收入来看，
样本总量均值为 9 062.00 元；Ⅰ兼农牧户最高，为 18 069.00
元；纯农牧户次之，为 11 988.00 元；非农牧户最少。从人均
种植业收入来看，纯农牧户最高，为 10 078.32 元/人；Ⅰ兼
农牧户次之，为 8 369.21 元/人；非农牧户最低，为 54.51
元/人。从人均种植业净收入来看，Ⅰ兼农牧户最高，为
4 631.89元/人；纯农牧户次之，为 3 377.8 元/人；非农牧户
最低。从劳动力单位工日种植业产值来看，样本总量均值为
115.07 元/工日；纯农牧户最高，为 138.45 元/工日；Ⅰ兼农
牧户次之，为 129.05 元/工日；非农牧户最低，仅为 2.26 元/
工日。

5.1.2　不同经营模式农户与牧户种植业生产经营特征对比分析

（1）不同经营模式农户种植业生产经营特征分析。从内蒙
古农村牧区不同经营模式农户的种植业播种面积总和来看（表
5-2），样本总量均值为 31.25 亩；纯农户最多，为 43.23 亩；
Ⅰ兼农户次之，为 37.14 亩；非农户最低，仅为 5.5 亩。分品

种来看，小麦、杂粮、经济作物及豆类的播种面积都是纯农户最高，分别为3.73亩、4.83亩、10.46亩、2.06亩；Ⅰ兼农户次之，分别为2.53亩、2.39亩、7.91亩、0.67亩；非农户最低，分别为1.05亩、0.56亩、0.77亩、0.46亩。玉米和饲草的播种面积均是Ⅰ兼农户最多，非农户最少。从种植结构来看，不同经营模式农户的玉米播种面积均为最高，纯农户为21.88亩，占比为50.61%；Ⅰ兼农户为23.06亩，占比为62.09%；Ⅱ兼农户为12.81亩，占比为61.14%；非农户为2.58亩，占比为46.9%。不同经营模式农户的饲草播种面积均为最低，纯农户为0.27亩，占比为0.62%；Ⅰ兼农户为0.59亩，占比为1.59%；Ⅱ兼农户为0.32亩，占比为1.53%；非农户为0.08亩，占比为1.45%。

表5-2　内蒙古农村牧区不同经营模式农户种植业投入产出明细表

项　　目	纯农牧户	Ⅰ兼农户	Ⅱ兼农户	非农户	样本总量
播种面积总和（亩）	43.23	37.14	20.95	5.50	31.25
小麦播种面积	3.73	2.53	2.37	1.05	2.81
玉米播种面积	21.88	23.06	12.81	2.58	16.81
杂粮播种面积	4.83	2.39	1.81	0.56	3.13
经济作物播种面积	10.46	7.91	3.02	0.77	6.92
豆类播种面积	2.06	0.67	0.61	0.46	1.29
饲草播种面积	0.27	0.59	0.32	0.08	0.29
生产资料投入总和（元）	16 833.00	16 228.00	7 212.00	1 410.00	12 110.00
种子费投入总和	4 052.00	3 369.00	1 523.00	267.10	2 785.00
化肥费投入总和	5 557.00	5 534.00	2 628.00	456.70	4 069.00
灌溉费用投入总和	2 389.00	2 470.00	981.90	174.80	1 730.00
农机费用投入总和	2 826.00	2 753.00	1 156.00	237.90	2 027.00
农药费用投入总和	966.90	1 042.00	418.00	155.70	725.40

（续）

项　　目	纯农牧户	Ⅰ兼农户	Ⅱ兼农户	非农户	样本总量
农膜和地膜费用投入总和	615.40	593.20	288.50	78.47	452.30
其他费用投入总和	426.20	467.10	216.70	39.33	321.80
雇工费用总和（元）	11 785.48	717.16	3 065.42	52.46	6 417.96
男性劳动力雇工费用总和	837.31	504.73	2 796.69	30.16	1 020.35
女性劳动力雇工费用总和	10 948.17	212.43	268.73	22.31	5 397.61
家庭用工投入总工日（工日）	304.80	284.50	225.80	84.24	246.90
男性劳动力投入总工日	163.90	149.20	115.70	44.62	131.00
女性劳动力投入总工日	140.90	135.30	110.10	39.62	115.90
种植业总收入（元）	41 778.46	38 057.27	12 929.00	196.95	28 189.05
小麦总收入	1 690.00	1 886.00	606.60	6.33	1 205.00
玉米总收入	18 977.00	20 981.00	8 236.00	121.60	13 788.00
杂粮总收入	4 775.00	1 706.00	982.70	35.38	2 754.00
经济作物总收入	15 575.00	13 016.00	2 735.00	31.64	9 935.00
豆类总收入	754.00	386.70	259.60	2.00	470.90
饲草总收入	7.46	81.57	109.10	0.00	36.15
种植业净收入（元）	13 198.00	21 113.00	2 651.00	−1 265.00	9 680.00
人均种植业收入（元/人）	11 874.74	9 577.07	3 122.79	56.65	7 631.31
人均种植业净收入（元/人）	3 747.24	5 312.85	640.43	−363.95	2 618.50
劳动力单位工日种植业产值（元/工日）	137.07	133.77	57.26	2.34	114.17

从生产资料投入总和来看，样本总量均值为 12 110.00 元；纯农户最高，为 16 833 元；Ⅰ兼农户次之，为 16 228.00 元；非农户最低，为 1 410.00 元。从生产资料投入细项来看，种子费投入总和、化肥费投入总和、农机费投入总和、农膜地膜费用投入总和都是纯农户最高，分别为 4 052.00 元、5 557.00 元、2 826.00 元、615.40 元；Ⅰ兼农户次之，分别为 3 369.00 元、5 534.00 元、2 753.00 元、593.20 元；非农户最低，分别为 267.10 元、456.70 元、237.90 元、78.47 元。灌溉费用投入总和、农药费投入总和、其他费用投入总和则都是Ⅰ兼农户最多，分别为 2 470.00 元、1 042.00 元、467.10 元；纯农户次之，分别为 2 389.00 元、966.90 元、426.20 元；非农户最低，分别为 174.80 元、155.70 元、39.33 元。从生产资料投入结构来看，不同经营模式农户的化肥费投入总和均为最高，纯农户占比为 33.01%；Ⅰ兼农户占比为 34.10%；Ⅱ兼农户占比为 36.44%；非农户占比为 32.39%。不同经营模式农户的其他费用投入总和均为最低，纯农户为 426.20 元，占比为 2.53%；Ⅰ兼农户为 467.10 元，占比为 2.88%；Ⅱ兼农户为 216.70 元，占比为 3.00%；非农户为 39.33 元，占比为 2.79%。

从雇工费用总和来看，样本总量均值为 6 417.96 元；纯农户最高，为 11 785.48 元；分别是Ⅰ兼农户、Ⅱ兼农户和非农户的 16.43 倍、3.84 倍和 224.14 倍。从雇工劳动力的性别来看，纯农户的女性劳动力雇工费用总和为 10 948.17 元，是男性劳动力雇工费用总和的 13.08 倍；而Ⅰ兼农户、Ⅱ兼农户、非农户的男性劳动力雇工费用总和则分别为 504.73 元、2 796.69元、30.16 元，分别是其女性劳动力雇工费用总和的 2.38 倍、10.41 倍和 1.35 倍。从农户家庭用工投入总工日来看，样本总量均值为 246.90 工日；纯农户最多，为 304.80 工日；Ⅰ兼农户次之，为 284.50 工日；非农户最少，为 84.24

工日。从劳动力投入性别来看，纯农户、Ⅰ兼农户、Ⅱ兼农户和非农户的男性劳动力投入总工日占比分别为53.77%、52.44%、51.24%、52.97%。

从种植业总收入角度来看，纯农户最高，为41 778.46元；Ⅰ兼农户次之，为38 057.27元，分别高出样本总量均值的48.21%和35.01%；而Ⅱ兼农户和非农户分别低于样本总量均值的54.13%和99.30%。分品种来看，小麦和玉米的总收入都是Ⅰ兼农户最高，分别为1 886.00元和20 981.00元；纯农户次之，分别为1 690.00元和18 977.00元；非农户最低，分别为6.33元和121.60元。杂粮、经济作物及豆类总收入都是纯农户最高，分别为4 775.00元、15 575.00元、754.00元；Ⅰ兼农户次之，分别为1 706.00元、13 016.00元、386.70元；非农户最低，分别为35.38元、31.64元、2.00元。从饲草总收入来看，Ⅱ兼农户最高，Ⅰ兼农户次之，非农户最少。从种植业总收入的结构来看，不同经营模式农户的玉米总收入占比均为最高，纯农户为45.42%；Ⅰ兼农户为55.13%；Ⅱ兼农户为63.70%；非农户为61.74%。不同经营模式农户的饲草总收入均为最低，纯农户为7.46元，占比为0.02%；Ⅰ兼农户为81.57元，占比为2.14%；Ⅱ兼农户为109.10元，占比为8.44%。从种植业净收入和人均种植业净收入来看，Ⅰ兼农户最高，分别为21 113.00元和5 312.85元/人；纯农户次之，分别为13 198.00元和3 747.24元/人；非农户均为最少。从人均种植业收入来看，样本总量均值为7 631.31元/人；纯农户最高，为11 874.74元/人；Ⅰ兼农户次之，为9 577.07元/人；非农户最低，为56.65元/人。从劳动力单位工日种植业产值来看，样本总量均值为114.17元/工日；纯农户最高，为137.07元/工日；Ⅰ兼农户次之，为133.77元/工日；非农户最低，仅为2.34元/工日。

（2）不同经营模式牧户种植业生产经营特征分析。从内蒙古农村牧区不同经营模式牧户的种植业播种面积总和来看（表5-3），样本总量均值为21.63亩；纯牧户最多，为24.19亩；Ⅰ兼牧户次之，为19.57亩；非牧户最低，仅为9.33亩。分品种来看，小麦、杂粮及饲草的播种面积都是纯牧户最高，分别为5.91亩、3.12亩、0.41亩；Ⅰ兼牧户次之，分别为0.62亩、1.56亩、0.05亩；非牧户最低。从玉米的播种面积来看，样本总量均值为10.90亩；Ⅱ兼牧户最高，为13.83亩，Ⅰ兼牧户次之，为11.21亩；非牧户最少，为5.87亩。经济作物及豆类的播种面积均是Ⅰ兼牧户最多，Ⅱ兼牧户最少。从种植结构来看，不同经营模式牧户的玉米播种面积均为最多，纯牧户占比为44.52%；Ⅰ兼牧户占比为57.28%；Ⅱ兼牧户占比为88.31%；非农牧户占比为62.92%。不同经营模式牧户的饲草播种面积均为最少，纯牧户为0.41亩，占比为1.69%；Ⅰ兼牧户为0.05亩，占比为2.55%；Ⅱ兼牧户和非农牧户均为0.00亩。

表5-3　内蒙古农村牧区不同经营模式牧户种植业投入产出明细表

项　　　目	纯牧户	Ⅰ兼牧户	Ⅱ兼牧户	非牧户	样本总量
播种面积总和（亩）	24.19	19.57	15.66	9.33	21.63
小麦播种面积	5.91	0.62	0.35	0.00	4.11
玉米播种面积	10.77	11.21	13.83	5.87	10.90
杂粮播种面积	3.12	1.56	1.31	0.00	2.49
经济作物播种面积	2.50	3.69	0.17	3.33	2.47
豆类播种面积	1.48	2.44	0.00	0.13	1.38
饲草播种面积	0.41	0.05	0.00	0.00	0.28
生产资料投入总和（元）	5 934.00	4 844.00	5 285.00	2 346.00	5 480.00
种子费投入总和	1 428.00	1 018.00	1 108.00	354.40	1 265.00
化肥费投入总和	2 404.00	1 640.00	1 938.00	781.30	2 138.00

（续）

项　　目	纯牧户	Ⅰ兼牧户	Ⅱ兼牧户	非牧户	样本总量
灌溉费用投入总和	552.70	852.90	1 317.00	465.70	680.90
农机费用投入总和	1 037.00	795.10	226.20	518.70	877.00
农药费用投入总和	303.30	257.70	391.10	209.30	300.70
农膜和地膜费用投入总和	121.50	212.70	251.90	16.67	144.20
其他费用投入总和	87.01	67.95	53.45	0.00	75.11
雇工费用总和（元）	3 027.96	453.80	447.60	0.00	2 159.75
男性劳动力雇工费用总和	2 907.26	276.67	292.40	0.00	2 033.57
女性劳动力雇工费用总和	120.70	177.13	155.20	0.00	126.18
家庭用工投入总工日（工日）	68.84	67.83	48.99	31.17	64.19
男性劳动力投入总工日	63.10	62.06	44.61	26.40	58.66
女性劳动力投入总工日	5.74	5.77	4.38	4.77	5.53
种植业总收入（元）	17 249.60	11 427.30	6 221.80	66.67	14 081.50
小麦总收入	1 261.00	0.00	0.00	0.00	849.10
玉米总收入	9 600.00	3 105.00	5 927.00	0.00	7 616.00
杂粮总收入	781.10	760.30	294.80	0.00	676.20
经济作物总收入	4 767.00	6 348.00	0.00	66.67	4 188.00
豆类总收入	840.50	1 214.00	0.00	0.00	752.20
饲草总收入	0.00	0.00	0.00	0.00	0.00
种植业净收入（元）	8 287.00	6 130.00	489.80	−2 280.00	6 442.00

（续）

项　　目	纯牧户	Ⅰ兼牧户	Ⅱ兼牧户	非牧户	样本总量
人均种植业收入 （元/人）	4 749.78	3 160.84	1 479.06	22.22	3 850.10
人均种植业净收入 （元/人）	2 281.99	1 695.57	116.44	−759.82	1 761.25
劳动力单位工日种植 业产值（元/工日）	250.59	168.47	127.00	2.14	219.37

从生产资料投入总和来看，样本总量均值为 5 480.00 元；纯牧户最高，为 5 934.00 元；Ⅱ兼牧户次之，为 5 285.00 元；非牧户最低，为 2 346.00 元。从生产资料投入细项来看，纯牧户的种子费投入总和与化肥费投入总和均为最高，分别为 1 428.00元和 2 404.00 元；Ⅱ兼牧户次之，分别为 1 108.00元和 1 938.00 元；非牧户最低，分别为 354.40 元和 781.30 元。从灌溉费用投入总和与农膜和地膜费用投入总和来看，Ⅱ兼牧户最高，分别为 1 317.00 元和 251.90 元；Ⅰ兼牧户次之，分别为 852.90 元和 212.70 元；非牧户最低，分别为 465.70 元和 16.67 元。从农机费投入总和来看，样本总量均值为 877.00 元；纯牧户最高，为 1 037.00 元；Ⅰ兼牧户次之，为 795.10 元；Ⅱ兼牧户最低，为 226.20 元。从农药费用投入总和来看，样本总量均值为 300.70 元；Ⅱ兼牧户最高，为 391.10 元；纯牧户次之，为 303.30 元；非牧户最低，为 209.30 元。从生产资料投入结构来看，不同经营模式牧户的化肥费投入总和均为最高，纯牧户占比为 40.51%；Ⅰ兼牧户占比为 33.86%；Ⅱ兼牧户占比为 36.67%；非牧户占比为 33.30%。不同经营模式牧户的其他费用投入总和均为最低，纯牧户为 87.01 元，占比为 1.47%；Ⅰ兼牧户为 67.95 元，

占比为 1.40%；Ⅱ兼牧户为 53.45 元，占比为 1.01%；非牧户为 0 元。

从雇工费用总和来看，样本总量均值为 2 159.75 元，纯牧户最高，为 3 027.96 元，分别是Ⅰ兼牧户、Ⅱ兼牧户的 6.67 倍和 6.76 倍。从雇工劳动力的性别来看，纯牧户、Ⅰ兼牧户和Ⅱ兼牧户的男性劳动力雇工费用总和分别为 2 907.26 元、276.67 元、292.40 元，分别是其女性劳动力雇工费用总和的 24.09 倍、1.56 倍和 1.88 倍。从牧户家庭用工投入总工日来看，样本总量均值为 64.19 工日；纯牧户最多，为 68.84 工日；Ⅰ兼牧户次之，为 67.83 工日；非牧户最少，为 31.17 工日。从劳动力投入性别来看，纯牧户、Ⅰ兼牧户、Ⅱ兼牧户和非牧户的男性劳动力投入总工日占比分别为 91.67%、91.49%、91.06%、84.7%。

从种植业总收入角度来看，样本总量均值为 14 081.50 元；纯牧户最高，为 17 249.60 元；Ⅰ兼牧户次之，为 11 427.30 元；非牧户最低，为 66.67 元。分品种来看，小麦、玉米和杂粮的总收入都是纯牧户最高，分别为 1 261.00 元、9 600.00 元和 781.10 元。Ⅰ兼牧户的经济作物和豆类总收入均为最高，分别为 6 348.00 元和 1 214.00 元。从种植业总收入的结构来看，纯牧户和Ⅱ兼牧户的玉米总收入均为最高，占比分别为 55.65% 和 95.26%；Ⅰ兼牧户的经济作物总收入占比最高，为 55.56%。纯牧户的种植业净收入、人均种植业收入和人均种植业净收入均为最高，分别为 8 287.00 元、4 749.78/人和 2 281.99 元/人；Ⅰ兼牧户均为次之，分别为 6 130.00 元、3 160.84 元/人和 1 695.57 元/人；非牧户均为最少。从劳动力单位工日种植业产值来看，样本均值为 219.37 元/工日；纯牧户最高，为 250.59 元/工日；Ⅰ兼牧户次之，为 168.47 元/工日；非牧户最低，仅为 2.14 元/工日。

5.1.3 不同地理区域不同经营模式农牧户种植业生产经营特征分析

（1）东部地区不同经营模式农牧户种植业生产经营特征分析。从东部地区不同经营模式农牧户种植业播种面积总和来看（表5-4），样本总量均值为34.63亩；纯农牧户最多，为44.90亩；Ⅰ兼农牧户次之，为36.75亩；非农牧户最低，仅为7.20亩。分品种来看，小麦、杂粮及豆类的播种面积都是纯农牧户最高，分别为5.10亩、4.34亩、4.49亩；Ⅰ兼农牧户次之，分别为2.44亩、3.58亩、2.03亩；非农牧户最低，分别为0.00亩、0.47亩、1.00亩。从玉米的播种面积来看，Ⅰ兼农牧户最多，纯农牧户次之，非农牧户最少。从经济作物播种面积来看，纯农牧户最多，为3.83亩；非农牧户次之，为1.69亩；Ⅰ兼农牧户最少，仅为0.13亩。从种植结构来看，不同经营模式农牧户的玉米播种面积均为最高，纯农牧户为27.07亩，占比为60.29%；Ⅰ兼农牧户为28.59亩，占比为77.79%；Ⅱ兼农牧户为16.60亩，占比为77.1%；非农牧户为4.04亩，占比为56.11%。

表5-4 东部地区不同经营模式牧户种植业投入产出明细表

项 目	纯农牧户	Ⅰ兼农牧户	Ⅱ兼农牧户	非农牧户	样本总量
播种面积总和（亩）	44.90	36.75	21.53	7.20	34.63
小麦播种面积	5.10	2.44	0.84	0.00	3.28
玉米播种面积	27.07	28.59	16.60	4.04	22.46
杂粮播种面积	4.34	3.58	2.71	0.47	3.42
经济作物播种面积	3.83	0.13	0.51	1.69	2.40
豆类播种面积	4.49	2.03	0.87	1.00	3.02
饲草播种面积	0.08	0.00	0.00	0.00	0.04

第五章　农牧户兼业生产经营特征分析

（续）

项　　目	纯农牧户	Ⅰ兼农牧户	Ⅱ兼农牧户	非农牧户	样本总量
生产资料投入总和（元）	11 337.00	9 140.00	6 808.00	1 451.00	8 899.00
种子费投入总和	2 439.00	1 494.00	1 437.00	300.50	1 833.00
化肥费投入总和	4 363.00	3 399.00	2 646.00	505.60	3 403.00
灌溉费用投入总和	1 491.00	1 437.00	927.30	244.40	1 220.00
农机费用投入总和	1 880.00	1 820.00	960.90	187.20	1 489.00
农药费用投入总和	753.70	656.20	512.10	179.40	620.40
农膜和地膜费用投入总和	162.60	80.74	142.20	13.97	126.00
其他费用投入总和	247.80	253.10	182.70	19.56	206.90
雇工费用总和（元）	23 498.72	454.73	102.78	51.83	12 782.36
男性劳动力雇工费用总和	2 932.00	326.10	24.10	26.47	1 642.48
女性劳动力雇工费用总和	20 566.72	128.63	78.68	25.36	11 139.88
家庭用工投入总工日（工日）	225.90	213.10	200.84	62.88	197.58
男性劳动力投入总工日	120.10	111.40	92.74	30.43	102.00
女性劳动力投入总工日	105.80	101.70	108.10	32.45	95.58
种植业总收入（元）	42 125.00	26 806.40	12 143.90	246.08	29 054.00
小麦总收入	3 043.00	2 188.00	117.20	0.00	2 011.00
玉米总收入	25 248.00	20 600.00	9 399.00	209.90	18 495.00
杂粮总收入	2 230.00	2 030.00	1 579.00	0.00	1 788.00
经济作物总收入	9 772.00	862.40	683.30	36.18	5 531.00

（续）

项　　目	纯农牧户	Ⅰ兼农牧户	Ⅱ兼农牧户	非农牧户	样本总量
豆类总收入	1 832.00	1 126.00	365.40	0.00	1 229.00
饲草总收入	0.00	0.00	0.00	0.00	0.00
种植业净收入（元）	7 361.00	17 211.00	5 233.00	−1 256.00	7 411.00
人均种植业收入 （元/人）	11 291.98	6 557.86	2 999.79	72.74	7 664.14
人均种植业净收入 （元/人）	1 969.15	4 210.57	1 292.75	−371.46	1 952.01
劳动力单位工日种植 业产值（元/工日）	186.48	125.79	60.47	3.91	147.05

　　从生产资料投入总和来看，样本总量均值为 8 899.00 元；纯农牧户最高，为 11 337.00 元；Ⅰ兼农牧户次之，为 9 140.00 元；非农牧户最低，为 1 451.00 元。从生产资料投入细项来看，种子费投入总和、化肥费投入总和、灌溉费用投入、农机费投入以及农药费用投入总和都是纯农牧户最高，分别为 2 439.00 元、4 363.00 元、1 491.00 元、1 880.00 元、753.70 元；Ⅰ兼农牧户次之，分别为 1 494.00 元、3 399.00 元、1 437.00 元、1 820.00 元、656.20 元；非农牧户最低，分别为 300.50 元、505.60 元、244.40 元、187.20 元、179.40 元。从农膜地膜费用投入总和来看，纯农牧户最高，为 162.60 元；Ⅰ兼农牧户次之，为 80.74 元；非农牧户最低，为 13.97 元。Ⅰ兼农牧户的其他费用投入总和最多，为 253.10 元；非农牧户最低，为 19.56 元。从生产资料投入结构来看，不同经营模式农牧户的化肥费投入总和均为最高，纯农牧户占比为 38.48%；Ⅰ兼农牧户占比为 37.19%；Ⅱ兼农牧户占比为 38.87%；非农牧户占比为 34.84%。不同经营模

式农牧户的其他费用投入总和均为最低，纯农牧户占比为2.19%；Ⅰ兼农牧户占比为2.77%；Ⅱ兼农牧户占比为2.69%；非农牧户占比为1.35%。

从雇工费用总和来看，样本总量均值为12 782.36元，纯农牧户最高，为23 498.72元；非农牧户最低，为51.83元。从雇工劳动力的性别来看，纯农牧户和Ⅱ兼农牧户的女性劳动力雇工费用总和分别为20 566.72元和78.68元，分别是男性劳动力雇工费用总和的7.01倍和3.26倍；而Ⅰ兼农牧户和非农牧户的男性劳动力雇工费用总和则分别为326.10元和26.47元，分别是其女性劳动力雇工费用总和的2.54倍和1.04倍。从农牧户家庭用工投入总工日来看，样本总量均值为197.58工日；纯农牧户最多，为225.90工日；Ⅰ兼农牧户次之，为213.10工日；非农牧户最少，为62.88工日。从劳动力投入性别来看，纯农牧户、Ⅰ兼农牧户、Ⅱ兼农牧户和非农牧户的男性劳动力投入总工日占比分别为54.17%、52.28%、46.18%、48.39%。

从种植业总收入来看，样本总量均值为29 054.00元；纯农牧户最高，为42 125.00元；Ⅰ兼农牧户次之，为26 806.40元；非农牧户最低，为246.08元。分品种来看，小麦、玉米、杂粮、经济作物及豆类总收入都是纯农牧户最高，分别为3 043.00元、25 248.00元、2 230.00元、9 772.00元、1 832.00元；Ⅰ兼农牧户次之，分别为2 188.00元、20 600.00元、2 030.00元、862.40元、1 126.00元。从种植业总收入的结构来看，不同经营模式农牧户的玉米总收入占比均为最高，纯农牧户、Ⅰ兼农牧户、Ⅱ兼农牧户以及非农牧户占比分别为59.94%、76.85%、77.4%、85.29%。从种植业净收入和人均种植业净收入来看，Ⅰ兼农牧户均为最高，分别为17 211.00元和4 210.57元/人；纯农牧户次之，分别为7 361.00元和1 969.15元/人。从人均种植业收入来看，样本总量均值为 7 664.14 元/人；纯农牧户最高，为 11 291.98 元/人；Ⅰ 兼农牧户次之，为 6 557.86 元/人；非农牧户最低，为 72.74 元/人。从劳动力单位工日种植业产值来看，样本总量均值为 147.05 元/工日；纯农牧户最高，为 186.48 元/工日；Ⅰ 兼农牧户次之，为 125.79 元/工日；非农牧户最低，仅为 3.91 元/工日。

（2）中部地区不同经营模式农牧户种植业生产经营特征分析。从中部地区不同经营模式农牧户种植业播种面积总和来看（表 5-5），样本总量均值为 18.05 亩；Ⅰ 兼农牧户最多，为 28.99 亩；纯农牧户次之，为 23.21 亩；非农牧户最少，仅为 3.89 亩。分品种来看，小麦和杂粮的播种面积都是纯农牧户最高，分别为 4.06 亩和 5.08 亩。玉米和豆类的播种面积则是 Ⅰ 兼农牧户最多，分别为 9.46 亩和 1.06 亩；Ⅱ 兼农牧户次之，分别为 9.37 亩和 0.80 亩。从经济作物播种面积来看，Ⅰ 兼农牧户最多，为 13.20 亩；纯农牧户次之，为 6.46 亩；非农牧户最少，仅为 0.19 亩。从饲草播种面积来看，Ⅱ 兼农牧户最多，为 0.77 亩；纯农牧户次之，为 0.65 亩；非农牧户最少，仅为 0.19 亩。从种植结构来看，纯农牧户和 Ⅰ 兼农牧户的经济作物播种面积占比最高，分别为 27.83% 和 45.53%；Ⅱ 兼农牧户的玉米播种面积占比最高，为 53.24%；非农牧户的小麦播种面积占比最高，为 43.44%。

表 5-5　中部地区不同经营模式牧户种植业投入产出明细表

项　　目	纯农牧户	Ⅰ兼农牧户	Ⅱ兼农牧户	非农牧户	样本总量
播种面积总和（亩）	23.21	28.99	17.60	3.89	18.05
小麦播种面积	4.06	1.09	2.36	1.69	2.90
玉米播种面积	6.36	9.46	9.37	0.75	5.81
杂粮播种面积	5.08	3.58	2.23	0.82	3.40
经济作物播种面积	6.46	13.20	2.07	0.19	4.80

（续）

项　　目	纯农牧户	Ⅰ兼农牧户	Ⅱ兼农牧户	非农牧户	样本总量
豆类播种面积	0.60	1.06	0.80	0.24	0.59
饲草播种面积	0.65	0.61	0.77	0.19	0.56
生产资料投入总和（元）	7 276.00	18 799.00	5 272.00	769.60	6 428.00
种子费投入总和	1 922.00	4 690.00	1 039.00	168.80	1 602.00
化肥费投入总和	1 838.00	5 799.00	1 678.00	263.40	1 801.00
灌溉费用投入总和	896.40	3 219.00	705.70	46.01	875.50
农机费用投入总和	1 463.00	3 138.00	974.50	154.40	1 217.00
农药费用投入总和	381.50	690.50	322.10	34.26	315.60
农膜和地膜费用投入总和	372.70	949.60	402.60	76.80	360.40
其他费用投入总和	402.80	312.10	151.00	26.00	258.00
雇工费用总和（元）	420.13	2 115.70	5.74	19.76	410.43
男性劳动力雇工费用总和	305.31	1 546.00	5.74	19.76	300.65
女性劳动力雇工费用总和	114.82	569.70	0.00	0.00	109.78
家庭用工投入总工日（工日）	254.90	255.50	195.82	98.18	206.40
男性劳动力投入总工日	137.00	149.30	113.60	51.37	113.20
女性劳动力投入总工日	117.90	106.20	82.22	46.81	93.20
种植业总收入（元）	23 836.08	36 836.00	9 350.80	115.60	16 736.60
小麦总收入	632.60	1 442.00	807.40	5.12	586.80
玉米总收入	3 824.00	12 557.00	5 270.00	24.71	3 978.00

（续）

项　　目	纯农牧户	Ⅰ兼农牧户	Ⅱ兼农牧户	非农牧户	样本总量
杂粮总收入	7 477.00	3 067.00	1 090.00	81.18	4 133.00
经济作物总收入	11 658.00	18 893.00	1 449.00	0.00	7 707.00
豆类总收入	221.40	498.80	364.10	4.59	219.80
饲草总收入	23.08	378.20	370.30	0.00	112.00
种植业净收入（元）	16 140.00	15 923.00	4 073.00	−673.80	9 898.00
人均种植业收入 （元/人）	6 909.59	9 647.78	2 120.59	33.08	4 567.98
人均种植业净收入 （元/人）	4 678.66	4 170.34	923.69	−192.83	2 701.43
劳动力单位工日种植 业产值（元/工日）	93.51	144.17	47.75	1.18	81.09

　　从生产资料投入总和来看，样本总量均值为 6 428.00 元；Ⅰ兼农牧户最高，为 18 799.00 元；纯农牧户次之，为 7 276.00 元；非农牧户最低，为 769.60 元。从生产资料投入细项来看，种子费投入总和、化肥费投入总和、灌溉费用投入、农机费投入以及农药费用投入总和都是Ⅰ兼农牧户最高，分别为 4 690.00 元、5 799.00 元、3 219.00 元、3 138.00 元、690.50 元；纯农牧户次之，分别为 1 922.00 元、1 838.00 元、896.40 元、1 463.00 元、381.50 元；非农牧户最低，分别为 168.80 元、263.40 元、46.01 元、154.40 元、34.26 元。从农膜地膜费用投入总和来看，Ⅰ兼农牧户最高，为 949.60 元；纯农牧户次之，为 372.70 元；非农牧户最低，为 76.80 元。纯农牧户的其他费用投入总和最多，为 402.80 元；非农牧户最低，为 26.00 元。从生产资料投入结构来看，纯农牧户的种子费投入总和占比最高，为 26.42%；Ⅰ兼农牧户、Ⅱ兼农牧

户及非农牧户的化肥费投入总和占比最高，分别为 30.85%、31.83%、34.23%。

从雇工费用总和来看，样本总量均值为 410.43 元，Ⅰ 兼农牧户最高，为 2 115.70 元；纯农牧户次之，为 420.13 元；Ⅱ 兼农牧户最低，为 5.74 元。从雇工劳动力的性别来看，纯农牧户、Ⅰ 兼农牧户、Ⅱ 兼农牧户和非农牧户的男性劳动力雇工费用总和占比分别为 72.67%、73.07%、100%、100%。从农牧户家庭用工投入总工日来看，样本总量均值为 206.40 工日；Ⅰ 兼农牧户最多，为 255.50 工日；纯农牧户次之，为 254.90 工日；非农牧户最少，为 98.18 工日。从劳动力投入性别来看，纯农牧户、Ⅰ 兼农牧户、Ⅱ 兼农牧户和非农牧户的男性劳动力投入总工日占比分别为 53.75%、58.43%、58.01%、52.32%。

从种植业总收入来看，样本总量均值为 16 736.60 元，Ⅰ 兼农牧户最高，为 36 836.00 元；纯农牧户次之，为 23 836.08元；非农牧户最低，为 115.60 元。分品种来看，小麦、玉米、豆类以及饲草总收入都是 Ⅰ 兼农牧户最高，分别为 1 442.00 元、12 557.00 元、498.80 元、378.20 元；Ⅱ 兼农牧户次之，分别为 807.40 元、5 270.00 元、364.10 元、370.30 元。从杂粮总收入来看，纯农牧户最高，为 7 477.00元；Ⅰ 兼农牧户次之，为 3 067.00 元；非农牧户最低，为 81.18 元。从经济作物总收入来看，Ⅰ 兼农牧户最高，为 18 893.00元；纯农牧户次之，为 11 658.00 元。从种植业总收入的结构来看，纯农牧户和 Ⅰ 兼农牧户的经济作物总收入均为最高，占比分别为 48.91% 和 51.29%；Ⅱ 兼农牧户的玉米总收入占比最高，为 56.36%；非农牧户的杂粮总收入占比最高，为 70.22%。从种植业净收入和人均种植业净收入来看，纯农牧户均为最高，分别为 16 140.00 元和 4 678.66 元/人；Ⅰ 兼农牧户次之，分别为 15 923.00 元和 4 170.34 元/人。从人均种植业收入来看，样本总量均值为 4 567.98 元/人；Ⅰ 兼农牧户最高，为 9 647.78 元/人；纯农牧户次之，为 6 909.59元/人；非农牧户最低，为 33.08 元/人。从劳动力单位工日种植业产值来看，样本总量均值为 81.09 元/工日；Ⅰ 兼农牧户最高，为 144.17 元/工日；纯农牧户次之，为 93.51 元/工日；非农牧户最低，仅为 1.18 元/工日。

（3）西部地区不同经营模式农牧户种植业生产经营特征分析。从西部地区不同经营模式农牧户种植业播种面积总和来看（表 5 - 6），样本总量均值为 32.20 亩；纯农牧户最多，为41.95 亩；Ⅰ 兼农牧户次之，为 32.26 亩；非农牧户最低，仅为 6.88 亩。分品种来看，小麦、玉米、杂粮及经济作物的播种面积都是纯农牧户最高，分别为 3.51 亩、19.19 亩、4.05亩、14.84 亩；非农牧户最少，分别为 1.07 亩、4.42 亩、0.14 亩、1.19 亩。从饲草播种面积来看，Ⅰ 兼农牧户最多，为 0.91 亩；纯农牧户次之，为 0.31 亩；非农牧户最少。从种植结构来看，不同经营模式农牧户的玉米播种面积占比最高，纯农牧户、Ⅰ 兼农牧户、Ⅱ 兼农牧户及非农牧户分别为45.74%、53.63%、57.19%、64.24%。

表 5 - 6　西部地区不同经营模式牧户种植业投入产出明细表

项　　目	纯农牧户	Ⅰ兼农牧户	Ⅱ兼农牧户	非农牧户	样本总量
播种面积总和（亩）	41.95	32.26	20.98	6.88	32.20
小麦播种面积	3.51	2.28	3.12	1.07	2.94
玉米播种面积	19.19	17.30	12.00	4.42	15.76
杂粮播种面积	4.05	0.28	0.57	0.14	2.31
经济作物播种面积	14.84	11.50	5.02	1.19	10.80
豆类播种面积	0.05	0.00	0.05	0.05	0.04
饲草播种面积	0.31	0.91	0.22	0.00	0.36

（续）

项　　目	纯农牧户	Ⅰ兼农牧户	Ⅱ兼农牧户	非农牧户	样本总量
生产资料投入总和（元）	21 718.00	16 713.00	8 254.00	2 563.00	16 062.00
种子费投入总和	5 423.00	3 555.00	1 791.00	396.70	3 829.00
化肥费投入总和	7 184.00	5 663.00	3 024.00	772.00	5 382.00
灌溉费用投入总和	3 105.00	2 406.00	1 320.00	360.50	2 325.00
农机费用投入总和	3 537.00	2 570.00	1 159.00	496.80	2 565.00
农药费用投入总和	1 137.00	1 192.00	388.20	322.50	906.80
农膜和地膜费用投入总和	927.50	775.40	333.30	141.60	696.20
其他费用投入总和	403.70	551.40	239.60	72.46	357.40
雇工费用总和（元）	954.23	268.86	6 942.28	88.17	1 882.38
男性劳动力雇工费用总和	350.08	138.20	6 359.68	42.11	1 425.96
女性劳动力雇工费用总和	604.15	130.66	582.60	46.06	456.42
家庭用工投入总工日（工日）	294.40	292.40	233.40	83.91	257.50
男性劳动力投入总工日	160.70	144.50	115.50	46.69	135.90
女性劳动力投入总工日	133.70	147.90	117.90	37.22	121.60
种植业总收入（元）	36 834.34	36 815.90	13 894.84	225.58	28 122.70
小麦总收入	661.80	835.60	723.70	14.04	625.50
玉米总收入	16 055.00	16 061.00	8 426.00	128.90	12 716.00
杂粮总收入	3 004.00	342.30	157.10	0.00	1 669.00
经济作物总收入	17 097.00	19 577.00	4 575.00	82.64	13 101.00

（续）

项　　目	纯农牧户	I兼农牧户	II兼农牧户	非农牧户	样本总量
豆类总收入	16.54	0.00	13.04	0.00	11.20
饲草总收入	0.00	0.00	0.00	0.00	0.00
种植业净收入（元）	14 162.00	19 835.00	−1 302.00	−2 425.00	10 179.00
人均种植业收入（元/人）	10 791.04	9 826.01	3 417.93	65.59	7 821.98
人均种植业净收入（元/人）	4 148.93	5 293.82	−320.28	−705.31	2 830.97
劳动力单位工日种植业产值（元/工日）	125.12	125.91	59.53	2.69	109.21

从生产资料投入总和来看，样本总量均值为 16 062.00 元；纯农牧户最高，为 21 718.00 元；I 兼农牧户次之，为 16 713.00元；非农牧户最低，为 2 563.00 元。从生产资料投入细项来看，种子费投入总和、化肥费投入总和、灌溉费用投入、农机费投入以及农膜地膜费用投入总和来看，都是纯农牧户最高，分别为 5 423.00 元、7 184.00 元、3 105.00 元、3 537.00元、927.50 元；I 兼农牧户次之，分别为 3 555.00 元、5 663.00 元、2 406.00 元、2 570.00 元、775.40 元；非农牧户最低，分别为 396.70 元、772.00 元、360.50 元、496.80 元、141.60 元。从农药费用投入总和以及其他费用投入总和来看，I 兼农牧户均为最高，分别为 1 192.00 元和 551.40 元；纯农牧户次之，分别为 1 137.00 和 403.70 元；非农牧户最低，分别为 322.50 元和 72.46 元。

从雇工费用总和来看，样本总量均值为 1 882.38 元，II 兼农牧户最高，为 6 942.28 元；纯农牧户次之，为 954.23 元；非农牧户最低，为 88.17 元。从雇工劳动力的性别来看，纯农牧户和非农牧户的女性劳动力雇工费用占比分别为63.31％和52.24％；Ⅰ兼农牧户和Ⅱ兼农牧户的男性劳动力雇工费用占比分别为51.4％和91.61％。从农牧户家庭用工投入总工日来看，样本总量均值为257.50工日；纯农牧户最多，为294.40工日；Ⅰ兼农牧户次之，为292.40工日；非农牧户最少，为83.91工日。从劳动力投入性别来看，纯农牧户和非农牧户的男性劳动力投入总工日占比分别为54.59％和55.64％；Ⅰ兼农牧户和Ⅱ兼农牧户的女性劳动力投入总工日占比分别为50.58％和50.51％。

从种植业总收入来看，样本总量均值为28 122.70元，纯农牧户最高，为36 834.34元；Ⅰ兼农牧户次之，为36 815.90元；非农牧户最低，为225.58元。分品种来看，小麦、玉米及经济作物总收入都是Ⅰ兼农牧户最高，分别为835.60元、16 061.00元和19 577.00元；非农牧户最低，分别为14.04元、128.90元和82.64元。从杂粮和豆类总收入来看，均是纯农牧户最高，分别为3 004.00元和16.54元；非农牧户最低。从种植业总收入的结构来看，纯农牧户和Ⅰ兼农牧户的经济作物总收入占比均为最高，分别为46.42％和53.18％；Ⅱ兼农牧户和非农牧户的玉米总收入占比最高，分别为60.64％和57.14％。从种植业净收入和人均种植业净收入来看，Ⅰ兼农牧户均为最高，分别为19 835.00元和5 293.82元/人；纯农牧户次之，分别为14 162.00元和4 148.93元/人。从人均种植业收入来看，样本总量均值为7 821.98元/人；纯农牧户最高，为10 791.04元/人；Ⅰ兼农牧户次之，为9 826.01元/人；非农牧户最低，为65.59元/人。从劳动力单位工日种植业产值来看，样本总量均值为109.21元/工日；Ⅰ兼农牧户最高，为125.91元/工日；纯农牧户次之，为125.12元/工日；非农牧户最低，仅为2.69元/工日。

5.1.4 分地区不同经营模式农牧户种植业生产经营特征分析

（1）农区不同经营模式农牧户种植业生产经营特征分析。从农区不同经营模式农牧户种植业播种面积总和来看（表5-7），样本总量均值为28.60亩；纯农牧户最多，为40.10亩；Ⅰ兼农牧户次之，为35.58亩；非农牧户最少，仅为4.81亩。分品种来看，小麦、玉米、杂粮、经济作物及豆类的播种面积都是纯农牧户最高，分别为4.68亩、21.08亩、2.88亩、9.46亩、1.90亩；Ⅰ兼农牧户次之，分别为3.38亩、19.52亩、2.56亩、8.70亩、0.79亩；非农牧户最低，分别为1.03亩、2.17亩、0.54亩、0.54亩、0.45亩。从饲草播种面积来看，Ⅰ兼农牧户最多，纯农牧户次之，非农牧户最少。从种植结构来看，不同经营模式农牧户的玉米播种面积占比均为最高，纯农牧户为52.57%；Ⅰ兼农牧户为54.86%；Ⅱ兼农牧户为60.26%；非农牧户为45.11%。

表 5-7　农区不同经营模式牧户种植业投入产出明细表

项　　目	纯农牧户	Ⅰ兼农牧户	Ⅱ兼农牧户	非农牧户	样本总量
播种面积总和（亩）	40.10	35.58	20.38	4.81	28.60
小麦播种面积	4.68	3.38	2.33	1.03	3.31
玉米播种面积	21.08	19.52	12.28	2.17	15.41
杂粮播种面积	2.88	2.56	1.64	0.54	2.13
经济作物播种面积	9.46	8.70	3.19	0.54	6.32
豆类播种面积	1.90	0.79	0.59	0.45	1.20
饲草播种面积	0.10	0.64	0.37	0.10	0.23
生产资料投入总和（元）	15 167.00	17 589.00	7 067.00	1 510.00	11 159.00
种子费投入总和	3 441.00	3 555.00	1 418.00	268.80	2 421.00
化肥费投入总和	4 988.00	5 810.00	2 664.00	496.50	3 747.00

（续）

项　　　目	纯农牧户	Ⅰ兼农牧户	Ⅱ兼农牧户	非农牧户	样本总量
灌溉费用投入总和	2 131.00	2 844.00	974.30	204.70	1 611.00
农机费用投入总和	2 488.00	3 009.00	1 129.00	257.00	1 842.00
农药费用投入总和	935.80	1 095.00	396.90	161.00	693.90
农膜和地膜费用投入总和	636.70	690.20	276.00	82.09	461.20
其他费用投入总和	547.50	585.10	208.20	40.06	383.40
雇工费用总和（元）	15 303.11	747.59	322.55	51.60	7 294.48
男性劳动力雇工费用总和	922.69	526.55	39.18	25.66	511.01
女性劳动力雇工费用总和	14 380.42	221.04	283.37	25.94	6 783.47
家庭用工投入总工日（工日）	318.60	311.00	227.40	84.47	253.80
男性劳动力投入总工日	170.70	163.50	115.90	43.75	134.00
女性劳动力投入总工日	147.90	147.50	111.50	40.72	119.80
种植业总收入（元）	37 093.82	40 488.00	12 766.00	199.79	25 324.32
小麦总收入	2 026.00	2 597.00	511.20	7.77	1 392.00
玉米总收入	15 529.00	18 996.00	8 049.00	137.30	11 464.00
杂粮总收入	4 256.00	2 031.00	881.00	43.40	2 443.00
经济作物总收入	14 434.00	16 369.00	2 920.00	8.87	9 478.00
豆类总收入	838.90	381.50	281.40	2.45	501.20
饲草总收入	9.92	113.50	123.40	0.00	46.12
种植业净收入（元）	6 614.00	22 150.00	2 297.00	−1 362.00	6 201.00

（续）

项　　目	纯农牧户	Ⅰ兼农牧户	Ⅱ兼农牧户	非农牧户	样本总量
人均种植业收入（元/人）	10 563.38	10 007.88	3 053.70	55.82	6 773.92
人均种植业净收入（元/人）	1 883.54	5 475.22	549.39	−380.57	1 658.59
劳动力单位工日种植业产值（元/工日）	116.43	130.19	56.14	2.37	99.78

从生产资料投入总和来看，样本总量均值为 11 159.00 元；Ⅰ兼农牧户最高，为 17 589.00 元；纯农牧户次之，为 15 167.00元；非农牧户最低，为 1 510.00 元。从生产资料投入细项来看，种子费、化肥费、灌溉费用、农机费、农药费用、农膜地膜费用以及其他费用投入总和都是Ⅰ兼农牧户最高，分别为 3 555.00 元、5 810.00 元、2 844.00 元、3 009.00 元、1 095.00 元、690.20 元、585.10 元；纯农牧户次之，分别为 3 441.00 元、4 988.00 元、2 131.00 元、2 488.00元、935.80 元、636.70 元、547.50 元；非农牧户最低，分别为 268.80 元、496.50 元、204.70 元、257.00 元、161.00 元、82.09 元、40.06 元。从生产资料投入结构来看，不同经营模式农牧户的化肥费投入总和占比均为最高，纯农牧户为 32.89%；Ⅰ兼农牧户为 33.03%；Ⅱ兼农牧户为 37.69%；非农牧户为 32.88%。不同经营模式农牧户的其他费用投入总和占比均为最低，纯农牧户为 3.60%；Ⅰ兼农牧户为 3.32%；Ⅱ兼农牧户为 2.95%；非农牧户为 2.65%。

从雇工费用总和来看，样本总量均值为 7 294.48 元，纯农牧户最高，为 15 303.11 元；Ⅰ兼农牧户次之，为 747.59元；非农牧户最低，为 51.60 元。从雇工劳动力的性别来看，纯农牧户、Ⅱ兼农牧户和非农牧户的女性劳动力雇工费用总和分别为 14 380.42 元、283.37 元和 25.94 元,分别是男性劳动力雇工费用总和的 15.58 倍、7.49 倍和 1.01 倍;Ⅰ兼农牧户的男性劳动力雇工费用总和为 526.56 元,是其女性劳动力雇工费用总和的 2.38 倍。从农牧户家庭用工投入总工日来看,样本总量均值为 253.80 工日;纯农牧户最多,为 318.60 工日;Ⅰ兼农牧户次之,为 311.00 工日;非农牧户最少,为 84.47 工日。从劳动力投入性别来看,纯农牧户、Ⅰ兼农牧户、Ⅱ兼农牧户和非农牧户的男性劳动力投入总工日占比分别为 53.58%、52.57%、50.97%、51.79%。

从种植业总收入来看,样本总量均值为 25 324.32 元;Ⅰ兼农牧户最高,为 40 488.00 元;纯农牧户次之,为 37 093.82元;非农牧户最低,为 199.79 元。分品种来看,小麦、玉米及经济作物总收入都是Ⅰ兼农牧户最高,分别为 2 597.00元、18 996.00 元、16 369.00 元;纯农牧户次之,分别为 2 026.00 元、15 529.00 元、14 434.00 元;非农牧户最少,分别为 7.77 元、137.30 元、8.87 元。从杂粮及豆类总收入来看,均是纯农牧户最高,分别为 4 256.00 元和 838.90 元;Ⅰ兼农牧户次之,分别为 2 031.00 元和 381.50 元;非农牧户最少,分别为 43.40 元和 2.45 元。从种植业总收入的结构来看,不同经营模式农牧户的玉米总收入占比均为最高,纯农牧户、Ⅰ兼农牧户、Ⅱ兼农牧户以及非农牧户占比分别为 41.86%、46.92%、63.05%、68.72%。从种植业净收入和人均种植业净收入来看,Ⅰ兼农牧户均为最高,分别为 22 150.00元和 5 475.22 元/人;纯农牧户次之,分别为 6 614.00元和 1 883.54 元/人。从人均种植业收入来看,样本总量均值为 6 773.92 元/人;纯农牧户最高,为 10 563.38 元/人;Ⅰ兼农牧户次之,为 10 007.88 元/人;非农牧户最低,为 55.82 元/人。从劳动力单位工日种植业产值来看,样本总量均值为 99.78 元/工日；Ⅰ兼农牧户最高，为 130.19 元/工日；纯农牧户次之，为 116.43 元/工日；非农牧户最低，仅为 2.37 元/工日。

(2) 牧区不同经营模式农牧户种植业生产经营特征分析。从牧区不同经营模式农牧户种植业播种面积总和来看（表 5-8），样本总量均值为 8.03 亩；Ⅰ兼农牧户最多，为 15.21 亩；Ⅱ兼农牧户次之，为 11.54 亩；非农牧户最低。分品种来看，Ⅰ兼农牧户的小麦和经济作物播种面积最高，分别为 0.21 亩和 6.84 亩。从玉米播种面积来看，Ⅱ兼农牧户最多，为 8.69 亩；Ⅰ兼农牧户次之，为 8.16 亩；非农牧户最少。从种植结构来看，不同经营模式农牧户的玉米播种面积占比均为最高。

表 5-8　牧区不同经营模式牧户种植业投入产出明细表

项　目	纯农牧户	Ⅰ兼农牧户	Ⅱ兼农牧户	非农牧户	样本总量
播种面积总和（亩）	6.88	15.21	11.54	0.00	8.03
小麦播种面积	0.00	0.21	0.00	0.00	0.03
玉米播种面积	3.44	8.16	8.69	0.00	4.41
杂粮播种面积	0.00	0.00	1.39	0.00	0.15
经济作物播种面积	3.43	6.84	1.46	0.00	3.44
豆类播种面积	0.00	0.00	0.00	0.00	0.00
饲草播种面积	0.00	0.00	0.00	0.00	0.00
生产资料投入总和（元）	2 564.00	4 784.00	3 391.00	0.00	2 764.00
种子费投入总和	706.30	855.30	902.00	0.00	687.00
化肥费投入总和	924.60	1 554.00	644.10	0.00	909.60
灌溉费用投入总和	422.10	1 132.00	664.70	0.00	518.80
农机费用投入总和	244.60	807.90	46.69	0.00	288.50
农药费用投入总和	123.00	148.70	501.50	0.00	155.70

（续）

项　　目	纯农牧户	Ⅰ兼农牧户	Ⅱ兼农牧户	非农牧户	样本总量
农膜和地膜费用投入总和	143.70	286.30	374.20	0.00	177.00
其他费用投入总和	0.00	0.00	258.10	0.00	27.06
雇工费用总和（元）	333.34	452.60	0.00	0.00	287.06
男性劳动力雇工费用总和	228.40	315.80	0.00	0.00	197.55
女性劳动力雇工费用总和	104.94	136.80	0.00	0.00	89.51
家庭用工投入总工日（工日）	38.70	73.67	77.12	0.00	44.65
男性劳动力投入总工日	22.39	43.67	41.35	0.00	25.65
女性劳动力投入总工日	16.31	30.00	35.77	0.00	19.00
种植业总收入（元）	10 671.20	14 158.00	3 576.50	0.00	9 515.24
小麦总收入	0.00	0.00	0.00	0.00	0.00
玉米总收入	970.20	2 105.00	1 631.00	0.00	1 127.00
杂粮总收入	0.00	0.00	288.50	0.00	30.24
经济作物总收入	9 701.00	12 053.00	1 657.00	0.00	8 358.00
豆类总收入	0.00	0.00	0.00	0.00	0.00
饲草总收入	0.00	0.00	0.00	0.00	0.00
种植业净收入（元）	7 774.00	8 922.00	185.30	0.00	6 465.00
人均种植业收入（元/人）	2 806.46	4 138.46	877.28	0.00	2 593.16
人均种植业净收入（元/人）	2 044.40	2 607.85	45.45	0.00	1 761.75
劳动力单位工日种植业产值（元/工日）	275.74	192.18	46.38	—	213.11

从生产资料投入总和来看，样本总量均值为 2 764.00 元；Ⅰ兼农牧户最高，为 4 784.00 元；Ⅱ兼农牧户次之，为 3 391.00元；非农牧户最低。从生产资料投入细项来看，Ⅰ兼农牧户的化肥费和农机费投入总和均为最高，分别为 1 554.00 元和807.90 元；纯农牧户次之，分别为 924.60 元和 244.60 元。从灌溉费用投入总和来看，样本总量均值为 518.80 元；Ⅰ兼农牧户最高，为 1 132.00 元；Ⅱ兼农牧户次之，为 664.70 元；非农牧户最低，为 0.00 元。从种子费、农药费用以及农膜地膜费用投入总和来看，Ⅱ兼农牧户都是最高，分别为 902.00 元、501.50 元、374.20 元；Ⅰ兼农牧户次之，分别为 855.30 元、148.70 元、286.30 元；非农牧户最低。从生产资料投入结构来看，纯农牧户和Ⅰ兼农牧户的化肥费投入总和占比均为最高，分别为 36.06% 和 32.48%；Ⅱ兼农牧户的种子费投入总和占比最高，为 26.59%。

从雇工费用总和来看，样本总量均值为 287.06 元，Ⅰ兼农牧户最高，为 452.60 元；纯农牧户次之，为 333.34 元；非农牧户最低。从雇工劳动力的性别来看，纯农牧户和Ⅰ兼农牧户的男性劳动力雇工费用总和分别为 228.40 元和 315.80 元，分别是女性劳动力雇工费用总和的 2.18 倍和 2.31 倍；Ⅱ兼农牧户和非农牧户都没有雇工。从农牧户家庭用工投入总工日来看，样本总量均值为 44.65 工日；Ⅱ兼农牧户最多，为 77.12 工日；Ⅰ兼农牧户次之，为 73.67 工日；非农牧户最少，为 0.00 工日。从劳动力投入性别来看，纯农牧户、Ⅰ兼农牧户和Ⅱ兼农牧户的男性劳动力投入总工日占比分别为 57.86%、59.28%、53.62%。

从种植业总收入来看，样本总量均值为 9 515.24 元；Ⅰ兼农牧户最高，为 14 158.00 元；纯农牧户次之，为 10 671.20元；非农牧户最低。分品种来看，玉米及经济作物总收入都是Ⅰ兼农牧户最高，分别为 2 105.00 元和 12 053.00

元；非农牧户最低。从种植业总收入的结构来看，不同经营模式农牧户的经济作物总收入占比均为最高，纯农牧户、Ⅰ兼农牧户、Ⅱ兼农牧户分别为90.91％、85.13％、46.33％。从种植业净收入、人均种植业收入、人均种植业净收入来看，Ⅰ兼农牧户均为最高，分别为8 922.00元、4 138.46元/人、2 607.85元/人；纯农牧户次之，分别为7 774.00元、2 806.46元/人、2 044.40元/人。从劳动力单位工日种植业产值来看，样本总量均值为213.11元/工日；纯农牧户最高，为275.74元/工日；Ⅰ兼农牧户次之，为192.18元/工日。

（3）半农半牧区不同经营模式农牧户种植业生产经营特征分析。从半农半牧区不同经营模式农牧户种植业播种面积总和来看（表5-9），样本总量均值为38.63亩；纯农牧户最多，为47.39亩；Ⅰ兼农牧户次之，为35.59亩；非农牧户最低，仅为11.18亩。分品种来看，小麦、杂粮、经济作物、豆类及饲草的播种面积都是纯农牧户最高，分别为5.09亩、8.77亩、8.64亩、2.66亩、0.77亩。从玉米播种面积来看，Ⅰ兼农牧户最多，为26.40亩；纯农牧户次之，为21.46亩；非农牧户最少，为6.15亩。从种植结构来看，不同经营模式农牧户的玉米播种面积占比最高，纯农牧户、Ⅰ兼农牧户、Ⅱ兼农牧户及非农牧户分别为45.28％、74.18％、76.06％、55.01％。

表5-9 半农半牧区不同经营模式牧户种植业投入产出明细表

项 目	纯农牧户	Ⅰ兼农牧户	Ⅱ兼农牧户	非农牧户	样本总量
播种面积总和（亩）	47.39	35.59	22.77	11.18	38.63
小麦播种面积	5.09	0.56	1.88	1.05	3.50
玉米播种面积	21.46	26.40	17.32	6.15	20.17
杂粮播种面积	8.77	2.30	2.40	0.63	6.05
经济作物播种面积	8.64	4.24	0.70	2.85	6.37

（续）

项目	纯农牧户	Ⅰ兼农牧户	Ⅱ兼农牧户	非农牧户	样本总量
豆类播种面积	2.66	1.75	0.48	0.50	2.02
饲草播种面积	0.77	0.35	0.00	0.00	0.53
生产资料投入总和（元）	16 590.00	10 256.00	7 717.00	1 751.00	12 878.00
种子费投入总和	4 337.00	2 346.00	1 905.00	366.4	3 286.00
化肥费投入总和	5 828.00	3 841.00	2 603.00	545.90	4 546.00
灌溉费用投入总和	2 149.00	1 220.00	1 362.00	213.20	1 688.00
农机费用投入总和	2 990.00	1 680.00	963.90	332.80	2 246.00
农药费用投入总和	817.30	734.00	467.90	197.30	696.00
农膜和地膜费用投入总和	367.10	280.90	291.60	62.50	310.20
其他费用投入总和	102.70	154.80	124.00	32.50	106.30
雇工费用总和（元）	2 912.83	580.63	626.25	50.63	1 940.48
男性劳动力雇工费用总和	2 518.74	382.40	419.25	45.00	1 643.83
女性劳动力雇工费用总和	394.09	198.23	207.00	5.625	296.649
家庭用工投入总工日（工日）	230.70	205.80	186.97	99.32	207.07
男性劳动力投入总工日	125.60	102.10	87.62	53.52	109.40
女性劳动力投入总工日	105.10	103.70	99.35	45.80	97.67
种植业总收入（元）	42 536.20	24 539.62	11 852.15	191.30	31 366.60
小麦总收入	1 380.00	47.62	800.00	0.00	932.50
玉米总收入	24 476.00	19 075.00	9 567.00	47.30	19 204.00

（续）

项　　目	纯农牧户	Ⅰ兼农牧户	Ⅱ兼农牧户	非农牧户	样本总量
杂粮总收入	4 357.00	1 068.00	1 175.00	0.00	2 956.00
经济作物总收入	11 376.00	3 325.00	253.90	144.00	7 516.00
豆类总收入	947.20	1 024.00	56.25	0.00	758.10
饲草总收入	0.00	0.00	0.00	0.00	0.00
种植业净收入（元）	23 139.00	13 703.00	3 509.00	−1 610	16 611.00
人均种植业收入（元/人）	12 104.56	6 468.74	2 944.70	61.22	8 776.01
人均种植业净收入（元/人）	6 568.47	3 612.16	871.79	−515.2	4 638.33
劳动力单位工日种植业产值（元/工日）	184.38	119.24	63.39	1.93	151.48

从生产资料投入总和来看，样本总量均值为 12 878.00 元；纯农牧户最高，为 16 590.00 元；Ⅰ兼农牧户次之，为 10 256.00元；非农牧户最低，为 1 751.00 元。从生产资料投入细项来看，种子费、化肥费、灌溉费用、农机费、农药费用以及农膜地膜费用的投入总和都是纯农牧户最高，分别为 4 337.00元、5 828.00元、2 149.00元、2 990.00元、817.30元、367.10 元；非农牧户最低，分别为 366.4 元、545.90 元、213.20 元、332.80 元、197.30 元、62.50 元。从其他费用投入总和来看，Ⅰ兼农牧户最高，为 154.80 元；纯农牧户次之，为 102.70 元；非农牧户最低，为 32.50 元。

从雇工费用总和来看，样本总量均值为 1 940.48 元，纯农牧户最高，为 2 912.83 元；Ⅱ兼农牧户次之，为 626.25元；非农牧户最低，为 50.63 元。从雇工劳动力的性别来看，纯农牧户、Ⅰ兼农牧户、Ⅱ兼农牧户及非农牧户的男性劳动力雇工费用占比分别为86.47％、65.86％、66.95％、88.89％。从农牧户家庭用工投入总工日来看，样本总量均值为207.07工日；纯农牧户最多，为230.70工日；Ⅰ兼农牧户次之，为205.80工日；非农牧户最少，为99.32工日。从劳动力投入性别来看，纯农牧户和非农牧户的男性劳动力投入总工日占比分别为54.44％和53.89％；Ⅰ兼农牧户和Ⅱ兼农牧户的女性劳动力投入总工日占比分别为50.39％和53.14％。

从种植业总收入来看，样本总量均值为31 366.60元，纯农牧户最高，为42 536.20元；Ⅰ兼农牧户次之，为24 539.62元；非农牧户最低，为191.30元。分品种来看，小麦、玉米、杂粮及经济作物的总收入都是纯农牧户最高，分别为1 380.00元、24 476.00元、4 357.00元、11 376.00元。从豆类总收入来看，Ⅰ兼农牧户最高，为1 024.00元；纯农牧户次之，为947.20元。从种植业总收入的结构来看，纯农牧户、Ⅰ兼农牧户和Ⅱ兼农牧户的玉米总收入均为最高，占比分别为57.54％、77.73％、80.72％；非农牧户的经济作物总收入占比最高，为75.27％。从种植业净收入、人均种植业收入以及人均种植业净收入来看，纯农牧户均为最高，分别为23 139.00元、12 104.56元/人、6 568.47元/人；Ⅰ兼农牧户次之，分别为13 703.00元、6 468.74元/人、3 612.16元/人。从劳动力单位工日种植业产值来看，样本总量均值为151.48元/工日；纯农牧户最高，为184.38元/工日；Ⅰ兼农牧户次之，为119.24元/工日；非农牧户最低，仅为1.93元/工日。

5.2 农牧户养殖业生产经营特征分析

5.2.1 不同经营模式农牧户养殖业生产经营特征分析

从内蒙古农村牧区不同经营模式农牧户承包草场面积和实

际放牧面积来看（表 5-10），纯农牧户均为最多，分别为687.70 亩和 554.10 亩；Ⅰ兼农牧户次之，分别为 533.90 亩和 433.20 亩；非农牧户最低，分别为 110.00 亩和 35.42 亩。从禁牧面积和征地草场面积来看，纯农牧户均为最多，分别为80.34 亩和 16.50 亩；非农牧户次之，分别为 58.71 亩和15.07 亩；Ⅱ兼农牧户最低，分别为 45.42 亩和 0.47 亩。从家庭用工投入总工日来看，样本总量均值为 140.50 工日；纯农牧户最高，为 192.30 工日；Ⅰ兼农牧户次之，为 158.40 工日；非农牧户最低，为 25.80 工日。从总成本来看，样本总量均值为 10 287.00 元；纯农牧户最高，为 15 318.00 元；Ⅰ兼农牧户次之，为 12 877.00 元；非农牧户最低，为 13.70 元。从总收入来看，样本总量均值为 30 244.00 元；纯农牧户最高，为 44 566.00 元；Ⅰ兼农牧户次之，为 40 258.00 元；非农牧户最低，为 42.43 元。从总收入结构来看，牲畜销售毛收入占比相对较高，样本总量均值为 56.93%，纯农牧户为55.70%，Ⅰ兼农牧户为 58.18%，Ⅱ兼农牧户为 74.06%，非农牧户为 95.40%。从养殖业净收入来看，样本总量均值为19 958.00元；纯农牧户最高，为 29 248.00 元；Ⅰ兼农牧户次之，为 27 380.00 元；非农牧户最低，为 28.73 元。从人均养殖业收入和人均养殖业净收入来看，纯农牧户均为最高，分别为12 557.49 元/人和 8 241.33 元/人；Ⅰ兼农牧户次之，分别为 10 319.70 元/人和 7 018.70 元/人；非农牧户最低，分别为 12.32 元/人和 8.34 元/人。从投入产出比来看，样本总量均值为 0.34；Ⅱ兼农牧户最高，为 0.37；纯农牧户次之，为0.34。从劳动力单位工日养殖业产值来看，样本总量均值为215.41 元/工日；Ⅰ兼农牧户最高，为 255.77 元/工日；纯农牧户次之，为 230.32 元/工日；非农牧户最低，为 1.75 元/工日。

表 5 - 10　内蒙古农村牧区不同经营模式农牧户养殖业投入产出明细表

项　　目	纯农牧户	Ⅰ兼农牧户	Ⅱ兼农牧户	非农牧户	样本总量
草场概况					
承包草场面积（亩）	687.70	533.90	210.00	110.00	489.80
实际放牧面积（亩）	554.10	433.20	159.40	35.42	384.90
禁牧面积（亩）	80.34	51.09	45.42	58.71	66.53
征地草场面积（亩）	16.50	13.44	0.47	15.07	12.99
劳动力投入（工日）					
雇工投入总工日	0.14	0.07	0.02	0.00	0.06
家庭用工投入总工日	192.30	158.40	75.37	25.80	140.50
总成本（元）	15 318.00	12 877.00	2 524.00	13.70	10 287.00
总收入（元）	44 566.00	40 258.00	6 855.00	42.43	30 244.00
牲畜销售毛收入	24 825.00	23 422.00	5 077.00	40.48	17 217.00
副产品销售毛收入	19 741.00	16 836.00	1 778.00	1.95	13 028.00
养殖业净收入（元）	29 248.00	27 380.00	4 332.00	28.73	19 958.00
家庭人均收入（元）					
人均养殖业收入	12 557.49	10 319.70	1 652.55	12.32	8 198.07
人均养殖业净收入	8 241.33	7 018.70	1 044.17	8.34	5 409.78
投入产出比	0.34	0.32	0.37	0.32	0.34
劳动力单位工日养殖业产值（元/工日）	230.32	255.77	92.65	1.75	215.41

　　据调查，内蒙古农村牧区不同经营模式农牧户雇工从事畜牧业生产的概率很低，纯农牧户、Ⅰ兼农牧户、Ⅱ兼农牧户分

别为 7.35%、6.77%、4.24%（表 5-11）。从养殖方式来看，纯农牧户和Ⅰ兼农牧户主要是以放养为主，占比分别为 46.75% 和 50.00%；半舍饲次之，占比分别为 33.76% 和 33.33%；而Ⅱ兼农牧户则主要集中于舍饲，占比高达 79.99%；非农牧户全部为半舍饲。从养殖业补贴类型来看，纯农牧户和Ⅰ兼农牧户主要是禁牧补贴，占比分别为 38.72% 和 37.04%；草畜平衡补贴次之，占比分别为 33.34% 和 35.19%。Ⅱ兼农牧户的良种补贴占比最高，为 37.21%；禁牧补贴次之，占比为 34.91%。非农牧户的草畜平衡补贴占比最高，为 55.48%；良种补贴次之，占比为 33.33%。从防范养殖风险方式来看，不同经营模式农牧户均为单一使用防疫药品，具体来看，纯农牧户选择占比为 83.01%；Ⅰ兼农牧户选择占比为 74.41%；Ⅱ兼农牧户选择占比为 77.18%；非农牧户选择占比为 94.96%。

表 5-11 内蒙古农村牧区不同经营模式农牧户养殖业经营情况表

项　　目	纯农牧户	Ⅰ兼农牧户	Ⅱ兼农牧户	非农牧户	样本总量
是否雇工从事畜牧业生产					
是	7.35%	6.77%	4.24%	0.00%	5.56%
否	92.65%	93.23%	95.76%	100.00%	94.44%
养殖方式					
舍饲	19.49%	16.67%	79.99%	0.00%	24.98%
半舍饲	33.76%	33.33%	10.01%	100.00%	32.01%
放养	46.75%	50.00%	10.01%	0.00%	43.01%
养殖业补贴类型					
草畜平衡补贴	33.34%	35.19%	27.88%	55.48%	33.77%
良种补贴	0.00%	27.76%	37.21%	33.33%	29.23%
农机补贴	0.00%	0.00%	0.00%	0.00%	0.00%
生产资料综合补贴	0.00%	0.00%	0.00%	0.00%	0.00%

（续）

项　　目	纯农牧户	Ⅰ兼农牧户	Ⅱ兼农牧户	非农牧户	样本总量
燃油补贴	27.93%	0.00%	0.00%	11.19%	0.00%
禁牧补贴	38.72%	37.04%	34.91%	0.00%	37.01%
防范养殖风险方式					
只用防疫药品	83.01%	74.41%	77.18%	94.96%	81.04%
除用药外，向保险公司投保	7.34%	12.79%	7.00%	5.04%	8.30%
向养殖协会交风险基金	0.38%	1.16%	3.52%	0.00%	0.95%
其他	9.27%	11.63%	12.30%	0.00%	9.72%

5.2.2　不同经营模式农户与牧户养殖业经营特征对比分析

（1）不同经营模式农户养殖业生产经营特征分析。从内蒙古农村牧区不同经营模式农户家庭用工投入总工日来看（表5-12），样本总量均值为71.01工日；Ⅰ兼农户最高，为105.10工日；纯农户次之，为94.69工日；非农户最低，为41.78工日。从总成本来看，样本总量均值为6 184.00元；纯农户最高，为10 832.00元；Ⅰ兼农户次之，为5 143.00元；非农户最低，为14.74元。从总收入来看，样本总量均值为15 888.00元；纯农户最高，为26 822.00元；Ⅰ兼农户次之，为16 111.00元；非农户最低，为45.13元。从总收入结构来看，纯农户的副产品销售毛收入占比相对较高，为64.85%；Ⅰ兼农户、Ⅱ兼农户和非农户则是牲畜销售毛收入占比相对较高，分别为59.57%、87.16%、96.59%。从养殖业净收入来看，样本总量均值为9 704.00元；纯农户最高，为15 990.00元；Ⅰ兼农户次之，为10 968.00元；非农户最低，为30.38

元。从人均养殖业收入和人均养殖业净收入来看，纯农户均为最高，分别为 7 615.55 元/人和 4 540.07 元/人；Ⅰ兼农户次之，分别为 4 054.19 元/人和 2 760.08 元/人；非农户最低，分别为 12.98 元/人和 8.74 元/人。从投入产出比来看，样本总量均值为 0.39；纯农户最高，为 0.40；Ⅱ兼农户次之，为 0.34；Ⅰ兼农户最低，为 0.32。从劳动力单位工日养殖业产值来看，样本总量均值为 223.74 元/工日；纯农户最高，为 283.26 元/工日；Ⅰ兼农户次之，为 153.29 元/工日；非农户最低，为 3.84 元/工日。

表 5-12　内蒙古农村牧区不同经营模式农户养殖业投入产出明细表

项　　目	纯农户	Ⅰ兼农户	Ⅱ兼农户	非农户	样本总量
劳动力投入（工日）					
雇工投入总工日	0.00	0.02	0.00	0.00	0.00
家庭用工投入总工日	94.69	105.10	41.78	11.76	71.01
总成本（元）	10 832.00	5 143.00	1 022.00	14.74	6 184.00
总收入（元）	26 822.00	16 111.00	3 022.00	45.13	15 888.00
牲畜销售毛收入	9 429.00	9 597.00	2 634.00	43.59	6 450.00
副产品销售毛收入	17 393.00	6 514.00	388.00	1.54	9 437.00
养殖业净收入（元）	15 990.00	10 968.00	1 999.00	30.38	9 704.00
家庭人均收入（元）					
人均养殖业收入	7 615.55	4 054.19	729.83	12.98	4 297.88
人均养殖业净收入	4 540.07	2 760.08	482.90	8.74	2 625.02
投入产出比	0.40	0.32	0.34	0.33	0.39
劳动力单位工日养殖业产值（元/工日）	283.26	153.29	72.33	3.84	223.74

（2）不同经营模式牧户养殖业生产经营特征分析。从内蒙

古农村牧区不同经营模式牧户承包草场面积和实际放牧面积来看（表 5 - 13），纯牧户均为最多，分别为 2 791.00 亩和 2 249.00 亩；Ⅰ兼牧户次之，分别为 2 629.00 亩和 2 133.00 亩；非牧户最低，分别为 1 541.00 亩和 495.90 亩。从禁牧面积来看，样本总量均值为 348.90 亩；非牧户最多，为 822.00 亩；Ⅱ兼牧户次之，为 369.70 亩；Ⅰ兼牧户最少，为 251.50 亩。从征地草场面积来看，样本总量均值为 68.14 亩；非牧户最多，为 211.00 亩；纯牧户次之，为 66.98 亩；Ⅱ兼牧户最少，为 3.79 亩。从家庭用工投入总工日来看，样本总量均值为 435.20 工日；纯牧户最高，为 490.90 工日；Ⅰ兼牧户次之，为 367.30 工日；非牧户最低，为 208.30 工日。从总成本来看，样本总量均值为 27 698.00 元；Ⅰ兼牧户最高，为 43 221.00元；纯牧户次之，为 29 039.00 元；非牧户最低，为 0.15 元。从总收入来看，样本总量均值为 91 174.00 元；Ⅰ兼牧户最高，为 134 987.00 元；纯牧户次之，为 98 838.00 元；非牧户最低。从总收入结构来看，纯牧户、Ⅰ兼牧户和Ⅱ兼牧户的牲畜销售毛收入占比相对较高，分别为 72.76%、57.53%、65.81%。从养殖业净收入来看，样本总量均值为 63 476.00 元；Ⅰ兼牧户最高，为 91 766.00 元；纯牧户次之，为 69 799.00 元；非牧户最低，为 7.19 元。从人均养殖业收入和人均养殖业净收入来看，Ⅰ兼牧户均为最高，分别为 37 336.91元/人和 25 382.10 元/人；纯牧户次之，分别为 27 216.16元/人和 19 219.94 元/人；非牧户最低，分别为 2.44 元/人和2.40 元/人。从投入产出比来看，样本总量均值为 0.30；Ⅱ兼牧户最高，为 0.39；Ⅰ兼牧户次之，为 0.32；非牧户最低，为 0.02。从劳动力单位工日养殖业产值来看，样本总量均值为 209.50 元/工日；Ⅰ兼牧户最高，为 367.51 元/工日；纯牧户次之，为 201.34 元/工日；非牧户最低，为 0.04 元/工日。

表 5 - 13　内蒙古农村牧区不同经营模式牧户养殖业投入产出明细表

项　　目	纯牧户	Ⅰ兼牧户	Ⅱ兼牧户	非牧户	样本总量
草场概况					
承包草场面积（亩）	2 791.00	2 629.00	1 709.00	1 541.00	2 569.00
实际放牧面积（亩）	2 249.00	2 133.00	1 297.00	495.90	2 019.00
禁牧面积（亩）	326.00	251.50	369.70	822.00	348.90
征地草场面积（亩）	66.98	66.15	3.79	211.00	68.14
劳动力投入（工日）					
雇工投入总工日	5.54	1.02	4.11	0.00	3.58
家庭用工投入总工日	490.90	367.30	315.10	208.30	435.20
总成本（元）	29 039.00	43 221.00	13 241.00	0.15	27 698.00
总收入（元）	98 838.00	134 987.00	34 220.00	7.33	91 174.00
牲畜销售毛收入	71 913.00	77 659.00	22 519.00	0.00	62 909.00
副产品销售毛收入	26 924.00	57 328.00	11 701.00	7.33	28 265.00
养殖业净收入（元）	69 799.00	91 766.00	20 979.00	7.19	63 476.00
家庭人均收入（元）					
人均养殖业收入	27 216.16	37 336.91	8 134.22	2.44	24 928.12
人均养殖业净收入	19 219.94	25 382.10	4 986.84	2.40	17 355.18
投入产出比	0.29	0.32	0.39	0.02	0.30
劳动力单位工日养殖业产值（元/工日）	201.34	367.51	108.60	0.04	209.50

5.2.3 不同地理区域不同经营模式农牧户养殖业生产经营特征分析

（1）东部地区不同经营模式农牧户养殖业生产经营特征分析。从东部地区不同经营模式农牧户承包草场面积来看（表5-14），样本总量均值为 549.70 亩；纯农牧户最多，为 849.00 亩；非农牧户次之，为 238.50 亩；Ⅰ 兼农牧户最低，为 160.30 亩。从实际放牧面积来看，样本总量均值为 386.70 亩；纯农牧户最多，为 594.50 亩；Ⅱ 兼农牧户次之，为 177.70 亩；非农牧户最低，为 109.30 亩。从禁牧面积和征地草场面积来看，非农牧户均为最多，分别为 35.51 亩和 25.89 亩；Ⅱ 兼农牧户最少，分别为 14.70 亩和 0.60 亩。从家庭用工投入总工日来看，样本总量均值为 158.70 工日；纯农牧户最高，为 204.70 工日；Ⅰ 兼农牧户次之，为 157.00 工日；非农牧户最低，为 49.74 工日。从总成本来看，样本总量均值为 14 432.00 元；纯农牧户最高，为 22 836.00 元；Ⅰ 兼农牧户次之，为 10 614.00 元；非农牧户最低，为 11.03 元。从总收入来看，样本总量均值为 40 315.00 元；纯农牧户最高，为 62 697.00 元；Ⅰ 兼农牧户次之，为 32 766.00 元；非农牧户最低，为 22.06 元。从总收入结构来看，纯农牧户和Ⅰ兼农牧户的副产品销售毛收入占比相对较高，分别为 50.83% 和 52.32%；Ⅱ 兼农牧户和非农牧户则是牲畜销售毛收入占比相对较高，分别为 53.50% 和 100.00%。从养殖业净收入来看，样本总量均值为 25 883.00 元；纯农牧户最高，为 39 862.00 元；Ⅰ 兼农牧户次之，为 22 152.00 元；非农牧户最低，为 11.03 元。从人均养殖业收入和人均养殖业净收入来看，纯农牧户均为最高，分别为 16 772.92 元/人和 10 663.86 元/人；Ⅰ 兼农牧户次之，分别为 8 016.14 元/人和 5 419.34 元/人；非农牧户最低，分别为 6.52 元/人和 3.26 元/人。从投入产出比来看，样本总量均值为 0.36；非农牧户最高，为 0.50；纯农牧户次之，为 0.36；Ⅱ兼农牧户最少，为 0.32。从劳动力单位工日养殖业产值来看，样本总量均值为 254.03 元/工日；纯农牧户最高，为 306.29 元/工日；Ⅰ兼农牧户次之，为 208.70 元/工日；非农牧户最低，为 0.44 元/工日。

表 5-14　东部地区不同经营模式农牧户养殖业投入产出明细表

项　　目	纯农牧户	Ⅰ兼农牧户	Ⅱ兼农牧户	非农牧户	样本总量
草场概况					
承包草场面积（亩）	849.00	160.30	202.70	238.50	549.70
实际放牧面积（亩）	594.50	135.40	177.70	109.30	386.70
禁牧面积（亩）	35.51	57.69	14.70	80.88	41.75
征地草场面积（亩）	25.89	1.88	0.60	46.54	20.68
劳动力投入（工日）					
雇工投入总工日	0.49	0.24	0.05	0.00	0.21
家庭用工投入总工日	204.70	157.00	99.27	49.74	158.70
总成本（元）	22 836.00	10 614.00	2 488.00	11.03	14 432.00
总收入（元）	62 697.00	32 766.00	7 523.00	22.06	40 315.00
牲畜销售毛收入	30 828.00	15 623.00	4 025.00	22.06	19 800.00
副产品销售毛收入	31 870.00	17 144.00	3 497.00	0.00	20 515.00
养殖业净收入（元）	39 862.00	22 152.00	5 035.00	11.03	25 883.00
家庭人均收入（元）					
人均养殖业收入	16 772.92	8 016.14	1 858.25	6.52	10 618.11
人均养殖业净收入	10 663.86	5 419.34	1 243.64	3.26	6 817.02

（续）

项　　目	纯农牧户	I 兼农牧户	II 兼农牧户	非农牧户	样本总量
投入产出比	0.36	0.32	0.33	0.50	0.36
劳动力单位工日养殖业产值（元/工日）	306.29	208.70	75.78	0.44	254.03

　　（2）中部地区不同经营模式农牧户养殖业生产经营特征分析。从中部地区不同经营模式农牧户承包草场面积和实际放牧面积来看（表 5-15），纯农牧户均为最多，分别为 891.50 亩和 877.20 亩；I 兼农牧户次之，分别为 844.40 亩和 836.80亩。从禁牧面积和征地草场面积来看，纯农牧户均为最多，分别为 102.90 亩和 4.14 亩。从家庭用工投入总工日来看，样本总量均值为 140.90 工日；纯农牧户最高，为 236.40 工日；I兼农牧户次之，为 150.10 工日；非农牧户最低，为 8.17 工日。从总成本来看，样本总量均值为 5 927.00 元；I 兼农牧户最高，为 9 820.00 元；纯农牧户次之，为 9 765.00 元。从总收入来看，样本总量均值为 19 280.00 元；纯农牧户最高，为 33 193.00 元；I 兼农牧户次之，为 27 205.00 元。从总收入结构来看，纯农牧户、I 兼农牧户以及 II 兼农牧户的牲畜销售毛收入占比相对较高，分别为 89.15%、99.16%、95.23%。从养殖业净收入来看，样本总量均值为 13 353.00元；纯农牧户最高，为 23 428.00 元；I 兼农牧户次之，为17 384.00元。从人均养殖业收入和人均养殖业净收入来看，纯农牧户均为最高，分别为 9 621.95 元/人和 6 791.22 元/人；I 兼农牧户次之，分别为 7 125.01/人元和 4 553.06/人。从投入产出比来看，样本总量均值为 0.31；II 兼农牧户最高，为0.44；I 兼农牧户次之，为 0.36。从劳动力单位工日养殖业产值来看，样本总量均值为 136.83 元/工日；I 兼农牧户最高，为 181.25 元/工日；纯农牧户次之，为 140.41 元/工日。

表 5 - 15　中部地区不同经营模式农牧户养殖业投入产出明细表

项目	纯农牧户	Ⅰ兼农牧户	Ⅱ兼农牧户	非农牧户	样本总量
草场概况					
承包草场面积（亩）	891.50	844.40	9.10	0.00	514.60
实际放牧面积（亩）	877.20	836.80	9.10	0.00	506.90
禁牧面积（亩）	102.90	0.00	0.82	0.00	50.13
征地草场面积（亩）	4.14	0.00	0.00	0.00	2.01
劳动力投入（工日）					
雇工投入总工日	0.24	0.01	0.00	0.00	0.03
家庭用工投入总工日	236.40	150.10	56.36	8.17	140.90
总成本（元）	9 765.00	9 820.00	1 447.00	0.00	5 927.00
总收入（元）	33 193.00	27 205.00	3 311.00	0.00	19 280.00
牲畜销售毛收入	29 593.00	26 976.00	3 153.00	0.00	17 482.00
副产品销售毛收入	3 600.00	228.20	157.40	0.00	1 798.00
养殖业净收入（元）	23 428.00	17 384.00	1 864.00	0.00	13 353.00
家庭人均收入（元）					
人均养殖业收入	9 621.95	7 125.01	750.72	0.00	5 262.19
人均养殖业净收入	6 791.22	4 553.06	422.71	0.00	3 644.45
投入产出比	0.29	0.36	0.44	0.00	0.31
劳动力单位工日养殖业产值（元/工日）	140.41	181.25	58.75	0.00	136.83

　　（3）西部地区不同经营模式农牧户养殖业生产经营特征分析。从西部地区不同经营模式农牧户承包草场面积和实际放牧

面积来看（表 5－16），Ⅰ兼农牧户均为最多，分别为 782.60亩和 566.20 亩；纯农牧户次之，分别为 380.20 亩和 295.90亩；非农牧户最低，分别为 120.90 亩和 0.09 亩。从禁牧面积来看，非农牧户最多，为 119.80 亩；纯农牧户次之，为113.10 亩；Ⅰ兼农牧户最少，为 65.76 亩。从征地草场面积来看，Ⅰ兼农牧户最多，为 30.76 亩；纯农牧户次之，为14.71 亩。从家庭用工投入总工日来看，样本总量均值为121.10 工日；Ⅰ兼农牧户最高，为 163.20 工日；纯农牧户次之，为 149.70 工日；非农牧户最低，为 23.53 工日。从总成本来看，样本总量均值为 9 116.00 元；Ⅰ兼农牧户最高，为16 446.00 元；纯农牧户次之，为 10 992.00 元；非农牧户最低，为 37.32 工日。从总收入来看，样本总量均值为27 672.00元；Ⅰ兼农牧户最高，为 53 297.00 元；纯农牧户次之，为 32 790.00 元；非农牧户最低，为 130.00 元。从总收入结构来看，纯农牧户的副产品销售毛收入占比相对较高，为 53.49%；而Ⅰ兼农牧户、Ⅱ兼农牧户及非农牧户则是牲畜销售毛收入占比相对较高，分别为 55.98%、84.87%、94.46%。从养殖业净收入来看，样本总量均值为 18 556.00元；Ⅰ兼农牧户最高，为 36 851.00 元；纯农牧户次之，为21 798.00元；非农牧户最低，为 92.68 元。从人均养殖业收入和人均养殖业净收入来看，Ⅰ兼农牧户均为最高，分别为14 224.40 元/人和 9 835.12 元/人；纯农牧户次之，分别为9 606.14元/人和 6 385.94 元/人；非农牧户最低，分别为37.81 元/人和 26.95 元/人。从投入产出比来看，样本总量均值为 0.33；Ⅱ兼农牧户最高，为 0.38；纯农牧户次之，为0.34；非农牧户最低，为 0.29。从劳动力单位工日养殖业产值来看，样本总量均值为 228.51 元/工日；Ⅰ兼农牧户最高，为 326.57 元/工日；纯农牧户次之，为 219.04 元/工日；非农牧户最低，为 5.52 元/工日。

表 5 − 16 西部地区不同经营模式农牧户养殖业投入产出明细表

项　　目	纯农牧户	Ⅰ兼农牧户	Ⅱ兼农牧户	非农牧户	样本总量
草场概况					
承包草场面积（亩）	380.20	782.60	349.80	120.90	409.70
实际放牧面积（亩）	295.90	566.20	242.60	0.09	295.00
禁牧面积（亩）	113.10	65.76	102.70	119.80	104.20
征地草场面积（亩）	14.71	30.76	0.65	0.00	12.92
劳动力投入（工日）					
雇工投入总工日	0.00	0.02	0.07	0.00	0.01
家庭用工投入总工日	149.70	163.20	66.41	23.53	121.10
总成本（元）	10 992.00	16 446.00	3 270.00	37.32	9 116.00
总收入（元）	32 790.00	53 297.00	8 604.00	130.00	27 672.00
牲畜销售毛收入	15 249.00	29 835.00	7 302.00	122.80	14 334.00
副产品销售毛收入	17 540.00	23 461.00	1 302.00	7.19	13 338.00
养殖业净收入（元）	21 798.00	36 851.00	5 333.00	92.68	18 556.00
家庭人均收入（元）					
人均养殖业收入	9 606.14	14 224.40	2 116.38	37.81	7 696.41
人均养殖业净收入	6 385.94	9 835.12	1 311.95	26.95	5 160.85
投入产出比	0.34	0.31	0.38	0.29	0.33
劳动力单位工日养殖业产值（元/工日）	219.04	326.57	129.56	5.52	228.51

5.2.4 分地区不同经营模式农牧户养殖业生产经营特征分析

（1）农区不同经营模式农牧户养殖业生产经营特征分析。从农区不同经营模式农牧户承包草场面积和实际放牧面积来看（表5-17），Ⅰ兼农牧户均为最多，分别为230亩和88.18亩；Ⅱ兼农牧户次之，分别为76.58亩和76.58亩；非农牧户最低，分别为7.99亩和4.21亩。从禁牧面积来看，Ⅰ兼农牧户最多，为31.82亩；非农牧户次之，为3.15亩；Ⅱ兼农牧户最少，为0.27亩。从征地草场面积来看，Ⅰ兼农牧户最多，为18.18亩；纯农牧户次之，为2.70亩。从家庭用工投入总工日来看，样本总量均值为35.52工日；纯农牧户最高，为49.30工日；Ⅰ兼农牧户次之，为46.35工日；非农牧户最低，为8.27工日。从总成本来看，样本总量均值为5 131.00元；纯农牧户最高，为9 184.00元；Ⅰ兼农牧户次之，为4 503.00元；非农牧户最低，为18.08工日。从总收入来看，样本总量均值为11 954.00元；纯农牧户最高，为20 970.00元；Ⅰ兼农牧户次之，为11 406.00元；非农牧户最低，为55.35元。从总收入结构来看，纯农牧户的副产品销售毛收入占比相对较高，为54.78%；而Ⅰ兼农牧户、Ⅱ兼农牧户及非农牧户则是牲畜销售毛收入占比相对较高，分别为67.61%、90.79%、96.59%。从养殖业净收入来看，样本总量均值为6 822.00元；纯农牧户最高，为11 786.00元；Ⅰ兼农牧户次之，为6 903.00元；非农牧户最低，为37.26元。从人均养殖业收入和人均养殖业净收入来看，纯农牧户均为最高，分别为5 971.84元/人和3 356.46元/人；Ⅰ兼农牧户次之，分别为2 819.37元/人和1 706.38元/人；非农牧户最低，分别为15.47元/人和10.41元/人。从投入产出比来看，样本总量均值为0.43；纯农牧户最高，为0.44；Ⅰ兼农牧户次之，为0.39；非农牧户最低，为0.33。从劳动力单位工日养殖业产值来看，样本总量均值为 336.54 元/工日；纯农牧户最高，为 425.35 元/工日；Ⅰ兼农牧户次之，为 246.08 元/工日；非农牧户最低，为 6.69 元/工日。

表 5-17　农区不同经营模式农牧户养殖业投入产出明细表

项　目	纯农牧户	Ⅰ兼农牧户	Ⅱ兼农牧户	非农牧户	样本总量
草场概况					
承包草场面积（亩）	72.24	230	76.58	7.99	81.63
实际放牧面积（亩）	24.15	88.18	76.58	4.21	40.09
禁牧面积（亩）	2.621	31.82	0.273	3.15	6.012
征地草场面积（亩）	2.70	18.18	0.00	0.63	3.74
劳动力投入（工日）					
雇工投入总工日	0.00	0.00	0.00	0.00	0.00
家庭用工投入总工日	49.30	46.35	22.11	8.27	35.52
总成本（元）	9 184.00	4 503.00	1 248.00	18.08	5 131.00
总收入（元）	20 970.00	11 406.00	3 258.00	55.35	11 954.00
牲畜销售毛收入	9 483.00	7 712.00	2 958.00	53.46	6 065.00
副产品销售毛收入	11 487.00	3 693.00	299.30	1.89	5 888.00
养殖业净收入（元）	11 786.00	6 903.00	2 009.00	37.26	6 822.00
家庭人均收入（元）					
人均养殖业收入	5 971.84	2 819.37	779.23	15.47	3 197.43
人均养殖业净收入	3 356.46	1 706.38	480.64	10.41	1 824.9
投入产出比	0.44	0.39	0.38	0.33	0.43
劳动力单位工日养殖业产值（元/工日）	425.35	246.08	147.35	6.69	336.54

（2）牧区不同经营模式农牧户养殖业生产经营特征分析。从牧区不同经营模式农牧户承包草场面积和实际放牧面积来看（表 5 - 18），纯农牧户均为最多，分别为 3 968.00 亩和3 753.00亩；Ⅰ兼农牧户次之，分别为 3 183.00 亩和3 096.00亩。从禁牧面积来看，样本总量均值为 315.80 亩；非农牧户最多，为 454.50 亩；纯农牧户次之，为 321.70 亩；Ⅰ兼农牧户最少，为 241.10 亩。从征地草场面积来看，样本总量均值为 78.23 亩；非农牧户最多，为 272.70 亩；纯农牧户次之，为 80.25 亩。从家庭用工投入总工日来看，样本总量均值为229.80 工日；纯农牧户最高，为 284.40 工日；Ⅰ兼农牧户次之，为 202.30 工日；非农牧户最低，为 56.31 工日。从总成本来看，样本总量均值为 29 030.00 元；Ⅰ兼农牧户最高，为52 036.00 元；纯农牧户次之，为 30 845.00 元。从总收入来看，样本总量均值为 109 113.00 元；Ⅰ兼农牧户最高，为183 087.00 元；纯农牧户次之，为 120 181.00 元。从总收入结构来看，纯农牧户、Ⅰ兼农牧户、Ⅱ兼农牧户的牲畜销售毛收入占比相对较高，分别为 95.19%、52.46%、92.04%。从养殖业净收入来看，样本总量均值为 80 083.00 元；Ⅰ兼农牧户最高，为 131 052.00 元；纯农牧户次之，为 89 337.00元。从人均养殖业收入和人均养殖业净收入来看，Ⅰ兼农牧户均为最高，分别为 53 517.84 元/人和 38 307.44 元/人；纯农牧户次之，分别为 31 606.07 元/人和 23 494.33 元/人。从投入产出比来看，样本总量均值为 0.27；Ⅱ兼农牧户最高，为 0.36；Ⅰ兼农牧户次之，为 0.28。从劳动力单位工日养殖业产值来看，样本总量均值为 474.82 元/工日；Ⅰ兼农牧户最高，为 905.03 元/工日；纯农牧户次之，为 422.58元/工日。

（3）半农半牧区不同经营模式农牧户养殖业生产经营特征分析。从半农半牧区不同经营模式农牧户承包草场面积来看

表 5 - 18　牧区不同经营模式农牧户养殖业投入产出明细表

项目	纯农牧户	Ⅰ兼农牧户	Ⅱ兼农牧户	非农牧户	样本总量
草场概况					
承包草场面积（亩）	3 968.00	3 183.00	1 050.00	1 326.00	3 307.00
实际放牧面积（亩）	3 753.00	3 096.00	750.40	581.80	3 056.00
禁牧面积（亩）	321.70	241.10	270.80	454.50	315.80
征地草场面积（亩）	80.25	10.53	0.00	272.70	78.23
劳动力投入（工日）					
雇工投入总工日	13.79	2.98	12.17	0.00	8.46
家庭用工投入总工日	284.40	202.30	93.27	56.31	229.80
总成本（元）	30 845.00	52 036.00	8 661.00	0.00	29 030.00
总收入（元）	120 181.00	183 087.00	24 359.00	0.00	109 113.00
牲畜销售毛收入	114 402.00	96 047.00	22 419.00	0.00	91 798.00
副产品销售毛收入	5 779.00	87 040.00	1 940.00	0.00	17 315.00
养殖业净收入（元）	89 337.00	131 052.00	15 698.00	0.00	80 083.00
家庭人均收入（元）					
人均养殖业收入	31 606.07	53 517.84	5 974.81	0.00	29 736.25
人均养殖业净收入	23 494.33	38 307.44	3 850.37	0.00	21 824.85
投入产出比	0.26	0.28	0.36	—	0.27
劳动力单位工日养殖业产值（元/工日）	422.58	905.03	261.17	0.00	474.82

（表 5 - 19），样本总量均值为 477.80 亩；纯农牧户最多，为 579.70 亩；Ⅱ兼农牧户次之，为 547.50 亩；非农牧户最少，

为 181.40 亩。从实际放牧面积来看，Ⅱ 兼农牧户最多，为 346.40 亩；纯农牧户次之，为 323.00 亩；非农牧户最少，为 9.20 亩。从禁牧面积来看，Ⅱ 兼农牧户最多，为 178.80 亩；非农牧户次之，为 170.80 亩；Ⅰ 兼农牧户最少，为 27.46 亩。从征地草场面积来看，纯农牧户最多，为 17.70 亩；Ⅰ 兼农牧户次之，为 6.03 亩；非农牧户最少，为 1.63 亩。从家庭用工投入总工日来看，样本总量均值为 121.90 工日；纯农牧户最高，为 149.80 工日；Ⅰ 兼农牧户次之，为 109.30 工日；非农牧户最低，为 25.38 工日。从总成本来看，样本总量均值为 15 885.00 元；纯农牧户最高，为 20 559.00 元；Ⅰ 兼农牧户次之，为 15 690.00 元；非农牧户最少，为 0.06 元。从总收入来看，样本总量均值为 45 881.00 元；纯农牧户最高，为 58 879.00 元；Ⅰ 兼农牧户次之，为 47 558.00 元；非农牧户最少，为 2.75 元。从总收入结构来看，纯农牧户和非农牧户的副产品销售毛收入占比相对较高，分别为 67.30% 和 100.00%；而 Ⅰ 兼农牧户和 Ⅱ 兼农牧户则是牲畜销售毛收入占比相对较高，分别为 60.87% 和 51.82%。从养殖业净收入来看，样本总量均值为 29 996.00 元；纯农牧户最高，为 38 319.00 元；Ⅰ 兼农牧户次之，为 31 868.00 元；非农牧户最少，为 2.70 元。从人均养殖业收入和人均养殖业净收入来看，纯农牧户均为最高，分别为 16 713.91 元/人和 10 877.70 元/人；Ⅰ 兼农牧户次之，分别为 12 536.29 元/人和 8 400.35 元/人；非农牧户最少，分别为 0.88 元/人和 0.86 元/人。从投入产出比来看，样本总量均值为 0.35；Ⅱ 兼农牧户最高，为 0.36；Ⅰ 兼农牧户次之，为 0.33；非农牧户最低，为 0.02。从劳动力单位工日养殖业产值来看，样本总量均值为 376.38 元/工日；Ⅰ 兼农牧户最高，为 435.11 元/工日；纯农牧户次之，为 393.05 元/工日；非农牧户最低，为 0.11 元/工日。

表 5 - 19　半农半牧区不同经营模式农牧户养殖业投入产出明细表

项　　目	纯农牧户	Ⅰ兼农牧户	Ⅱ兼农牧户	非农牧户	样本总量
草场概况					
承包草场面积（亩）	579.70	265.70	547.50	181.40	477.80
实际放牧面积（亩）	323.00	232.60	346.40	9.20	275.30
禁牧面积（亩）	130.30	27.46	178.80	170.80	122.20
征地草场面积（亩）	17.70	6.03	2.75	1.63	12.25
劳动力投入（工日）					
雇工投入总工日	0.32	0.36	0.87	0.00	0.27
家庭用工投入总工日	149.80	109.30	85.97	25.38	121.90
总成本（元）	20 559.00	15 690.00	6 365.00	0.06	15 885.00
总收入（元）	58 879.00	47 558.00	17 627.00	2.75	45 881.00
牲畜销售毛收入	19 252.00	28 948.00	9 135.00	0.00	17 699.00
副产品销售毛收入	39 627.00	18 610.00	8 492.00	2.75	28 182.00
养殖业净收入（元）	38 319.00	31 868.00	11 262.00	2.70	29 996.00
家庭人均收入（元）					
人均养殖业收入	16 713.91	12 536.29	4 379.27	0.88	12 811.25
人均养殖业净收入	10 877.70	8 400.35	2 798.03	0.86	8 375.76
投入产出比	0.35	0.33	0.36	0.02	0.35
劳动力单位工日养殖业产值（元/工日）	393.05	435.11	205.04	0.11	376.38

第六章 农牧户土地流转特征分析

2014 年 11 月 20 日，中央办公厅、国务院办公厅印发的《关于引导农村土地经营权有序流转、发展农业适度规模经营的意见》指出：伴随我国工业化、信息化、城镇化和农业现代化进程，农村劳动力大量转移，农业物质技术装备水平不断提高，农户承包土地的经营权流转明显加快。土地经营权流转可以使土地资源得到规模经营，极大地促进农业这一生产要素的流动，加快农村牧区农业结构的调整以及产业化经营，从而推动农村牧区剩余劳动力的合理转移，使得农村牧区经济得到全面发展。

本章首先分析了内蒙古农村牧区不同经营模式农牧户的土地概况；而后分析了不同经营模式农牧户的土地流转现状，并且进一步探析了不同经营模式农牧户土地转出和转入的原因；最后以内蒙古农村牧区调研数据为基础，实证分析了不同经营模式农牧户土地承包经营权流转的影响因素。

6.1 农牧户土地基本情况分析

6.1.1 不同经营模式农牧户土地基本情况分析

从内蒙古农村牧区不同经营模式农牧户承包耕地总面积、可灌溉面积和可用机械作业面积来看（表 6-1），纯农牧户都是最多，分别为 37.06 亩、20.64 亩和 26.51 亩；Ⅰ兼农牧户次之，分别为 30.75 亩、19.14 亩和 23.57 亩；非农牧户最低，

第六章　农牧户土地流转特征分析

表 6-1　内蒙古农村牧区不同经营模式农牧户土地基本情况统计表

项　　目	纯农牧户	Ⅰ兼农牧户	Ⅱ兼农牧户	非农牧户	样本总量
承包耕地总面积（亩）	37.06	30.75	23.51	19.20	30.93
可灌溉面积（亩）	20.64	19.14	12.83	7.28	16.93
可用机械作业面积（亩）	26.51	23.57	16.20	10.27	21.70
地块数量（块）	5.32	5.15	5.71	3.49	5.07
最大地块面积（亩）	13.15	12.26	7.86	6.90	11.10
承包草场面积（亩）	687.70	533.90	210.00	110.00	489.80
退耕还林面积（亩）	3.41	1.92	2.81	4.86	3.32
撂荒面积（亩）	1.34	1.30	1.39	3.33	1.66
休耕面积（亩）	1.38	0.91	0.95	1.33	1.23
休耕原因					
政府政策	5.26%	0.00%	6.69%	32.42%	10.75%
土壤质量太差	64.21%	46.68%	56.65%	27.03%	53.61%
降水太少	9.50%	0.00%	6.68%	10.79%	8.50%
轮作需要	11.61%	40.03%	16.68%	5.39%	13.53%
缺劳动力	6.28%	6.65%	13.30%	21.64%	10.75%
没钱买化肥等生产资料	3.14%	6.64%	0.00%	2.73%	2.86%
土地肥沃度					
差	14.31%	14.79%	11.56%	20.69%	14.80%
中	78.04%	74.55%	79.11%	67.82%	76.22%
好	7.65%	10.66%	9.33%	11.49%	8.98%
土地类型					
坡地、山地、河边地	34.05%	26.79%	28.12%	46.55%	33.73%

（续）

项　　目	纯农牧户	Ⅰ兼农牧户	Ⅱ兼农牧户	非农牧户	样本总量
梯田	4.01%	2.97%	4.47%	3.45%	3.86%
平坦	61.94%	70.24%	67.41%	50.00%	62.41%
当地是否调整过土地承包经营权					
是	30.32%	29.27%	35.13%	30.64%	31.14%
否	69.68%	70.73%	64.87%	69.36%	68.86%
若调整过，则调整频率为					
很频繁	7.17%	2.08%	2.60%	13.20%	6.42%
一般	38.11%	29.16%	36.35%	33.97%	35.92%
不频繁	54.72%	68.76%	61.05%	52.83%	57.66%
当地是否有土地合作组织					
是	12.43%	14.91%	21.37%	12.43%	14.52%
否	87.57%	85.09%	78.63%	87.57%	85.48%
如果有土地合作组织，其运行状况					
很好	10.24%	11.52%	13.03%	44.03%	16.20%
一般	73.84%	84.64%	73.94%	47.98%	71.35%
很差	15.92%	3.84%	13.03%	7.98%	12.46%
当地是否有土地流转市场					
是	5.19%	6.88%	9.64%	5.88%	6.40%
否	94.81%	93.12%	90.36%	94.12%	93.60%
如果有土地流转市场，其运行状况					
很好	6.09%	7.68%	30.46%	41.68%	18.56%
一般	72.69%	38.40%	56.51%	41.68%	57.96%
很差	21.22%	53.92%	13.03%	16.64%	23.48%

分别为 19.20 亩、7.28 亩和 10.27 亩。从地块数量来看，样本总量均值为 5.07 块；Ⅱ兼农牧户最多，为 5.71 块；纯农牧

户次之，为 5.32 块；非农牧户最低，仅为 3.49 块。纯农牧户的最大地块面积和承包草场面积值均最高，分别为 13.15 亩和 687.70 亩；Ⅰ兼农牧户次之，分别为 12.26 亩和 533.90 亩；非农牧户最低，分别为 6.90 亩和 110.00 亩。从退耕还林面积来看，样本总量均值为 3.32 亩；非农牧户最多，为 4.86 亩；纯农牧户次之，为 3.41 亩；Ⅰ兼农牧户最低，仅为 1.92 亩。从撂荒面积来看，样本总量均值为 1.66 亩；非农牧户最多，为 3.33 亩；Ⅱ兼农牧户次之，为 1.39 亩；Ⅰ兼农牧户最低，仅为 1.30 亩。从休耕面积来看，样本总量均值为 1.23 亩；纯农牧户最多，为 1.38 亩；非农牧户次之，为 1.33 亩。Ⅰ兼农牧户最低，仅为 0.91 亩。调查数据显示，纯农牧户、Ⅰ兼农牧户和Ⅱ兼农牧户休耕的主要原因均为土壤质量太差，选择占比分别为 64.21%、46.68% 和 56.65%；非农牧户则为政府政策，选择占比为 32.42%。不同经营模式农牧户均认为自家土地肥沃度为"中"；纯农牧户、Ⅰ兼农牧户、Ⅱ兼农牧户及非农牧户的选择占比分别为 78.04%、74.55%、79.11%、67.82%。纯农牧户、Ⅰ兼农牧户、Ⅱ兼农牧户及非农牧户认为自家土地类型为"平坦"的比例分别为 61.94%、70.24%、67.41%、50.00%。据调查，认为当地未调整过土地承包经营权的农牧户占比相对较高；纯农牧户、Ⅰ兼农牧户、Ⅱ兼农牧户及非农牧户选择占比分别为 69.68%、70.73%、64.87%、69.36%；若调整过，认为调整频率"不频繁"的选择占比分别为 54.72%、68.76%、61.05%、52.83%。认为当地没有土地合作组织的农牧户占比相对较高；纯农牧户、Ⅰ兼农牧户、Ⅱ兼农牧户及非农牧户的选择占比分别为 87.57%、85.09%、78.63%、87.57%；如果有土地合作组织，认为运行状况"一般"的选择占比分别为 73.84%、84.64%、73.94%、47.98%。调查结果表明，认为当地没有土地流转市场的农牧户占比相对较高；纯农牧户、Ⅰ兼农牧户、Ⅱ兼农牧户及非农牧户的选择占比分别为 94.81％、93.12％、90.36％、94.12％；如果有土地流转市场，纯农牧户、Ⅱ兼农牧户和非农牧户认为运行状况为"一般"的选择占比分别为 72.69％、56.51％和 41.68％；Ⅰ兼农牧户认为运行状况为"很差"的选择占比为 53.92％。

6.1.2 不同经营模式农户与牧户土地基本情况分析

（1）不同经营模式农户土地基本情况分析。从内蒙古农村牧区不同经营模式农户承包耕地总面积、可灌溉面积和可用机械作业面积来看（表 6 - 2），纯农户都是最多，分别为 40.24 亩、24.45 亩和 30.33 亩；Ⅰ兼农户次之，分别为 33.95 亩、21.48 亩和 25.56 亩；非农户最低，分别为 19.04 亩、7.23 亩和 10.55 亩。从地块数量来看，样本总量均值为 5.86 块；纯农户最多，为 6.47 块；Ⅱ兼农户次之，为 6.32 块；非农户最低，仅为 3.60 块。从最大地块面积来看，样本总量均值为 11.42 亩；纯农户最多，为 14.22 亩；Ⅰ兼农户次之，为 12.54 亩；非农户最低，仅为 7.00 亩。从退耕还林面积和撂荒面积来看，非农户都是最多，分别为 4.66 亩和 3.32 亩；纯农户次之，分别为 2.37 亩和 1.68 亩；非农户的休耕面积最多，为 1.44 亩；纯农户次之，为 1.25 亩；Ⅰ兼农户最少，为 0.86 亩。调研结果表明，纯农户、Ⅰ兼农户和Ⅱ兼农户休耕的主要原因均为土壤质量太差，选择占比分别为 63.73％、41.71％和 57.13％；非农户休耕的主要原因则为政府政策，选择占比为 32.42％。不同经营模式农户均认为自家土地肥沃度为"中"；纯农户、Ⅰ兼农户、Ⅱ兼农户及非农户的选择占比分别为 77.52％、74.84％、79.91％、67.27％。纯农户、Ⅰ兼农户、Ⅱ兼农户及非农户认为自家土地类型为"平坦"的比例分别为 61.63％、70.07％、66.67％、50.91％。调查结果显示，认为当地未调整过土地承包经营权的农户占比相对较

高；纯农户、Ⅰ兼农户、Ⅱ兼农户及非农户的选择占比分别为
67.52%、67.36%、65.84%、69.33%；若调整过，认为调整
频率"不频繁"的选择占比分别为 53.02%、70.21%、
57.97%、54.00%。认为当地没有土地合作组织的农户占比相
对较高；纯农户、Ⅰ兼农户、Ⅱ兼农户及非农户的选择占比分
别为 86.37%、82.98%、79%、88.05%；如果有土地合作组
织，认为运行状况"一般"的选择占比分别为 75.93%、
84.64%、70.72%、47.80%。据调研，认为当地没有土地流
转市场的农户占比相对较高；纯农户、Ⅰ兼农户、Ⅱ兼农户及
非农户的选择占比分别为 95.38%、94.96%、90.45%、
94.37%；如果有土地流转市场，纯农户、Ⅰ兼农户、Ⅱ兼农
户和非农户认为运行状况为"一般"的选择占比分别为
80.08%、55.62%、59.98%、45.39%。

表 6-2　内蒙古农村牧区不同经营模式农户土地基本情况统计表

项　　目	纯牧户	Ⅰ兼农户	Ⅱ兼农户	非农户	样本总量
承包耕地总面积（亩）	40.24	33.95	22.54	19.04	32.11
可灌溉面积（亩）	24.45	21.48	12.80	7.23	18.67
可用机械作业面积（亩）	30.33	25.56	16.96	10.55	23.51
地块数量（块）	6.47	6.05	6.32	3.60	5.86
最大地块面积（亩）	14.22	12.54	7.67	7.00	11.42
退耕还林面积（亩）	2.37	1.95	1.33	4.66	2.53
撂荒面积（亩）	1.68	1.50	1.43	3.32	1.90
休耕面积（亩）	1.25	0.86	1.02	1.44	1.19
休耕原因					
政府政策	6.27%	0.00%	3.55%	32.42%	11.46%
土壤质量太差	63.73%	41.71%	57.13%	27.04%	52.24%

（续）

项　　目	纯牧户	Ⅰ兼农户	Ⅱ兼农户	非农户	样本总量
降水太少	8.76%	0.00%	7.17%	10.81%	8.30%
轮作需要	11.24%	41.71%	17.89%	5.43%	13.38%
缺劳动力	6.27%	8.29%	14.26%	21.61%	11.46%
没钱买化肥等生产资料	3.73%	8.29%	0.00%	2.69%	3.16%
土地肥沃度					
差	14.92%	15.64%	11.76%	21.82%	15.50%
中	77.52%	74.84%	79.91%	67.27%	75.98%
好	7.56%	9.52%	8.33%	10.91%	8.52%
土地类型					
坡地、山地、河边地	33.72%	26.53%	28.43%	45.45%	33.53%
梯田	4.65%	3.40%	4.90%	3.64%	4.36%
平坦	61.63%	70.07%	66.67%	50.91%	62.11%
当地是否调整过土地承包经营权					
是	32.48%	32.64%	34.16%	30.67%	32.55%
否	67.52%	67.36%	65.84%	69.33%	67.45%
若调整过，则调整频率为					
很频繁	6.62%	2.12%	2.91%	14.00%	6.33%
一般	40.36%	27.67%	39.12%	32.00%	37.05%
不频繁	53.02%	70.21%	57.97%	54.00%	56.62%
当地是否有土地合作组织					
是	13.63%	17.02%	21.00%	11.95%	15.31%
否	86.37%	82.98%	79.00%	88.05%	84.69%
如果有土地合作组织，其运行状况					
很好	9.64%	11.54%	14.64%	43.47%	15.58%

（续）

项　　目	纯牧户	Ⅰ兼农户	Ⅱ兼农户	非农户	样本总量
一般	75.93%	84.64%	70.72%	47.80%	72.27%
很差	14.43%	3.82%	14.64%	8.73%	12.15%
当地是否有土地流转市场					
是	4.62%	5.04%	9.55%	5.63%	5.82%
否	95.38%	94.96%	90.45%	94.37%	94.18%
如果有土地流转市场，其运行状况					
很好	7.97%	11.05%	29.99%	36.35%	20.03%
一般	80.08%	55.62%	59.98%	45.39%	64.57%
很差	11.95%	33.33%	10.03%	18.26%	15.40%

（2）不同经营模式牧户土地基本情况分析。从内蒙古农村牧区不同经营模式牧户承包耕地总面积来看（表6-3），样本总量均值为25.93亩；Ⅱ兼牧户最多，为30.45亩；纯牧户次之，为27.33亩；Ⅰ兼牧户最少，为18.18亩。从可灌溉面积来看，样本总量均值为9.55亩；Ⅱ兼牧户最多，为13.10亩；Ⅰ兼牧户次之，为9.95亩；非牧户最少，为7.87亩。从可用机械作业面积和最大地块面积来看，Ⅰ兼牧户均为最多，分别为15.74亩和11.15亩；纯牧户次之，分别为14.85亩和9.89亩；非牧户最少，分别为6.53亩和5.60亩。从地块数量来看，样本总量均值为1.72块；非牧户最多，为2.07块；纯牧户次之，为1.78块；Ⅱ兼牧户最少，为1.31块。从承包草场面积来看，样本总量均值为2 569.00亩；纯牧户最多，为2 791.00亩；Ⅰ兼牧户次之，为2 629.00亩；非牧户最低，为1 541.00亩。从退耕还林面积来看，样本总量均值为6.67亩；Ⅱ兼牧户最多，为13.34亩；非牧户次之，为7.47亩；Ⅰ兼牧户最低，仅为1.77亩。从撂荒面积来看，样本总量均

值为 0.61 亩；非牧户最多，为 3.47 亩；Ⅱ兼牧户次之，为
1.10 亩；纯牧户最低，仅为 0.30 亩。从休耕面积来看，样本
总量均值为 1.41 亩；纯牧户最多，为 1.77 亩；非牧户次之，
为 1.10 亩。调研结果显示，纯牧户、Ⅰ兼牧户和Ⅱ兼牧户休
耕的主要原因均为土壤质量太差；选择占比分别为 66.70％、
66.71％和 50.00％。不同经营模式牧户均认为自家土地肥沃
度为"中"；纯牧户、Ⅰ兼牧户、Ⅱ兼牧户及非牧户的选择占
比分别为 81.19％、72.72％、71.43％、77.78％。纯牧户、
Ⅰ兼牧户及Ⅱ兼牧户认为自家土地类型为"平坦"的比例分别
为 63.86％、71.43％、75.00％；非牧户认为自家土地类型为
"坡地、山地或河边地"的比例为 66.67％。调研结果表明，
认为当地未调整过土地承包经营权的牧户占比相对较高；纯牧
户、Ⅰ兼牧户、Ⅱ兼牧户及非牧户选择占比分别为 82.56％、
95.01％、55.00％、70.00％；若调整过，认为调整频率"不
频繁"的纯牧户和Ⅱ兼牧户选择占比分别为 73.32％和
87.50％；而认为调整频率为"一般"的Ⅰ兼牧户和非牧户选
择占比分别为 100.00％和 66.65％。认为当地没有土地合作组
织的牧户占比相对较高；纯牧户、Ⅰ兼牧户、Ⅱ兼牧户及非牧
户选择占比分别为 95.00％、100.00％、75.00％、80.00％；
如果有土地合作组织，认为运行状况"一般"的纯牧户占比为
40.09％；认为运行状况"一般"的Ⅱ兼牧户占比为
100.00％；认为运行状况"很好"的非牧户占比为 100.00％。
据调查，认为当地没有土地流转市场的牧户占比相对较高；纯
牧户、Ⅰ兼牧户、Ⅱ兼牧户及非牧户选择占比分别为
88.26％、80.95％、89.47％、90.00％；如果有土地流转市
场，认为运行状况为"一般"的纯牧户和Ⅱ兼牧户占比分别为
52.37％和 33.34％；认为运行状况为"很差"的Ⅰ兼牧户占
比为 100％；认为运行状况为"很好"的非牧户占比
为 100.00％。

表 6 - 3　内蒙古农村牧区不同经营模式牧户土地基本情况统计表

项　　目	纯牧户	Ⅰ兼牧户	Ⅱ兼牧户	非牧户	样本总量
承包耕地总面积（亩）	27.33	18.18	30.45	21.33	25.93
可灌溉面积（亩）	9.01	9.95	13.10	7.87	9.55
可用机械作业面积（亩）	14.85	15.74	10.76	6.53	14.03
地块数量（块）	1.78	1.62	1.31	2.07	1.72
最大地块面积（亩）	9.89	11.15	9.21	5.60	9.75
承包草场面积（亩）	2 791.00	2 629.00	1 709.00	1 541.00	2 569.00
退耕还林面积（亩）	6.59	1.77	13.34	7.47	6.67
撂荒面积（亩）	0.30	0.49	1.10	3.47	0.61
休耕面积（亩）	1.77	1.10	0.41	0.00	1.41
休耕原因					
政府政策	0.00%	0.00%	50.00%	—	4.96%
土壤质量太差	66.70%	66.71%	50.00%	—	65.06%
降水太少	13.34%	0.00%	0.00%	—	10.04%
轮作需要	13.34%	33.29%	0.00%	—	14.99%
缺劳动力	6.61%	0.00%	0.00%	—	4.96%
土地肥沃度					
差	10.58%	9.09%	9.53%	0.00%	9.49%
中	81.19%	72.72%	71.43%	77.78%	78.11%
好	8.23%	18.19%	19.04%	22.22%	12.40%
土地类型					
坡地、山地、河边地	36.14%	28.57%	25.00%	66.67%	35.33%
平坦	63.86%	71.43%	75.00%	33.33%	64.67%

（续）

项　　目	纯牧户	I兼牧户	II兼牧户	非牧户	样本总量
当地是否调整过土地承包经营权					
是	17.44%	4.99%	45.00%	30.00%	20.58%
否	82.56%	95.01%	55.00%	70.00%	79.42%
若调整过，则调整频率为					
很频繁	13.34%	0.00%	0.00%	0.00%	7.43%
一般	13.34%	100.00%	12.50%	66.65%	22.20%
不频繁	73.32%	0.00%	87.50%	33.35%	70.37%
当地是否有土地合作组织					
是	5.00%	0.00%	25.00%	20.00%	8.46%
否	95.00%	100.00%	75.00%	80.00%	91.54%
如果有土地合作组织，其运行状况					
很好	19.86%	—	0.00%	100.00%	24.95%
一般	40.09%	—	100.00%	0.00%	58.35%
很差	40.05%	—	0.00%	0.00%	16.70%
当地是否有土地流转市场					
是	11.74%	19.05%	10.53%	10.00%	11.44%
否	88.26%	80.95%	89.47%	90.00%	88.56%
如果有土地流转市场，其运行状况					
很好	0.00%	0.00%	33.33%	100.00%	12.54%
一般	52.37%	0.00%	33.34%	0.00%	31.27%
很差	47.63%	100.00%	33.33%	0.00%	56.19%

6.1.3　不同地理区域不同经营模式农牧户土地基本情况分析

（1）东部地区不同经营模式农牧户土地基本情况分析。从内蒙古东部地区不同经营模式农牧户承包耕地总面积和可用机

械作业面积来看（表 6 - 4），纯农牧户均为最多，分别为
42.39 亩和 32.27 亩；Ⅰ兼农牧户次之，分别为 33.86 亩和
27.11 亩；非农牧户最低，分别为 20.50 亩和 12.12 亩。从可
灌溉面积来看，样本总量均值为 17.42 亩；纯农牧户最多，为
21.59 亩；Ⅰ兼农牧户次之，为 15.84 亩；Ⅱ兼农牧户最低，
为 10.08 亩。从地块数量来看，纯农牧户最多，Ⅱ兼农牧户次
之，非农牧户最低。从最大地块面积来看，纯农牧户最多，Ⅰ
兼农牧户次之，Ⅱ兼农牧户最少。从承包草场面积来看，样本
总量均值为 549.70 亩；纯农牧户最多，为 849.00 亩；非农牧
户次之，为 238.50 亩；Ⅰ兼农牧户最低，为 160.30 亩。从退
耕还林面积来看，纯农牧户最多，非农牧户次之，Ⅱ兼农牧户
最少。从撂荒面积来看，非农牧户最多，Ⅱ兼农牧户次之，Ⅰ
兼农牧户最少。从休耕面积来看，Ⅰ兼农牧户最多，非农牧户
次之，Ⅱ兼农牧户最少。调查数据显示，纯农牧户和Ⅱ兼农牧
户休耕的主要原因均为土壤质量太差；选择占比分别为
42.97% 和 40.10%；Ⅰ兼农牧户休耕的主要原因则为轮作需
要，选择占比为 50.00%；非农牧户主要为家中缺乏劳动力，
选择占比为 50.00%。不同经营模式农牧户均认为自家土地肥
沃度为"中"；纯农牧户、Ⅰ兼农牧户、Ⅱ兼农牧户及非农牧
户的选择占比分别为 76.85%、68.57%、78.95%、81.67%。
纯农牧户和非农牧户认为自家土地类型主要为"坡地、山地、
河边地"的比例分别为 59.41% 和 66.18%；Ⅰ兼农牧户和Ⅱ
兼农牧户认为自家土地类型主要为"平坦"的比例分别为
70.00% 和 49.50%。调查结果表明，认为当地未调整过土地
承包经营权的农牧户占比相对较高；纯农牧户、Ⅰ兼农牧户、
Ⅱ兼农牧户及非农牧户的选择占比分别为 71.92%、76.81%、
79.73%、65.57%；若调整过，认为调整频率"不频繁"的选
择占比分别为 60.59%、75.00%、71.43%、57.14%。认为
当地没有土地合作组织的农牧户占比相对较高；纯农牧户、Ⅰ

兼农牧户、Ⅱ兼农牧户及非农牧户的选择占比分别为91.30%、89.86%、87.67%、84.21%；如果有土地合作组织，认为运行状况"一般"的选择占比分别为82.11%、87.50%、77.84%、85.40%。据调查，认为当地没有土地流转市场的农牧户占比相对较高；纯农牧户、Ⅰ兼农牧户、Ⅱ兼农牧户及非农牧户选择占比分别为96.96%、95.65%、100.00%、98.31%；如果有土地流转市场，纯农牧户、Ⅰ兼农牧户和非农牧户认为运行状况为"一般"的选择占比分别为50.00%、66.67%和66.67%。

表6-4 内蒙古东部地区不同经营模式农牧户土地基本情况统计表

项　　目	纯农牧户	Ⅰ兼农牧户	Ⅱ兼农牧户	非农牧户	样本总量
承包耕地总面积（亩）	42.39	33.86	21.73	20.50	34.65
可灌溉面积（亩）	21.59	15.84	10.08	11.57	17.42
可用机械作业面积（亩）	32.27	27.11	17.24	12.12	26.23
地块数量（块）	5.21	4.35	4.86	3.13	4.73
最大地块面积（亩）	16.09	14.61	7.88	10.34	13.72
承包草场面积（亩）	849.00	160.30	202.70	238.50	549.70
退耕还林面积（亩）	2.28	1.88	0.83	2.18	1.96
撂荒面积（亩）	0.82	0.40	1.05	3.69	1.18
休耕面积（亩）	0.70	0.83	0.66	0.78	0.73
休耕原因					
政府政策	7.13%	0.00%	19.97%	0.00%	6.91%
土壤质量太差	42.97%	25.00%	40.10%	0.00%	37.82%
降水太少	7.13%	0.00%	19.97%	25.00%	10.36%
轮作需要	7.12%	50.00%	0.00%	0.00%	10.36%
缺劳动力	21.39%	0.00%	19.96%	50.00%	20.73%

（续）

项　　目	纯农牧户	Ⅰ兼农牧户	Ⅱ兼农牧户	非农牧户	样本总量
没钱买化肥等生产资料	14.26%	25.00%	0.00%	25.00%	13.82%
家里土地肥沃度					
差	17.47%	17.14%	15.79%	8.33%	15.87%
中	76.85%	68.57%	78.95%	81.67%	76.55%
好	5.68%	14.29%	5.26%	10.00%	7.58%
土地类型					
坡地、山地、河边地	59.41%	27.50%	49.30%	66.18%	42.03%
梯田	2.21%	2.50%	1.20%	1.47%	1.99%
平坦	38.38%	70.00%	49.50%	32.35%	55.98%
当地是否调整过土地承包经营权					
是	28.08%	23.19%	20.27%	34.43%	26.88%
否	71.92%	76.81%	79.73%	65.57%	73.12%
若调整过，则调整频率为					
很频繁	1.52%	6.25%	0.00%	0.00%	1.72%
一般	37.89%	18.75%	28.57%	42.86%	35.05%
不频繁	60.59%	75.00%	71.43%	57.14%	63.23%
当地是否有土地合作组织					
是	8.70%	10.14%	12.33%	15.79%	10.49%
否	91.30%	89.86%	87.67%	84.21%	89.51%
如果有土地合作组织，其运行状况					
很好	3.58%	12.50%	11.08%	9.37%	15.50%
一般	82.11%	87.50%	77.84%	85.40%	75.84%
很差	14.31%	0.00%	11.08%	5.23%	8.66%

（续）

项　　目	纯农牧户	Ⅰ兼农牧户	Ⅱ兼农牧户	非农牧户	样本总量
当地是否有土地流转市场					
是	3.04%	4.35%	0.00%	1.69%	2.55%
否	96.96%	95.65%	100.00%	98.31%	97.45%
如果有土地流转市场，其运行状况					
很好	12.50%	33.33%	—	33.33%	21.51%
一般	50.00%	66.67%	—	66.67%	56.99%
很差	37.50%	0.00%	—	0.00%	21.51%

（2）中部地区不同经营模式农牧户土地基本情况分析。从内蒙古中部地区不同经营模式农牧户承包耕地总面积来看（表6-5），样本总量均值为 22.53 亩；纯农牧户最多，为 26.21 亩；Ⅰ兼农牧户次之，为 25.30 亩；非农牧户最低，为 14.79 亩。从可灌溉面积和可用机械作业面积来看，Ⅰ兼农牧户均为最多，分别为 16.03 亩和 20.39 亩；纯农牧户次之，分别为 10.16 亩和 17.21 亩；非农牧户最低，分别为 3.21 亩和 9.33 亩。从地块数量来看，样本总量均值为 4.65 块；Ⅱ兼农牧户最多，为 5.62 块；Ⅰ兼农牧户次之，为 4.82 块；非农牧户最低，为 3.85 块。从最大地块面积和承包草场面积来看，纯农牧户均为最多，分别为 9.10 亩和 891.50 亩；Ⅰ兼农牧户次之，分别为 7.18 亩和 844.40 亩；非农牧户均为最低。从退耕还林面积看，样本总量均值为 2.81 亩；纯农牧户最多，Ⅱ兼农牧户次之，Ⅰ兼农牧户最少。从撂荒面积看，样本总量均值为 1.98 亩；非农牧户最多，为 4.69 亩；Ⅰ兼农牧户次之，为 1.39 亩；纯农牧户最少，为 0.98 亩。从休耕面积看，样本总量均值为 1.61 亩；纯农牧户最多，为 1.94 亩；非农牧户次之，为 1.49 亩；Ⅰ兼农牧户最少，为 0.58 亩。调查结果表明，

第六章　农牧户土地流转特征分析

表 6 – 5　内蒙古中部地区不同经营模式农牧户土地基本情况统计表

项　　目	纯农牧户	Ⅰ兼农牧户	Ⅱ兼农牧户	非农牧户	样本总量
承包耕地总面积（亩）	26.21	25.30	21.62	14.79	22.53
可灌溉面积（亩）	10.16	16.03	9.82	3.21	8.96
可用机械作业面积（亩）	17.21	20.39	14.70	9.33	15.15
地块数量（块）	4.66	4.82	5.62	3.85	4.65
最大地块面积（亩）	9.10	7.18	6.33	5.15	7.47
承包草场面积（亩）	891.50	844.40	9.10	0.00	514.60
退耕还林面积（亩）	3.73	1.09	2.62	1.80	2.81
撂荒面积（亩）	0.98	1.39	1.28	4.69	1.98
休耕面积（亩）	1.94	0.58	1.44	1.49	1.61
休耕原因					
政府政策	2.49%	0.00%	37.78%	43.46%	13.57%
土壤质量太差	70.00%	33.34%	28.71%	26.09%	53.09%
降水太少	12.51%	0.00%	9.56%	8.68%	9.88%
轮作需要	12.51%	33.33%	4.80%	4.36%	12.33%
缺劳动力	2.49%	33.33%	19.15%	17.41%	11.13%
家里土地肥沃度					
差	24.46%	27.58%	6.67%	32.44%	23.18%
中	68.34%	68.97%	86.66%	59.45%	69.87%
好	7.20%	3.45%	6.67%	8.11%	6.95%
土地类型					
坡地、山地、河边地	39.56%	34.48%	25.00%	41.89%	36.76%
梯田	2.88%	0.00%	3.33%	4.05%	2.98%
平坦	57.56%	65.52%	71.67%	54.06%	60.26%

（续）

项　　目	纯农牧户	Ⅰ兼农牧户	Ⅱ兼农牧户	非农牧户	样本总量
当地是否调整过土地承包经营权					
是	31.25%	18.52%	31.67%	32.44%	30.45%
否	68.75%	81.48%	68.33%	67.56%	69.55%
若调整过，则调整频率为					
很频繁	10.01%	0.00%	10.53%	29.18%	14.78%
一般	30.00%	40.00%	42.10%	25.00%	31.82%
不频繁	59.99%	60.00%	47.37%	45.82%	53.40%
当地是否有土地合作组织					
是	20.47%	33.33%	30.51%	13.51%	21.95%
否	79.53%	66.67%	69.49%	86.49%	78.05%
如果有土地合作组织，其运行状况					
很好	7.67%	0.00%	11.77%	49.95%	14.53%
一般	76.92%	100.00%	70.58%	40.02%	72.56%
很差	15.41%	0.00%	17.65%	10.03%	12.91%
当地是否有土地流转市场					
是	7.09%	0.00%	13.55%	6.75%	7.69%
否	92.91%	100.00%	86.45%	93.25%	92.31%
如果有土地流转市场，其运行状况					
很好	0.00%	—	57.14%	59.93%	33.33%
一般	77.82%	—	28.57%	20.03%	47.60%
很差	22.18%	—	14.29%	20.03%	19.07%

纯农牧户和Ⅰ兼农牧户休耕的主要原因均为"土壤质量太差"，选择占比分别为 70.00% 和 33.34%；Ⅱ兼农牧户和非农牧户休耕的主要原因则为"政府政策"；选择占比分别为 37.78% 和 43.46%。不同经营模式农牧户均认为自家土地肥沃度为

"中"；纯农牧户、Ⅰ兼农牧户、Ⅱ兼农牧户及非农牧户的选择占比分别为 68.34%、68.97%、86.66%、59.45%。不同经营模式农牧户均认为自家土地类型为"平坦"；纯农牧户、Ⅰ兼农牧户、Ⅱ兼农牧户及非农牧户的选择占比分别为 57.56%、65.52%、71.67%、54.06%。据调查，认为当地未调整过土地承包经营权的农牧户占比相对较高；纯农牧户、Ⅰ兼农牧户、Ⅱ兼农牧户及非农牧户选择占比分别为 68.75%、81.48%、68.33%、67.56%；若调整过，认为调整频率"不频繁"的选择占比分别为 59.99%、60.00%、47.37%、45.82%。认为当地没有土地合作组织的农牧户占比相对较高；纯农牧户、Ⅰ兼农牧户、Ⅱ兼农牧户及非农牧户选择占比分别为 79.53%、66.67%、69.49%、86.49%；如果有土地合作组织，纯农牧户、Ⅰ兼农牧户和Ⅱ兼农牧户认为运行状况"一般"的选择占比分别为 76.92%、100.00% 和 70.58%；非农牧户认为运行状况"很好"的选择占比为 49.95%。调查结果显示，认为当地没有土地流转市场的农牧户占比相对较高；纯农牧户、Ⅰ兼农牧户、Ⅱ兼农牧户及非农牧户选择占比分别为 92.91%、100.00%、86.45%、93.25%；如果有土地流转市场，纯农牧户认为运行状况为"一般"的选择占比为 77.82%；Ⅱ兼农牧户和非农牧户认为运行状况为"很好"的选择占比分别为 57.14% 和 59.93%。

（3）西部地区不同经营模式农牧户土地基本情况分析。从内蒙古中部地区不同经营模式农牧户承包耕地总面积、可灌溉面积和可用机械作业面积来看（表 6-6），纯农牧户都是最多，分别为 38.59 亩、26.60 亩、26.56 亩；Ⅰ兼农牧户次之，分别为 29.87 亩、23.77 亩、21.30 亩；非农牧户最低，分别为 24.25 亩、8.21 亩、9.46 亩。从地块数量来看，样本总量均值为 5.73 块；Ⅱ兼农牧户最多，为 6.53 块；Ⅰ兼农牧户次之，为 6.09 块；非农牧户最低，为 3.37 块。从最大地块面积来看，样本总量均值为 10.99 亩；纯农牧户最多，为 12.71 亩；Ⅰ兼农牧户次之，为 11.99 亩；非农牧户最低，为 5.40 亩。从承包草场面积来看，样本总量均值为 10.99 亩；Ⅰ兼农牧户最多，为 782.60 亩；纯农牧户次之，为 380.2 亩；非农牧户最低。从退耕还林面积看，样本总量均值为 5.09 亩；非农牧户最多，Ⅱ兼农牧户次之，Ⅰ兼农牧户最少。从撂荒面积看，样本总量均值为 1.92 亩；Ⅰ兼农牧户最多，为 2.17 亩；纯农牧户次之，为 2.14 亩；非农牧户最少，为 0.86 亩。从休耕面积看，样本总量均值为 1.47 亩；非农牧户最多，为 1.75 亩；纯农牧户次之，为 1.74 亩；Ⅱ兼农牧户最少，为 0.87 亩。调查结果显示，纯农牧户、Ⅱ兼农牧户和非农牧户休耕的主要原因均为"土壤质量太差"，选择占比分别为 64.10%、70.01% 和 40.02%；Ⅰ兼农牧户的休耕原因主要为"政府政策"，选择占比为 62.49%。不同经营模式农牧户均认为自家土地肥沃度为"中"；纯农牧户、Ⅰ兼农牧户、Ⅱ兼农牧户及非农牧户的选择占比分别为 84.98%、82.86%、74.16%、62.49%。不同经营模式农牧户均认为自家土地类型为"平坦"；纯农牧户、Ⅰ兼农牧户、Ⅱ兼农牧户及非农牧户的选择占比分别为 80.61%、76.81%、76.13%、62.50%。根据调查，认为当地未调整过土地承包经营权的农牧户占比相对较高；纯农牧户、Ⅰ兼农牧户、Ⅱ兼农牧户及非农牧户选择占比分别为 67.95%、60.29%、50.00%、78.94%；若调整过，认为调整频率"不频繁"的选择占比分别为 46.66%、66.67%、63.63%、62.51%。认为当地没有土地合作组织的农牧户占比相对较高；纯农牧户、Ⅰ兼农牧户、Ⅱ兼农牧户及非农牧户的选择占比分别为 88.29%、87.69%、77.27%、94.74%；如果有土地合作组织，纯农牧户、Ⅰ兼农牧户和Ⅱ兼农牧户认为运行状况"一般"的选择占比分别为 64.72%、66.64% 和 75.01%；非农牧户认为运行状况"很好"的选择占比为 51.00%。调研结果表明，认为当地没有土地流转市场的农牧户占比相对较高；纯农牧户、Ⅰ兼农牧户、Ⅱ兼农牧户及非农牧户选择占比分别为 93.25%、87.69%、84.88%、89.19%；如果有土地流转市场，纯农牧户、Ⅱ兼农牧户和非农牧户认为运行状况为"一般"的选择占比分别为 81.27%、68.78% 和 50.07%；Ⅰ兼农牧户认为运行状况为"很差"的选择占比为 69.98%。

表 6-6 内蒙古西部地区不同经营模式农牧户土地基本情况统计表

项 目	纯农牧户	Ⅰ兼农牧户	Ⅱ兼农牧户	非农牧户	样本总量
承包耕地总面积（亩）	38.59	29.87	26.37	24.25	33.13
可灌溉面积（亩）	26.60	23.77	17.32	8.21	22.19
可用机械作业面积（亩）	26.56	21.30	16.25	9.46	21.71
地块数量（块）	5.87	6.09	6.53	3.37	5.73
最大地块面积（亩）	12.71	11.99	8.86	5.40	10.99
承包草场面积（亩）	380.20	782.60	349.80	120.90	409.70
退耕还林面积（亩）	4.40	2.30	4.72	12.63	5.09
撂荒面积（亩）	2.14	2.17	1.76	0.86	1.92
休耕面积（亩）	1.74	1.13	0.87	1.75	1.47
休耕原因					
政府政策	7.69%	62.49%	10.03%	20.01%	8.92%
土壤质量太差	64.10%	0.00%	70.01%	40.02%	61.22%
降水太少	7.69%	37.51%	0.00%	9.98%	5.97%
轮作需要	12.83%	0.00%	19.96%	9.98%	16.40%
缺劳动力	5.15%	0.00%	0.00%	20.01%	5.97%
没钱买化肥等生产资料	2.54%	0.00%	0.00%	0.00%	1.52%

（续）

项　　目	纯农牧户	Ⅰ兼农牧户	Ⅱ兼农牧户	非农牧户	样本总量
家里土地肥沃度					
差	5.15%	7.14%	11.24%	17.50%	7.87%
中	84.98%	82.86%	74.16%	62.49%	80.32%
好	9.87%	10.00%	14.60%	20.01%	11.81%
土地类型					
坡地、山地、河边地	13.36%	18.84%	15.91%	32.50%	16.55%
梯田	6.03%	4.35%	7.96%	5.00%	6.06%
平坦	80.61%	76.81%	76.13%	62.50%	77.39%
当地是否调整过土地承包经营权					
是	32.05%	39.71%	50.00%	21.06%	35.98%
否	67.95%	60.29%	50.00%	78.94%	64.02%
若调整过，则调整频率为					
很频繁	10.67%	0.00%	0.00%	0.00%	5.20%
一般	42.67%	33.33%	36.37%	37.49%	38.96%
不频繁	46.66%	66.67%	63.63%	62.51%	55.84%
当地是否有土地合作组织					
是	11.71%	12.31%	22.73%	5.26%	13.56%
否	88.29%	87.69%	77.27%	94.74%	86.44%
如果有土地合作组织，其运行状况					
很好	17.64%	22.21%	15.00%	49.00%	18.47%
一般	64.72%	66.64%	75.01%	0.00%	66.17%
很差	17.64%	11.15%	9.99%	51.00%	15.36%
当地是否有土地流转市场					
是	6.75%	12.31%	15.12%	10.81%	9.76%
否	93.25%	87.69%	84.88%	89.19%	90.24%

（续）

项　　目	纯农牧户	Ⅰ兼农牧户	Ⅱ兼农牧户	非农牧户	样本总量
如果有土地流转市场，其运行状况					
很好	6.19%	0.00%	18.75%	24.96%	10.89%
一般	81.27%	30.02%	68.78%	50.07%	63.04%
很差	12.54%	69.98%	12.48%	24.96%	26.07%

6.1.4　分地区不同经营模式农牧户土地基本情况分析

（1）农区不同经营模式农牧户土地基本情况分析。从内蒙古农区不同经营模式农牧户承包耕地总面积、可灌溉面积、可用机械作业面积和最大地块面积来看（表6-7），纯农牧户都是最多，分别为38.67亩、23.59亩、28.11亩和12.69亩；Ⅰ兼农牧户次之，分别为30.50亩、22.21亩、25.21亩和10.54；非农牧户最低，分别为14.10亩、5.61亩、9.39亩和5.28亩。从地块数量来看，样本总量均值为6.08块；Ⅰ兼农牧户最多，为6.73块；Ⅱ兼农牧户次之，为6.65块；非农牧户最低，为3.80块。从承包草场面积来看，样本总量均值为81.63亩；Ⅰ兼农牧户最多，为230.00亩；Ⅱ兼农牧户次之，为76.58亩；非农牧户最少，为7.99亩。从退耕还林面积看，样本总量均值为1.91亩；纯农牧户最多，为2.43亩；非农牧户次之，为2.20亩；Ⅱ兼农牧户最少，为0.93亩。从撂荒面积看，样本总量均值为1.92亩；非农牧户最多，为3.64亩；纯农牧户次之，为1.74亩；Ⅰ兼农牧户最少，为0.76亩。从休耕面积看，样本总量均值为1.34亩；纯农牧户最多，为1.66亩；Ⅱ兼农牧户次之，为1.09亩；Ⅰ兼农牧户最少，为1.06亩。据调研，纯农牧户、Ⅰ兼农牧户、Ⅱ兼农牧户和非农牧户休耕的主要原因均为"土壤质量太差"；选择占比分别为73.39%、44.45%、59.21%和38.47%。不同经营模式农牧户均认为自家土地肥沃度为"中";纯农牧户、Ⅰ兼农牧户、Ⅱ兼农牧户及非农牧户的选择占比分别为 77.23%、73.40%、81.32%、69.40%。不同经营模式农牧户均认为自家土地类型为"平坦";纯农牧户、Ⅰ兼农牧户、Ⅱ兼农牧户及非农牧户的选择占比分别为 66.41%、76.14%、66.49%、55.97%。调研结果显示,认为当地未调整过土地承包经营权的农牧户占比相对较高;纯农牧户、Ⅰ兼农牧户、Ⅱ兼农牧户及非农牧户的选择占比分别为 65.89%、62.62%、63.53%、69.92%;若调整过,认为调整频率"不频繁"的选择占比分别为57.58%、75.00%、60.01%、57.51%。认为当地没有土地合作组织的农牧户占比相对较高;纯农牧户、Ⅰ兼农牧户、Ⅱ兼农牧户及非农牧户的选择占比分别为 85.26%、83.18%、78.57%、89.31%;如果有土地合作组织,纯农牧户、Ⅰ兼农牧户、Ⅱ兼农牧户和非农牧户认为运行状况"一般"的选择占比分别为 79.07%、84.98%、70.28% 和 50.00%。据调查,认为当地没有土地流转市场的农牧户占比相对较高;纯农牧户、Ⅰ兼农牧户、Ⅱ兼农牧户及非农牧户的选择占比分别为95.02%、97.14%、91.66%、94.66%;如果有土地流转市场,纯农牧户、Ⅰ兼农牧户、Ⅱ兼农牧户和非农牧户认为运行状况为"一般"的选择占比为 85.77%、60.00%、46.71%和 55.48%。

表6-7　内蒙古农区不同经营模式农牧户土地基本情况统计表

项　　　目	纯农牧户	Ⅰ兼农牧户	Ⅱ兼农牧户	非农牧户	样本总量
承包耕地总面积（亩）	38.67	30.50	21.25	14.10	29.21
可灌溉面积（亩）	23.59	22.21	12.40	5.61	17.60
可用机械作业面积（亩）	28.11	25.21	16.12	9.39	21.62

（续）

项　　目	纯农牧户	Ⅰ兼农牧户	Ⅱ兼农牧户	非农牧户	样本总量
地块数量（块）	6.57	6.73	6.65	3.80	6.08
最大地块面积（亩）	12.69	10.54	6.86	5.28	9.75
承包草场面积（亩）	72.24	230.00	76.58	7.99	81.63
退耕还林面积（亩）	2.43	1.29	0.93	2.20	1.91
撂荒面积（亩）	1.74	0.76	1.53	3.64	1.92
休耕面积（亩）	1.66	1.06	1.09	1.08	1.34
休耕原因					
政府政策	4.98%	0.00%	3.73%	30.76%	9.83%
土壤质量太差	73.39%	44.45%	59.21%	38.47%	60.67%
降水太少	8.32%	0.00%	7.38%	7.71%	7.41%
轮作需要	4.99%	44.44%	14.84%	0.00%	9.00%
缺劳动力	8.32%	11.11%	14.84%	23.06%	13.09%
家里土地肥沃度					
差	13.56%	16.51%	10.99%	20.15%	14.46%
中	77.23%	73.40%	81.32%	69.40%	76.34%
好	9.21%	10.09%	7.69%	10.45%	9.20%
土地类型					
坡地、山地、河边地	30.00%	22.02%	29.12%	40.30%	30.43%
梯田	3.59%	1.84%	4.39%	3.73%	3.56%
平坦	66.41%	76.14%	66.49%	55.97%	66.01%
当地是否调整过土地承包经营权					
是	34.11%	37.38%	36.47%	30.08%	34.41%
否	65.89%	62.62%	63.53%	69.92%	65.59%
若调整过，则调整频率为					
很频繁	6.82%	2.50%	3.07%	14.98%	6.50%

（续）

项　　目	纯农牧户	Ⅰ兼农牧户	Ⅱ兼农牧户	非农牧户	样本总量
一般	35.61%	22.50%	36.92%	27.50%	32.85%
不频繁	57.58%	75.00%	60.01%	57.51%	60.65%
当地是否有土地合作组织					
是	14.74%	16.82%	21.43%	10.69%	15.88%
否	85.26%	83.18%	78.57%	89.31%	84.12%
如果有土地合作组织，其运行状况					
很好	8.97%	10.01%	13.50%	43.74%	14.30%
一般	79.07%	84.98%	70.28%	50.00%	74.29%
很差	11.96%	5.01%	16.22%	6.26%	11.41%
当地是否有土地流转市场					
是	4.98%	2.86%	8.34%	5.34%	5.52%
否	95.02%	97.14%	91.66%	94.66%	94.48%
如果有土地流转市场，其运行状况					
很好	9.55%	0.00%	40.00%	44.52%	23.99%
一般	85.77%	60.00%	46.71%	55.48%	66.04%
很差	4.68%	40.00%	13.29%	0.00%	9.97%

（2）牧区不同经营模式农牧户土地基本情况分析。从内蒙古牧区不同经营模式农牧户承包耕地总面积来看（表6-8），样本总量均值为8.17亩；非农牧户最多，为18.18亩；Ⅱ兼农牧户次之，为14.31亩；纯农牧户最少，为4.90亩。从可用机械作业面积来看，样本总量均值为6.76亩；Ⅰ兼农牧户最多，为13.68亩；Ⅱ兼农牧户次之，为11.62亩；非农牧户最少，为2.73亩。从地块数量来看，样本总量均值为0.39块；Ⅱ兼农牧户最多，为1.08块；非农牧户次之，为0.55块；纯农牧户最少，为0.25块。从最大地块面积来看，样本

第六章 农牧户土地流转特征分析

表 6 - 8 内蒙古牧区不同经营模式农牧户土地基本情况统计表

项 目	纯农牧户	Ⅰ兼农牧户	Ⅱ兼农牧户	非农牧户	样本总量
承包耕地总面积（亩）	4.90	12.11	14.31	18.18	8.17
可灌溉面积（亩）	4.90	12.11	14.31	18.18	8.17
可用机械作业面积（亩）	4.90	13.68	11.62	2.73	6.76
地块数量（块）	0.25	0.42	1.08	0.55	0.39
最大地块面积（亩）	2.75	10.00	8.62	18.18	5.85
承包草场面积（亩）	3 968.00	3 183.00	1 050.00	1 326.00	3 307.00
家里土地肥沃度					
差	6.65%	16.66%	0.00%	0.00%	5.70%
中	93.35%	83.34%	87.50%	100.00%	91.43%
好	0.00%	0.00%	12.50%	0.00%	2.87%
土地类型					
坡地、山地、河边地	0.00%	40.01%	12.50%	83.33%	24.24%
梯田	0.00%	0.00%	0.00%	16.67%	3.04%
平坦	100.00%	59.99%	87.50%	0.00%	72.72%
当地是否调整过土地承包经营权					
是	38.44%	0.00%	0.00%	0.00%	17.24%
否	61.56%	100.00%	100.00%	100.00%	82.76%
若调整过，则调整频率为					
很频繁	0.00%	0.00%	0.00%	0.00%	0.00%
一般	0.00%	0.00%	0.00%	0.00%	0.00%
不频繁	100.00%	100.00%	100.00%	100.00%	100.00%
当地是否有土地合作组织					
是	18.19%	0.00%	42.86%	0.00%	18.51%

（续）

项　　目	纯农牧户	Ⅰ兼农牧户	Ⅱ兼农牧户	非农牧户	样本总量
否	81.81%	100.00%	57.14%	100.00%	81.49%
如果有土地合作组织，其运行状况					
很好	33.24%	—	0.00%	—	16.74%
一般	0.00%	—	100.00%	—	50.00%
很差	66.76%	—	0.00%	—	33.26%
当地是否有土地流转市场					
是	24.98%	80.01%	0.00%	20.00%	27.58%
否	75.02%	19.99%	100.00%	80.00%	72.42%
如果有土地流转市场，其运行状况					
很好	0.00%	0.00%	0.00%	0.00%	0.00%
一般	0.00%	0.00%	0.00%	0.00%	0.00%
很差	100.00%	100.00%	100.00%	100.00%	100.00%

总量均值为 5.85 亩；非农牧户最多，为 18.18 亩；Ⅰ兼农牧户次之，为 10.00 亩；纯农牧户最少，为 2.75 亩。从承包草场面积来看，样本总量均值为 3 307.00 亩；纯农牧户最多，为 3 968.00 亩；Ⅰ兼农牧户次之，为 3 183.00 亩；Ⅱ兼农牧户最少，为 1 050.00 亩。据调查，不同经营模式农牧户均认为自家土地肥沃度为"中"；纯农牧户、Ⅰ兼农牧户、Ⅱ兼农牧户及非农牧户的选择占比分别为 93.35%、83.34%、87.50%、100.00%，纯农牧户、Ⅰ兼农牧户、Ⅱ兼农牧户认为自家土地类型为"平坦"的选择占比分别为 100.00%、59.99%、87.50%。非农牧户认为自家土地类型为"坡地、山地、河边地"的选择占比为 83.33%。调查结果显示，认为当地未调整过土地承包经营权的农牧户占比相对较高；纯农牧户、Ⅰ兼农牧户、Ⅱ兼农牧户及非农牧户选择占比分别为

61.56％、100.00％、100.00％、100.00％；若调整过，认为
调整频率"不频繁"的选择占比均为100.00％。认为当地没
有土地合作组织的农牧户占比相对较高；纯农牧户、Ⅰ兼农牧
户、Ⅱ兼农牧户及非农牧户选择占比分别为81.81％、
100.00％、57.14％、100.00％；如果有土地合作组织，纯农
牧户认为运行状况"很差"的选择占比为66.76％；Ⅱ兼农牧
户认为运行状况"一般"的选择占比为100.00％。据调查，
纯农牧户、Ⅱ兼农牧户及非农牧户认为当地没有土地流转市场
的选择占比分别为75.02％、100.00％、80.00％；如果有土
地流转市场，不同经营模式农牧户认为运行状况为"一般"的
选择占比均为100.00％。

（3）半农半牧区不同经营模式农牧户土地基本情况分析。
从内蒙古半农半牧区不同经营模式农牧户承包耕地总面积来看
（表6-9），样本总量均值为42.72亩；纯农牧户最多，为
46.01亩；非农牧户次之，为39.77亩；Ⅰ兼农牧户最低，为
36.81亩。从可灌溉面积和可用机械作业面积来看，纯农牧户
均为最多，分别为21.17亩和31.61亩；Ⅰ兼农牧户次之，分
别为15.89亩和23.68亩；非农牧户最低，分别为10.90亩和
15.82亩。从地块数量来看，样本总量均值为4.32块；纯农
牧户最多，为4.96块；Ⅰ兼农牧户次之，为3.81块；非农
牧户最低，为3.05块。从最大地块面积来看，样本总量均值为
16.03亩；纯农牧户最多，为17.81亩；Ⅰ兼农牧户次之，为
15.94亩；非农牧户最低，为10.25亩。从承包草场面积来
看，纯农牧户最多，为579.70亩；Ⅱ兼农牧户次之，为
547.50亩；非农牧户最少，为181.40亩。从退耕还林面积
看，样本总量均值为7.71亩；非农牧户最多，为16.80亩；
Ⅱ兼农牧户次之，为12.30亩；Ⅰ兼农牧户最少，为3.59亩。
从撂荒面积看，样本总量均值为1.57亩；非农牧户最多，为
3.03亩；Ⅰ兼农牧户次之，为2.64亩；Ⅱ兼农牧户最少，为

0.93亩。从休耕面积看，样本总量均值为1.38亩；非农牧户最多，为2.73亩；纯农牧户次之，为1.39亩；Ⅱ兼农牧户最少，为0.65亩。据调研，纯农牧户、Ⅰ兼农牧户和Ⅱ兼农牧户休耕的主要原因均为"土壤质量太差"；选择占比分别为48.59％、50.00％和33.34％。非农牧户休耕的主要原因则为"政府政策"；选择占比为36.37％。不同经营模式农牧户均认为自家土地肥沃度为"中"；纯农牧户、Ⅰ兼农牧户、Ⅱ兼农牧户及非农牧户的选择占比分别为78.46％、75.93％、65.72％、55.88％；纯农牧户、Ⅰ兼农牧户及Ⅱ兼农牧户认为自家土地类型为"平坦"的选择占比分别为50.25％、59.26％、67.65％。非农牧户认为自家土地类型为"坡地、山地、河边地"的选择占比为64.71％。调查结果显示，不同经营模式农牧户认为当地未调整过土地承包经营权的农牧户占比相对较高；纯农牧户、Ⅰ兼农牧户、Ⅱ兼农牧户及非农牧户选择占比分别为77.67％、84.90％、64.71％、62.86％；若调整过，纯农牧户、Ⅰ兼农牧户和非农牧户认为调整频率为"一般"的选择占比分别为50.00％、62.52％和53.85％。Ⅱ兼农牧户认为调整频率为"不频繁"的选择占比为66.67％。认为当地没有土地合作组织的农牧户占比相对较高；纯农牧户、Ⅰ兼农牧户、Ⅱ兼农牧户及非农牧户选择占比分别为92.56％、88.00％、83.87％、78.79％；如果有土地合作组织，纯农牧户、Ⅰ兼农牧户和Ⅱ兼农牧户认为运行状况"一般"的选择占比分别为66.63％、83.32％、和83.33％；非农牧户认为运行状况"很好"的选择占比为55.56％。根据调查，不同经营模式农牧户认为当地没有土地流转市场的农牧户占比相对较高；纯农牧户、Ⅰ兼农牧户、Ⅱ兼农牧户及非农牧户选择占比分别为95.67％、92.00％、80.65％、94.12％；如果有土地流转市场，纯农牧户、Ⅰ兼农牧户和Ⅱ兼农牧户认为运行状况为"一般"的选择占比分别为66.75％、49.92％和85.71％。

表 6 - 9　内蒙古半农半牧区不同经营模式农牧户土地基本情况统计表

项　　目	纯农牧户	Ⅰ兼农牧户	Ⅱ兼农牧户	非农牧户	样本总量
承包耕地总面积（亩）	46.01	36.81	36.88	39.77	42.72
可灌溉面积（亩）	21.17	15.89	14.32	10.90	18.37
可用机械作业面积（亩）	31.61	23.68	18.05	15.82	27.00
地块数量（块）	4.96	3.81	2.93	3.05	4.32
最大地块面积（亩）	17.81	15.94	12.20	10.25	16.03
承包草场面积（亩）	579.70	265.70	547.50	181.40	477.80
退耕还林面积（亩）	6.41	3.59	12.30	16.80	7.71
撂荒面积（亩）	1.12	2.64	0.93	3.03	1.57
休耕面积（亩）	1.39	0.92	0.65	2.73	1.38
休耕原因					
政府政策	5.72%	0.00%	33.33%	36.37%	12.73%
土壤质量太差	48.59%	50.00%	33.34%	0.00%	38.21%
降水太少	11.44%	0.00%	0.00%	18.18%	10.88%
轮作需要	22.87%	33.30%	33.33%	18.18%	23.61%
缺劳动力	2.83%	0.00%	0.00%	18.18%	5.47%
没钱买化肥等生产资料	8.55%	16.70%	0.00%	9.09%	9.10%
家里土地肥沃度					
差	16.41%	11.11%	17.14%	26.47%	16.67%
中	78.46%	75.93%	65.72%	55.88%	74.21%
好	5.13%	12.96%	17.14%	17.65%	9.12%
土地类型					
坡地、山地、河边地	44.62%	35.19%	26.47%	64.71%	43.22%

（续）

项　　目	纯农牧户	Ⅰ兼农牧户	Ⅱ兼农牧户	非农牧户	样本总量
梯田	5.13%	5.55%	5.88%	0.00%	4.73%
平坦	50.25%	59.26%	67.65%	35.29%	52.05%
当地是否调整过土地承包经营权					
是	22.33%	15.10%	35.29%	37.14%	24.14%
否	77.67%	84.90%	64.71%	62.86%	75.86%
若调整过，则调整频率为					
很频繁	9.10%	0.00%	0.00%	7.69%	6.50%
一般	50.00%	62.52%	33.33%	53.85%	49.34%
不频繁	40.90%	37.48%	66.67%	38.46%	44.16%
当地是否有土地合作组织					
是	7.44%	12.00%	16.13%	21.21%	10.60%
否	92.56%	88.00%	83.87%	78.79%	89.40%
如果有土地合作组织，其运行状况					
很好	11.12%	16.68%	16.67%	55.56%	23.07%
一般	66.63%	83.32%	83.33%	33.33%	64.09%
很差	22.25%	0.00%	0.00%	11.11%	12.84%
当地是否有土地流转市场					
是	4.33%	8.00%	19.35%	5.88%	6.67%
否	95.67%	92.00%	80.65%	94.12%	93.33%
如果有土地流转市场，其运行状况					
很好	0.00%	25.04%	14.29%	50.00%	13.67%
一般	66.75%	49.92%	85.71%	0.00%	63.60%
很差	33.25%	25.04%	0.00%	50.00%	22.73%

6.2　不同经营模式农牧户土地流转现状及原因分析

鉴于内蒙古农村牧区的特点，本研究的土地包括耕地与草场两部分。调查结果显示，2013 年全区土地流转率为 16.11%[①]，其中土地转出率为 6.88%（表 6-10）[②]，土地转入率为 9.23%；全区耕地流转率为 18.61%，草场流转率为 11.14%。分地区来看，农区、牧区、半农半牧区土地流转率分别为 17.97%、11.01%、14.15%，其中农区耕地流转率为 24.25%，较半农半牧区高 6.66%；牧区草场流转率为 13.43%，较半农半牧区高 2.63%。从不同经营模式农牧户来看，纯农牧户的土地流转率为 15.56%，其中土地转入率为 12.89%，土地

表 6-10　内蒙古农村牧区农牧户土地流转统计表

单位:%

	土地转出情况			土地转入情况		
	土地转出率	耕地转出率	草场转出率	土地转入率	耕地转入率	草场转入率
全区	6.88	8.33	5.13	9.23	10.28	6.01
农区	7.72	10.81	1.68	10.25	13.44	3.71
牧区	4.37	3.62	6.15	6.64	4.22	7.28
半农半牧区	6.62	7.81	4.66	7.53	9.78	6.14

资料来源：调研资料整理数据；注：调查样本的土地流转形式包括转包、租赁、入股、转让、互换等形式。

[①]　土地流转率＝土地转出率＋土地转入率

[②]　土地转出率＝（耕地转出面积＋草场转出面积）/（家庭承包地总面积＋家庭承包草场面积）

转出率为 2.67％；Ⅰ兼农牧户的土地流转率为 14.36％，其中土地转入率和土地转出率分别为 11.34％和 3.02％；Ⅱ兼农牧户的土地流转率为 11.70％，其中土地转出率为 8.13％，比土地转入率高 4.56％；非农牧户的土地流转率为 16.38％，其中土地转出率为 13.54％，比土地转入率高 10.70％（表 6-11）。

表 6-11　不同经营模式农牧户土地流转统计表

单位:％

	土地转入情况			土地转出情况		
	土地转入率	耕地转入率	草场转入率	土地转出率	耕地转出率	草场转出率
纯农牧户	12.89	15.69	5.62	2.67	3.12	2.28
Ⅰ兼农牧户	11.34	13.36	5.79	3.02	4.35	2.74
Ⅱ兼农牧户	3.57	4.25	3.85	8.13	11.48	7.05
非农牧户	2.84	3.07	1.94	13.54	14.29	8.33

注：土地转入/出率＝（耕地转入/出面积＋草场转入/出面积）/（家庭承包地总面积＋家庭承包草场面积）

6.2.1　不同经营模式农牧户土地转出情况基本分析

调查结果表明，2013 年内蒙古农村牧区土地转出率为 6.88％，其中耕地转出率为 8.33％，草场转出率为 5.13％；分地区来看，农区土地转出率最高，为 7.72％，其中耕地转出率为 10.81％，较半农半牧区高 3.00％；牧区土地转出率为 4.37％，其中草场转出率为 6.15％，比半农半牧区高 1.49％。从不同经营模式农牧户转出土地的形式来看（表 6-12），租赁形式占比最高，纯农牧户、Ⅰ兼农牧户、Ⅱ兼农牧户和非农牧户选择占比分别为 52.86％、62.50％、73.43％和 60.93％；转包形式占比次之，分别为 44.08％、37.50％、26.57％和

31.27％；转让形式占比最少。从不同经营模式农牧户转出土地的途径来看，通过个人转出占比最高，纯农牧户、Ⅰ兼农牧户、Ⅱ兼农牧户和非农牧户选择占比分别为80.72％、87.53％、80.00％和71.66％；通过村组织转出占比次之，分别为19.28％、12.47％、20.00％和18.33％；通过当地政府转出占比最少。从不同经营模式农牧户转出土地的对象来看，主要集中于亲戚、本村村民、外村人；其中，纯农牧户选择占比分别为25.78％、41.93％和19.28％；Ⅰ兼农牧户选择占比分别为12.50％、62.50％和25.00％；Ⅱ兼农牧户选择占比分别为40.00％、33.39％和26.61％；非农牧户选择占比分别为48.32％、28.34％和23.34％。从不同经营模式农牧户转出土地的方式来看，纯农牧户和Ⅰ兼农牧户的签订合同方式占比较高，分别为53.15％和51.00％；而Ⅱ兼农牧户和非农牧户则是口头约定方式占比较高，分别为53.30％和61.29％。样本总量的统计分析结果表明，样本农牧户转出土地的原因主要集中于以下三点：一是，缺乏劳动力，选择占比为27.83％；二是，农业投资过高，选择占比为23.39％；三是，务工收入高于务农收入，选择占比为18.89％。具体来看，粮价低、收入低也是纯农牧户转出土地的主要原因，占比为10.67％；嫌种地辛苦也是Ⅰ兼农牧户转出土地的主要原因，占比为10.00％。此外，调查结果显示，不同经营模式农牧户未转出土地的主要原因主要包括以下三个方面：一是，满足生存所需；纯农牧户、Ⅰ兼农牧户、Ⅱ兼农牧户和非农牧户的选择占比依次为32.49％、33.34％、26.83％和26.58％；二是，自己有能力种地、没闲地；纯农牧户、Ⅰ兼农牧户、Ⅱ兼农牧户和非农牧户的选择占比依次为34.83％、33.02％、32.71％和20.27％；三是，转出价格低，不如自己种合算；纯农牧户、Ⅰ兼农牧户、Ⅱ兼农牧户和非农牧户的选择占比依次为15.08％、16.04％、15.53％和14.41％。

表 6-12　内蒙古农村牧区不同经营模式农牧户土地转出情况分析

单位:%

项　　目	纯农牧户	Ⅰ兼农牧户	Ⅱ兼农牧户	非农牧户	样本总量
转出土地的形式					
转包	44.08	37.50	26.57	31.27	34.69
租赁	52.86	62.50	73.43	60.93	60.35
转让	3.06	0.00	0.00	7.81	4.96
转出土地的途径					
个人	80.72	87.53	80.00	71.66	76.29
村组织	19.28	12.47	20.00	18.33	18.46
当地政府	0.00	0.00	0.00	10.01	5.26
转出土地的对象					
亲戚	25.78	12.50	40.00	48.32	38.60
朋友	13.00	0.00	0.00	0.00	3.51
本村村民	41.93	62.50	33.39	28.34	35.09
外村人	19.28	25.00	26.61	23.34	22.81
转出土地的方式					
口头约定	46.85	49.00	53.30	61.29	55.58
签订合同	53.15	51.00	46.70	38.71	44.42
转出土地的主要原因					
缺乏劳动力	39.33	40.00	33.33	19.45	27.83
农业投资过高	21.46	40.00	22.22	23.14	23.39
粮价低、农业收入低	10.67	0.00	11.11	7.41	8.48
务工收入高于务农收入	3.60	0.00	22.22	27.79	18.89
嫌种地辛苦	8.93	10.00	7.44	11.10	9.94
别人种地效益更高	5.33	0.00	3.67	1.85	2.98

（续）

项　　目	纯农牧户	Ⅰ兼农牧户	Ⅱ兼农牧户	非农牧户	样本总量
其他	10.67	10.00	0.00	9.26	8.48
未转出土地的主要原因					
满足生存所需	32.49	33.34	26.83	26.58	30.83
自己有能力种地、没闲地	34.83	33.02	32.71	20.27	32.57
担心土地产权受影响，自己想种难以收回	4.31	3.15	6.82	6.31	4.86
转出价格低，不如自己种合算	15.08	16.04	15.53	14.41	15.25
担心承包人不对土地负责	2.69	3.15	3.53	2.71	2.93
土地保障作用	4.76	5.03	5.65	8.11	5.34
想转出，但没人愿意或租金低，无合适承租人	3.59	3.77	6.59	14.41	5.39
想转出，但无流转渠道	1.08	1.26	0.94	5.40	1.54
想转出，但村集体组织不同意	0.00	0.00	0.47	1.35	0.24
其他	1.16	1.26	0.94	0.45	1.06

6.2.2　不同经营模式农牧户土地转入情况基本分析

调查结果表明，2013 年内蒙古农村牧区土地转入率为 9.23％，其中耕地转入率为 10.28％，草场转入率为 6.01％；

从不同区域来看，农区土地转入率最高，为 10.25%，其中耕地转入率为 13.44%，较半农半牧区高 3.66%；牧区土地转入率为 6.64%，其中草场转入率为 7.28%，比半农半牧区高 1.14%。从不同经营模式农牧户转入土地的形式来看（表 6-13），租赁形式占比最高，纯农牧户、Ⅰ兼农牧户、Ⅱ兼农牧户和非农牧户的选择占比分别为 71.91%、70.31%、55.17% 和 47.40%；转包形式占比次之，分别为 27.19%、28.13%、41.38% 和 52.60%。从不同经营模式农牧户转入土地的途径来看，通过个人转入占比最高，纯农牧户、Ⅰ兼农牧户、Ⅱ兼农牧户和非农牧户选择占比分别为 90.79、95.32%、89.48% 和 89.40%；通过村组织转入占比次之，分别为 6.91%、3.12%、7.00% 和 5.30%；通过当地政府转入占比最少。从不同经营模式农牧户转入土地的对象来看，主要集中于亲戚和本村村民；其中，纯农牧户选择占比分别为 38.08% 和 50.91%；Ⅰ兼农牧户选择占比分别为 35.94% 和 43.74%；Ⅱ兼农牧户选择占比分别为 54.39% 和 31.58%；非农牧户选择占比分别为 47.40% 和 42.10%。从不同经营模式农牧户转入土地的方式来看，签订合同方式占比均为较高，纯农牧户、Ⅰ兼农牧户、Ⅱ兼农牧户和非农牧户选择占比分别为 63.72、64.06%、75.01% 和 68.40%。调研数据显示，不同经营模式农牧户转入土地的原因按照重要性依次排序为：第一，扩大种植规模更划算些；纯农牧户、Ⅰ兼农牧户、Ⅱ兼农牧户和非农牧户的选择占比分别为 47.80%、42.86%、37.11% 和 41.63%；第二，家里有剩余劳力；纯农牧户、Ⅰ兼农牧户、Ⅱ兼农牧户和非农牧户的选择占比分别为 19.07%、26.38%、30.93% 和 25.01%；第三，土地少，粮不够吃；纯农牧户、Ⅰ兼农牧户、Ⅱ兼农牧户和非农牧户的选择占比分别为 14.65%、15.38%、16.50% 和 8.34%。此外，据调查不同经营模式农牧户未转入土地的主要原因按照重要性依次排序为：

第一，缺乏劳动力；纯农牧户、Ⅰ兼农牧户、Ⅱ兼农牧户和非农牧户的选择占比分别为 41.43%、38.47%、40.80% 和 41.02%；第二，种地收益太低，不划算；纯农牧户、Ⅰ兼农牧户、Ⅱ兼农牧户和非农牧户的选择占比分别为 18.60%、17.16%、24.19% 和 30.34%；第三，担心承包他人土地后，收益得不到保证；纯农牧户、Ⅰ兼农牧户、Ⅱ兼农牧户和非农牧户的选择占比分别为 11.91%、14.80%、17.69% 和 8.12%。

表 6-13　内蒙古农村牧区不同经营模式农牧户土地转入情况分析

单位：%

项　　目	纯农牧户	Ⅰ兼农牧户	Ⅱ兼农牧户	非农牧户	样本总量
转入土地的形式					
转包	27.19	28.13	41.38	52.60	30.99
租赁	71.91	70.31	55.17	47.40	67.60
入股	0.45	0.00	0.00	0.00	0.30
转让	0.45	1.56	3.46	0.00	1.12
转入土地的途径					
个人	90.79	95.32	89.48	89.40	91.31
村组织	6.91	3.12	7.00	5.30	6.16
当地政府	2.30	1.56	3.52	5.30	2.54
转入土地的对象					
亲戚	38.08	35.94	54.39	47.40	40.77
朋友	5.95	12.51	5.26	10.50	7.25
本村村民	50.91	43.74	31.58	42.10	46.09
外村人	5.06	7.80	8.77	0.00	5.88
转入土地的方式					
口头约定	63.72	64.06	75.01	68.40	65.83
签有合同	36.28	35.94	24.99	31.60	34.17

(续)

项　　目	纯农牧户	Ⅰ兼农牧户	Ⅱ兼农牧户	非农牧户	样本总量
转入土地的主要原因					
土地少，粮不够吃	14.65	15.38	16.50	8.34	14.69
家里有剩余劳力	19.07	26.38	30.93	25.01	22.65
扩大种植规模更划算些	47.80	42.86	37.11	41.63	44.77
自己掌握了更好的种植项目与技术	3.24	2.19	1.02	2.80	2.66
看到别人家的土地抛荒，觉得可惜	7.33	4.39	9.27	13.88	7.61
其他	7.92	8.80	5.16	8.34	7.61
未转入土地的主要原因					
缺乏劳动力	41.43	38.47	40.80	41.02	40.83
种地收益太低，不划算	18.60	17.16	24.19	30.34	21.73
想转入，但没人愿意转出	7.02	5.92	5.05	2.14	5.57
不知道谁愿意转出	3.75	2.36	3.25	1.28	3.02
想转入，但转入价格太高	9.79	9.47	3.25	5.56	7.58
想转入，但缺乏土地流转渠道	2.29	2.95	1.44	4.27	2.55
担心承包他人土地后，收益得不到保证	11.91	14.80	17.69	8.12	12.83
乡村控制过严	0.00	1.18	0.00	0.43	0.24

（续）

项　　目	纯农牧户	Ⅰ兼农牧户	Ⅱ兼农牧户	非农牧户	样本总量
想转入，但嫌与其他农户谈判太麻烦	2.12	2.36	1.08	1.71	1.85
承包期限太短	1.80	2.36	1.81	1.28	1.78
其他	1.30	2.95	1.44	3.85	2.01

6.3　不同经营模式农牧户土地流转的实证分析

6.3.1　模型构建

本研究选取农牧户的土地转入、土地转出、未参与土地流转作为因变量，属于无序因变量多元选择问题，因此采用多分类 Logistic 模型做回归分析。该模型基于的行为假定是"行为主体根据一个随机效用函数来确定最优的选择"。就某个自变量或协变量 X_i 而言，多分类 Logistic 模型的表达式为：

$$\log[\pi_i^{(s)}/\pi_i^{(t)}] = \beta_0^{(s)} + \beta_1^{(s)}X_i \quad (s=1,2,\cdots t-1;t=1,2\cdots,n)$$

（1）

公式（1）中因变量共有 t 个分类，其中一类被作为对照组。$\pi_i^{(s)} = Pr(y_i=s)$ 表示个体属于分类 s 的概率；$\beta_1^{(s)}$ 是偏回归系数的估计值，表示 X_i 每变动一个单位时，s 类选择与 t 类选择的概率之比的比数变化量；$\beta_0^{(s)}$ 是截距参数的估计值。

鉴于本研究中 y_i 分三类，因此与之对应的多分类 Logistic 模型为：

$$\begin{cases} \logit p_{1/3} = \ln\left[p\left(y_i=1 \mid X_j\right)/p\left(y_i=3 \mid X_j\right)\right] \\ \quad = \beta_1 + \beta_{11}x_1 + \beta_{12}x_2\cdots + \beta_{1i}x_i = g_1\left(X_j\right) \\ \logit p_{2/3} = \ln\left[p\left(y_i=2 \mid X_j\right)/p\left(y_i=3 \mid X_j\right)\right] \\ \quad = \beta_1 + \beta_{21}x_1 + \beta_{22}x_2\cdots + \beta_{2i}x_i = g_2\left(X_j\right) \end{cases}$$

（2）

公式（2）中，$X_{j=(1,2\cdots i)}$ 为影响某类农牧户土地流转的各项因素；β_{1i}，β_{2i} 为 X_j 的偏回归系数，表示当其他的影响因素取值不变时，X_j 取值增加一个单位所导致的两种选择的概率之比的比数变化量；β_1，β_2 为常数项。

6.3.2　变量设定

本研究选取 2013 年农牧户转入土地、转出土地和未参与土地流转作为模型Ⅰ（纯农牧户模型）、模型Ⅱ（Ⅰ兼农牧户模型）、模型Ⅲ（Ⅱ兼农牧户模型）和模型Ⅳ（非农牧户模型）的因变量，对 y_i 赋值为"1＝转入土地，2＝转出土地，3＝既没转入也没转出土地"。

农牧户选择参与或不参与土地流转属于农牧业生产决策范畴，是诸多因素综合作用的结果。借鉴已有研究成果，本研究最终选取户主年龄、户主受教育年限、家庭承包土地总面积、非农收入占家庭总收入比重、户主非农工作地点、家庭是否获得社会保障这六个影响因素作为自变量（表6-14）。

表 6 - 14　自变量赋值说明

自变量	代码	变量含义及其说明	相应研究假说
户主年龄	MAJORAGE	连续数值，均值＝47.44	1. 户主的年龄显著影响农牧户土地承包经营权流转
户主受教育年限	MAJOREDU	连续数值，均值＝6.92	2. 户主的受教育年限越多，其参与土地流转的概率越大
家庭承包土地总面积（亩）	ACR	耕地和草场面积总和，连续数值，均值＝520.78	3. 农牧户家庭承包土地面积越大，其转入土地的概率越高；反之，则越低

（续）

自变量	代码	变量含义及其说明	相应研究假说
非农收入占家庭总收入比重（％）	DRR	连续型数值，均值＝0.32	4. 非农收入占家庭总收入的比重越大，其转出土地的概率越高；反之，则越低
户主非农工作地点	LOC	县内就业＝1；外省内＝2；外＝3（对照组）；均值＝1.34	5. 户主的非农工作地点离家越远，其土地承包经营权流转有显著概率越大
家庭是否获得社会保障（包括农村养老保险和新型农村医疗保险）	SEC	获得＝1（91.4％）；未获得＝2（8.6％）（对照组）	6. 获得社会保障的农牧户家庭参加土地流转的概率相对较高

6.3.3　模型估计结果与分析

本研究将未参与土地流转的农牧户作为对照组，采用 SPSS19.0 软件进行模型估计，各回归方程拟合度良好（表6-15），基本验证了研究假说，对影响不同经营模式农牧户的土地承包经营权流转行为的因素具体解释如下。

（1）纯农牧户土地流转的影响因素分析。

1）户主年龄。该变量对纯农牧户转入土地无影响，与其转出土地存在较为显著的正向概率关系，说明户主年龄越大，他们选择转出土地的概率越高；原因可能是随着年龄的增长，纯农牧户从事农牧业生产的能力下降，为获得基本的生活收入他们倾向于将自家的承包土地转出。

2）户主受教育年限。此变量对纯农牧户转出土地无影响，

表 6－15　模型估计结果

因变量	自变量	模型 I 系数(标准差)	Wald	模型 II 系数(标准差)	Wald	模型 III 系数(标准差)	Wald	模型 IV 系数(标准差)	Wald
转入土地模型	MAJORAGE	-0.033(0.023)	2.073	-0.013***(0.720)	4.202	0.007(0.037)	0.041	0.037(0.046)	0.657
	MAJOREDU	0.220**(0.086)	6.479	0.111***(0.807)	6.108	0.040(0.097)	0.169	0.062(0.170)	0.134
	ACR	0.013**(0.084)	5.392	0.048**(0.693)	7.529	0.000(0.000)	0.031	-0.109(0.075)	2.099
	DRR	0.011(0.079)	2.743	1.437(1.725)	0.694	-3.100***(0.871)	4.745	-0.239**(0.354)	5.110
	LOC=1	0.142(0.157)	8.391	0.008***(0.855)	4.581	-1.110(0.796)	1.945	0.301(1.712)	0.001
	LOC=2	-1.185(0.743)	2.541	-1.019(1.636)	0.388	1.892(1.067)	2.140	0.282(1.113)	0.002
	Ref cat:LOC=3	0		0		0		0	
	SEC=1	-0.600(0.852)	0.496	0.121(0.806)	0.022	-0.225(1.142)	0.039	0.319(1.830)	0.001
	Ref cat:SEC=2	0		0		0		0	
	intercept	11.294(24.721)	0.209	-1.030(2.226)	0.214	-0.020(0.252)	0.803	-3.531(7.116)	0.975
转出土地模型	MAJORAGE	0.049***(0.030)	3.729	0.503***(0.825)	3.118	0.014***(0.840)	4.213	0.012**(0.732)	4.259
	MAJOREDU	0.031(0.106)	0.087	-0.016(0.761)	4.022	0.104***(0.813)	5.204	0.074**(0.806)	6.139
	ACR	-0.021***(0.693)	4.035	-0.023***(0.750)	5.16	-0.113***(0.894)	6.829	-0.001**(0.087)	4.231
	DRR	-0.801(0.880)	0.498	-17.023(15.416)	1.219	0.009***(0.059)	0.036	0.024**(0.895)	3.965

（续）

因变量	自变量	模型I 系数（标准差）	模型I Wald	模型II 系数（标准差）	模型II Wald	模型III 系数（标准差）	模型III Wald	模型IV 系数（标准差）	模型IV Wald
转出土地模型	LOC=1	-0.617(0.751)	0.676	0.643(2.601)	0.954	-1.104(0.922)	1.434	-0.472(0.587)	0.666
	LOC=2	0.001(0.986)	1.329	0.024**(0.792)	7.328	0.268**(0.785)	7.439	-0.452(0.644)	0.493
	Refcat:LOC=3	0		0		0		0	
	SEC=1	0.027**(0.843)	4.581	0.012**(0.703)	6.529	0.212***(0.791)	4.322	0.106**(0.837)	5.063
	Ref cat:SEC=2	0		0		0		0	
	intercept	9.475(1.948)	0.098	10.042(20.061)	0.251	-1.308(2.403)	0.296	-14.597	0.006
	Likelihood	304.243		131.925		212.207		204.867	
	Chi-square	34.96		21.608		13.544		25.648	
	Df	24		14		14		16	
	Sig.	0.069		0.087		0.084		0.059	
	Pseudo R-square	0.932		0.891		0.857		0.866	

注：*，**，*** 分别表示估计量在 5%，1%，10%的显著性水平显著。

与其转入土地存在正向概率关系，说明户主受教育程度越高，其转入土地概率越高；这可能是因为这些农牧户通常较有远见、思想活跃，随着近年来国家惠农政策的普及以及鼓励发展规模经营的政策导向使他们能及时掌握政策所释放出来的信号与机遇，从而更愿意选择转入土地以扩大经营规模，提高收益。

3）家庭承包土地总面积。该变量与纯农牧户转出土地呈反向概率关系，说明农牧户家庭承包土地总面积越多，其转出土地的概率越小；这可能是由于农牧户拥有的承包土地数量越多就越容易获得规模效益，其从事农牧业也就越有利可图，所以其转出土地的概率就越小。而该变量与纯农牧户转入土地存在正向概率关系，表明承包土地总面积越少，其转入土地的概率越低；这可能是因为近年来农牧业生产资料价格的高速上涨以及农畜产品价格的剧烈波动，导致家庭承包地面积较小的农牧户，难以实现土地规模效益，承担风险的能力相对较弱，很多劳动力就会选择将土地转出，外出务工以获取更多收入。

4）农牧户是否获得社会保障。相比于未参加社会保障的对照组农牧户，此变量与对纯农牧户转入土地影响不显著，与其转出土地存在正向概率关系，表明健全的社会保障可以弱化土地在农村牧区的社保功能，从而提高纯农牧户转出土地的概率。

（2）Ⅰ兼农牧户土地流转的影响因素分析。户主年龄、户主受教育年限、家庭承包土地面积变量对Ⅰ兼农牧户转入土地具有显著影响；而非农业收入占家庭总收入比例、户主的非农工作地点和是否获得社会保障变量对农牧户转入土地影响则不显著。其中，户主年龄与Ⅰ兼农牧户转入土地为反向概率关系，与研究假说1一致。户主受教育年限与农牧户转入土地存在正向概率关系，调研结果显示，当户主受教育年限为5年及以下，转入土地的农牧户占比为24%；当为6～9年时，占比为 41.79%。家庭承包土地总面积与农牧户转入土地存在正向概率关系，据调查，当家庭承包土地总面积为 50～100 亩时，转入土地的农牧户占 27.27%，当面积大于 100 亩时，占比则为 34.88%。

户主年龄、户主受教育年限、家庭承包土地总面积、户主非农工作地点在县外省内以及农牧户是否获得社会保障变量均对于Ⅰ兼农牧户转出土地具有显著影响；而非农收入占家庭总收入比例及户主非农工作地点在县内对其转出土地影响并不显著。其中，户主年龄与农牧户转出土地是正向概率关系。户主受教育年限越长，其转出土地的概率越小。家庭承包土地总面积与农牧户转出土地存在反向概率关系，说明承包土地总面积越少，其转出土地的概率越高，与纯农牧户的原因解释基本一致。户主非农工作地点在县外省内即离家相对较远时，其转出土地的可能性会增加。农牧户是否获得社会保障与其转出土地呈正向概率关系，说明农牧户若有机会获得较全面的社会保障，那么他们将具有社保功能的土地转出的可能性会增加。

（3）Ⅱ兼农牧户土地流转的影响因素分析。户主年龄、户主受教育年限、家庭承包土地总面积、非农收入占家庭总收入的比例、户主非农工作地点在县外省内以及农牧户是否获得社会保障变量均对于Ⅱ兼农牧户转出土地具有显著影响；而非农工作地点在县内对其转出土地并无显著影响。其中，户主年龄与农牧户转出土地存在正向概率关系，说明户主年龄越大，其转出土地的概率越大，调查结果表明，年龄为 35～55 岁的农牧户，其转出土地占比为 21%，年龄为 55 岁以上占比为 75%。户主受教育年限越长，农牧户转出土地的概率越高。农牧户非农收入占家庭总收入比重与其转出土地呈正向概率关系。家庭承包土地总面积与农牧户转出土地存在反向概率关系。将户主非农工作地点在省外作为对照组时，工作地点在县外省内的农牧户转出土地概率更高。获得社会保障的农牧户，其转出土地的可能性会增加。

Ⅱ兼农牧户的非农收入占家庭总收入比例变量对其转入土地有显著影响，而其他变量对其转入土地均无显著影响。非农收入占家庭总收入比例与农牧户转入土地呈反向概率关系，说明当非农收入占比变大时，其转入土地概率反而变小，统计分析表明，非农收入占比50％～70％时，转入土地的Ⅱ兼农牧户占比为22.11％；非农收入占比70％～90％时，占比则为14.29％。

（4）非农牧户土地流转的影响因素分析。从非农牧户转入土地模型估计结果来看，非农收入占家庭总收入比重与其转入土地为反向概率关系；而其他自变量对其转入土地均无显著性影响。从转出模型结果来看，户主年龄与其转出土地存在正向概率关系，说明户主年龄越大，其转出土地概率越大；家庭承包土地总面积越小，其转出土地的概率越高；户主受教育年限与非农牧户转出土地存在正向概率关系；非农收入占家庭总收入比重与非农牧户转出土地存在正向概率关系，说明非农收入占家庭总收入的比重较大时，其转出土地的概率也相应越大；已经获得社会保障的非农牧户，其转出土地的概率较未获得社保的非农牧户更大，调研数据表明，29.14％的非农牧户在获得社会保障后选择将承包地转出。

第七章 农牧户未来经营意向及发展阶段分析

本章运用实地调查资料，首先探究了样本农牧户选择不同经营模式的原因；而后对不同经营模式农牧户的未来经营意向进行分析；并且以此为基础，对内蒙古农村牧区农牧户兼业发展进行阶段性分析，并且进一步判断农牧户兼业的总体发展趋势。

7.1 样本农牧户选择不同经营模式的原因分析

据调查，受访纯农牧户对于"除农活之外，您家现在为什么没干点别的?"这一问题的回答表明，首要原因为"家庭成员文化程度低，缺乏技术和资金，没有外出打工的门路"，占比为 22.81%（表 7 - 1）；其次是"由于家庭拖累，走不开"，占比为 17.02%；再者是因为"家里承包地比较多而劳动力少"，占比为 13.16%。由此可见，样本农牧户选择当前经营模式是在人力资本要素和家庭因素的双重制约条件之下的被动决策结果。

表 7 - 1 调查纯农牧户未兼业原因统计分析表

单位:%

序号	项　　目	频率	占比
1	家庭成员文化程度低，缺乏技术和资金，没有外出打工的门路	130	22.81

（续）

序号	项　目	频率	占比
2	由于家庭拖累，走不开	97	17.02
3	家里承包地比较多而劳动力少	75	13.16
4	户籍制度、就业制度不完善，非农就业风险太大	32	5.61
5	本地周围没有企业，外出打工成本过高	50	8.77
6	没有能人带动	29	5.09
7	周边自然环境不好，不具备打工条件	38	6.67
8	所在地无职业介绍所或劳动就业市场，不能及时获得相关就业信息	24	4.21
9	所在地政府没有提供相应的服务来帮助农民及时获得就业信息	19	3.33
10	通过土地流转可以承包到更多的土地，实现规模经营	5	0.88
11	专心务农也能致富	34	5.96
12	从事农业清闲，富不富裕无所谓	11	1.93
13	传统观念是务工经商是不务正业	3	0.53
14	家中富裕无需外出打工	9	1.58
15	其他	14	2.46

据调查，90％以上的受访Ⅰ兼农牧户表示"在更加偏重农业的同时，不放弃非农经营"（表7-2）；其主要原因有三个：第一，"谋求更多的收入来源，想赚更多的钱"，占比为33.04％；第二，"务农收入不足以维持家庭开销"，占比为16.07％；第三，"家庭耕地面积少，家庭劳动力有剩余"，占比为15.18％。这表明，Ⅰ兼农牧户主要是受到了收入约束，从而主动选择兼业模式。

表 7-2　调查 I 兼农牧户兼业原因统计分析表

单位:%

序号	项　　目	频率	占比
1	谋求更多的收入来源,想赚更多的钱	37	33.04
2	家庭耕地面积少,家庭劳动力有剩余	17	15.18
3	务农收入不足以维持家庭开销	18	16.07
4	家庭部分成员在城里已经有了一份工作,放弃太可惜	10	8.93
5	可以防范农业风险	8	7.14
6	通过从事非农就业,开阔眼界,增加学习积累	6	5.36
7	周边自然环境好,便于打工	4	3.57
8	本地有企业,可以方便就业	2	1.79
9	有能人带动	1	0.89
10	县(乡镇)有职业介绍所,可以方便获得相关就业信息	1	0.89
11	国家出台的一系列保障农民工权益的相关政策	1	0.89
12	所在地政府有好的适用的职业培训政策和相关组织机构等,可方便获得就业信息	1	0.89
13	农闲时无事可做,年轻人在家无所事事会被人看不起	3	2.68
14	其他	3	2.68

　　问卷结果显示,对于"您家在更加偏重非农业经营的同时,是否会放弃农业?"这一问题,85.71%的受访 II 兼农牧户都回答"不放弃农业",这与梅建明(2003)的调查结论一致。在 II 兼农牧户所选择的不放弃农业经营的理由中,有23.91%的 II 兼农牧户的理由为"从事非农产业稳定性差,风险太大,给自己留条后路"(表 7-3),这表明农牧户认为自身在从事非农产业过程中仍面临自然风险、市场风险等多重风险,这些风险的存在不仅影响农牧民工作的稳定性,而且影响其兼业经营行为(梅建明,2003)。此外,选择"经营农业是增加收入的一条途径"以及"可获得廉价农产品,满足自家基本生活消

费需要"的 Ⅱ 兼农牧户分别占 20.65％ 和 17.39％。而选择
"放弃农业"的 Ⅱ 兼农牧户占比仅为 14.29％；其主要原因包
括：第一，"农业收入已微乎其微，经营农业很不划算"，占比
为 31.25％；第二，"种地太累，而且收入太低"，占比为 25％；
第三，认为"务农太辛苦"和"已有较为稳定的工作和稳定的
收入来源，无暇顾及农业"，占比均为 12.5％（表 7-4）。

表 7-3　调查 Ⅱ 兼农牧户不放弃农业的原因统计分析表

单位：%

序号	项　　　目	频率	占比
1	从事非农产业稳定性差，风险太大，给自己留条后路	22	23.91
2	获得廉价农产品，满足自家基本生活消费需要	16	17.39
3	经营农业是增加收入的一条途径	19	20.65
4	对土地和农村有难以割舍的感情	4	4.35
5	所承包耕地没有转包或只转包一部分，而相关政策规定耕地不能抛荒	1	1.09
6	抛荒或者浪费土地太可惜	5	5.43
7	农民传统观念，是农民就得种地	4	4.35
8	保留土地可以保值、增值	6	6.52
9	农村社会养老保障不健全，依赖土地养老	5	5.43
10	国家的户籍制度和相关就业制度不完善	1	1.09
11	留恋"乡土田园式"的生活，喜欢种地	2	2.17
12	三十年不变的土地承包政策	5	5.43
13	其他	2	2.17

表 7-4　调查 Ⅱ 兼农牧户放弃农业的原因统计分析表

单位：%

序号	项　　　目	频率	占比
1	农业收入已微乎其微，经营农业很不划算	5	31.25

（续）

序号	项　　目	频率	占比
2	有稳定的工作和稳定的收入来源，无暇顾及农业	2	12.50
3	农村承包的土地已全部转让，没有后顾之忧	1	6.25
4	已有城市户口，享有各项城市待遇		0.00
5	村集体有完善的养老保障制度，无后顾之忧		0.00
6	务农太辛苦	1	6.25
7	打算迁往城镇或其他城市从事非农产业	1	6.25
8	种地太累，而且收入太低	4	25.00
9	打算到外地承包耕地	1	6.25
10	其他	1	6.25

7.2　不同经营模式农牧户未来经营意向分析

统计结果显示，对于"是否愿意放弃承包地（包括草场）?"这一问题，只有16.36％的受访农牧户表示愿意，高达83.64％的受访农牧户表示不愿意；具体来看，88.54％的Ⅰ兼农牧户和82.91％的Ⅱ兼农牧户均不愿意放弃承包地。首先，从农牧户选择"愿意放弃承包地"的理由看，有26.19％的农牧户认为"种地收入太低，有没有无所谓"（表7-5），其中，Ⅰ兼农牧户、Ⅱ兼农牧户和非农牧户的选择占比分别为47.37％、55.56％和60.61％。显见，收入因素是制约兼业农牧户和非农牧户经营模式选择的核心要素。选择"土地质量太差，经营土地浪费人财物"和"无力耕种"的农牧户占比分别为15.48％和14.29％。其次，从农牧户选择"不愿意放弃承包地"的原因来看，排名前三名的分别为：第一，"非农就业不稳定，万一失业后就没退路了"，占比为23.32％（表

7-6)。第二，"土地（包括草场）是唯一的后路，放弃土地就等于失去了社会保障"，占比为16.59%。第三，"土地（包括草场）是命根子，有田不慌"，占比为15.25%。另外，样本农牧户对于"具备哪些条件，您家愿意放弃土地承包经营权？"这一提问的回答中，表示在任何情况下都不会放弃承包经营权的兼业农牧户仅占14.52%（表7-7）；选择"有稳定的非农工作和稳定收入"的占比最高，为26.34%；选择"政府对承包经营权的放弃给予相应的经济补偿"占比次之，为18.01%。第四，选择"国家能够保证农民的最低生活保障和养老保障，能够享受劳保福利"的占比则为17.74%。第五，选择"迁入城镇定居，有城市户口，享有各项市民待遇"，占比为15.05%。问卷结果表明，有78.97%的受访农牧户对于"以退出土地和宅基地为前提，拿"两地"换城市户籍和相应的城市公共服务"的条件方案表示同意；这就表明了在一定时期内兼业经营模式转变的稳定性，从而也说明了兼业农牧户的劳动时间在农业与非农业之间分配的选择的合理性。调查结果显示，调查兼业农牧户愿意放弃土地承包经营权条件按照重要性排序为：第一，"有稳定的非农工作和稳定收入"，占比为26.34%；第二，"政府对承包经营权的放弃给予相应的经济补偿"，占比为18.01%；

表7-5　调研农牧户愿意放弃承包地原因统计分析表

单位：%

序号	项　　目	频率	占比
1	种地收入太低，有没有无所谓	22	26.19
2	无力耕种	12	14.29
3	土地质量太差，经营土地浪费人、财、物	13	15.48
4	家庭非农产业收入足够养活全家	11	13.10
5	种地自然环境较差	1	1.19

（续）

序号	项　　目	频率	占比
6	向往城市生活，计划搬到城镇或城市居住	8	9.52
7	家庭人员的户籍已改变	6	7.14
8	土地已经全部转包	1	2.38
9	觉得种地太累太辛苦	2	2.38
10	其他	7	8.33

表 7-6　调研农牧户不愿意放弃承包地原因统计分析表

单位：%

序号	项　　目	频率	占比
1	非农就业不稳定，怕失业后没退路	104	23.32
2	土地是命根子，有田不慌	68	15.25
3	土地是唯一的后路，放弃土地就等于失去了社会保障	74	16.59
4	感情上舍不得	24	5.38
5	可保障家庭的粮食安全	66	14.80
6	种地收入是家里主要收入来源	59	13.23
7	可以通过出租土地赚钱，种地可获得国家补贴，还可等待征用	33	7.40
8	喜欢农业	7	1.57
9	其他	11	2.47

表 7-7　调查兼业农牧户愿意放弃土地承包经营权条件统计分析表

单位：%

序号	项　　目	频率	占比
1	任何情况下都不会放弃承包经营权	54	14.52
2	有稳定的非农工作和稳定收入	98	26.34
3	迁入城镇定居，有城市户口，享有各项市民待遇	56	15.05

（续）

序号	项　　目	频率	占比
4	政府对承包经营权的放弃给予相应的经济补偿	67	18.01
5	国家能够保证农民的最低生活保障和养老保障，能够享受劳保福利	66	17.74
6	农村承包的土地全部转让，没有后顾之忧	22	5.91
7	其他	9	2.42

　　调研结果表明，约59.93%的受访农牧户表示不愿意迁移到城镇最终成为市民；从不同经营模式农牧户来看，只有52.31%的非农牧户愿意迁移；而纯农牧户、Ⅰ兼农牧户、Ⅱ兼农牧户中选择不愿意的户数均高于愿意迁移所占户数，占比分别63.98%、64.57%、57.41%。由此，针对愿意迁移到城镇的这部分农牧户，进一步跟进提问其打算定居的地点，回答结果显示，选择"老家所在的中心镇、县城或城市"的占比最高，为72.91%；选择"打工城市"的占比次之，为18.51%；选择"其他镇、县城或城市"的占比最低，仅为8.58%。此外，从选择"愿意迁移到城镇最终成为市民"的理由来看，18.93%的农牧户选择了"城市的教育和医疗更发达"（表7-8）；选择"城里人收入高，生活更好"和"子女后代有更好地成长环境，有利于儿女成长"的占比分别为17.72%和14.08%。另外，从选择"不愿意迁移至城镇成为市民"的主要原因来看：第一，"城市就业风险大、不稳定，害怕失业后生活没有保障"，占比为21.38%（表7-9）。第二，"城市房价太高，买不起住房"，占比为17.68%。第三，"城市生活费用太高"，占比为14.47%。根据调查，若政府能够提供医疗保险、失业保险和养老保险等社会保险，或者能够提供稳定工作或者低价城镇住宅；则愿意放弃土地承包权而迁居城市的农牧户占样本总数高达71.1%（表7-10）。由此可见，实现政

府提供的社会保障替换农户的自我保障，是建议兼业农牧户转化为非农牧户的重要前提条件。

表7-8　调查农牧户愿意迁移至城镇的原因统计分析表

单位：%

序号	项　　目	频率	占比
1	城里人收入高，生活更好	73	17.72
2	城市社会保障和福利好，城里人有退休工资和社会保障	52	12.62
3	城市就业机会多，可以有体面和稳定的工作	46	11.17
4	农民社会地位太低	12	2.91
5	城市的教育和医疗更发达	78	18.93
6	农民负担太重	18	4.37
7	城市生活环境好、质量高	34	8.25
8	城里人精神文化生活更丰富多彩	15	3.64
9	子女后代有更好地成长环境，有利于儿女成长	58	14.08
10	在城市个人发展机会更多	14	3.40
11	周围有许多人迁移了，自家也想效仿	7	1.70
12	其他	5	1.21

表7-9　调查农牧户不愿意迁移至城镇的原因统计分析表

单位：%

序号	项　　目	频率	占比
1	城市就业风险大、不稳定，害怕失业后生活没有保障	133	21.38
2	城市压力大，不如农村生活舒适	85	13.67
3	城市房价太高，买不起住房	110	17.68
4	城市生活费用太高	90	14.47
5	不愿意放弃土地承包权	61	9.81
6	在城市受歧视，融入城市难	8	1.29
7	城市教育费用太高	10	1.61

（续）

序号	项　　目	频率	占比
8	没有城市户口，享受不到市民待遇，没有城市人的社会保障和福利	18	2.89
9	祖辈生活在农村，熟悉这个环境，不舍得离开故乡，失去土地	50	8.04
10	农村生活环境比城市好	31	4.98
11	迁移成本太高	9	1.45
12	害怕不能适应新环境	8	1.29
13	害怕可能会受到政府政策限制	1	0.16
14	城市生育政策较严	1	0.16
15	其他	7	1.13

表 7-10　调查农牧户对于政府动员迁居城市应落实政策统计分析表

单位：%

序号	项　　目	频率	占比
1	提供医疗保险和失业保险，养老保险等社会保险	153	25.42
2	提供稳定的工作	150	24.92
3	低价提供城镇住宅	125	20.76
4	保留土地承包权	87	14.45
5	保留住宅基地申请权	40	6.64
6	保留现有的农村剩余政策	38	6.31
7	其他	9	1.50

7.3　农牧户兼业发展阶段分析

结合不同经营模式农牧户生产经营特征和未来经营意向，

我们来进一步分析内蒙古农村牧区农牧户兼业的发展阶段。就
一典型农区、牧区或半农半牧区而言，不同经营模式农牧户随
经济发展的变化，大致包括五个阶段（图7-1）。在内蒙古农
村牧区经济发展的早期阶段（阶段Ⅰ），农业经济占主导地位，
几乎所有的农牧户均为纯农牧户，其所有劳动力均从事农业生
产。改革开放之后，家庭联产承包责任制的建立推动一部分处
于隐性失业状态的农牧户家庭开始将其劳动力在更大范围的产
业和区域中进行配置，于是，在阶段Ⅰ末期，一兼农牧户逐渐
开始出现。在阶段Ⅱ，由于兼业收入的比较效益相对较高，Ⅰ
兼农牧户的增速较快；在此进程中，部分Ⅰ兼农牧户家庭的生
产经营重心逐步向非农产业转变，其非农收入占家庭总收入的
比重逐渐超过农业收入占比，于是在阶段Ⅱ的中期，Ⅱ兼农牧
户开始出现，相应的纯农牧户数量呈大幅下降趋势。在阶段
Ⅲ，Ⅰ兼农牧户和Ⅱ兼农牧户的数量均呈现显著上升态势，但
前者的增长速度显著高于后者；此外，随着Ⅱ兼农牧户劳动力
从事非农产业的范围进一步扩大、程度不断加深，非农牧户开
始出现；这些农牧户虽然仍旧具有农村户籍，但其已脱离农业
生产，非农收入成为单一收入来源；Ⅰ兼农牧户、Ⅱ兼农牧户
和非农牧户的增长，促使纯农牧户的数量进一步下降。在阶段

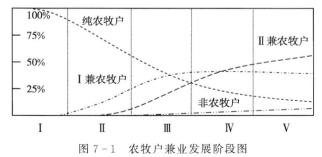

图7-1　农牧户兼业发展阶段图

资料来源：李小建，乔家君．欠发达地区农户的兼业演变及农户经济
发展研究．中州学刊．2003.9.

Ⅳ的前期，Ⅰ兼农牧户的增长速度仍旧稍高于Ⅱ兼农牧户，但与阶段Ⅲ相比，显著趋缓；于是，Ⅱ兼农牧户的增长速度在阶段Ⅳ的后期开始逐渐超越Ⅰ兼农牧户，而非农牧户的数量则呈现平稳增长态势。在阶段Ⅴ，随着土地流转规模的扩大和农业机械化水平的进一步提高，经营农业的规模会不断扩大，纯农牧户数量虽有所下降但会稳定在一定水平，农业专业大户的数量呈现增加趋势；在农业现代化进程中部分纯农牧户可能会参与兼业，部分兼业农牧户又可能会演变为非农牧户，但兼业农牧户总体所占比例会相对稳定。

从调研样本情况来看，内蒙古农村牧区农牧户兼业行为较为普遍，通过对农牧户兼业时间的实证研究，结合不同经营模式农牧户未来经营意向的分析，我们推测内蒙古农村牧区的农牧户兼业水平基本处于兼业发展的阶段Ⅱ和阶段Ⅲ，并且会持续较长一段时间。兼业的发展是内蒙古农村牧区劳动力迁移的一个必经过程，尽管目前这种迁移并不彻底。农牧户兼业的进一步发展，会在数量稳定的基础上不断提高质量和效益。

第八章　基本结论与政策建议

本研究基于内蒙古农村牧区农牧户调查数据，回顾了中国发达地区农户的兼业发展阶段，并且进一步研究了欠发达地区农户兼业的发展特征；总结了日本农户兼业的发展规律；从理论角度剖析了农户兼业行为的动机与决策；从实证角度分析了影响农户兼业行为的相关因素与作用机理；分析了农牧户兼业生产经营特征；尤其注重分析了农牧户土地流转特征；探析了不同经营模式农牧户的未来经营意向，并对于内蒙古农村牧区农牧户兼业的总体发展趋势作出判断。本章在总结全文的基础上提出了相应的政策建议。

本章的第一部分总结本研究得出的主要结论；第二部分在第一部分的基础上讨论相应的政策建议。

8.1　主要结论

样本统计数据显示，内蒙古农村牧区农牧户兼业行为较为普遍，2013 年内蒙古农村牧区兼业率为 32.13％；兼业农牧户中，Ⅰ兼农牧户占比 44.86％；Ⅱ兼农牧户占比 55.14％。分区域来看，东部、中部和西部地区的纯农牧户占比均为最高。纯农牧户的土地总面积、承包耕地面积和承包草场面积均为最高，Ⅰ兼农牧户均为次之，非农牧户均为最低。Ⅱ兼农牧户的家庭劳动力全年劳均从事工作总工日以及劳动时间利用率均最高，Ⅰ兼农牧户均为次之，纯农牧户均最低。纯农牧户的农业总成本、种植业总成本和养殖总成本均最高。Ⅰ兼农牧户的种植业每亩产值、粮食每亩产量和产值均最高；纯农牧户的种植业劳动力单位工日产值最高；非农牧户均为最低。

本研究通过回顾日本农户兼业发展历程，对中国发达地区农户兼业发展进行阶段性分析，而后结合内蒙古农村牧区1 332户农牧户的实地调研数据，分析了中国欠发达地区农户兼业现状；对中日两国农户兼业的阶段进行比较研究之后，得出以下三点结论：

第一，日本农户兼业发展经历了兼业发展初期（纯农户为主体，兼业户初见端倪）——兼业发展中期（兼业户和纯农户并存，Ⅰ兼户为主体）——兼业发展后期（兼业户和纯农户并存，Ⅱ兼户为主体）——兼业发展末期（纯农户和非农户并存，农业现代化发展时期）四个阶段。第二，中国发达地区农户兼业主要经历了三个阶段，从兼业发展初级阶段（纯农户为主体）到兼业发展中级阶段（兼业户的萌芽及发展阶段）再到兼业发展高级阶段（非农户崭露头角，不同经营模式农户并存）。第三，本研究结合内蒙古农村牧区农牧户的实地调查数据，通过分析其当前农牧户兼业的现状，认为中国欠发达地区还处于兼业发展中级阶段。

本研究运用二分类 Logistic 模型结合农牧户家庭人力资本特征、家庭特征、土地资源特征、获取信息特征、社会环境特征、地理区域特征变量对农牧户的兼业动机与决策进行了实证分析，得出以下结论：

从农牧户劳动力人力资本特征来看，户主年龄变量对农牧户兼业行为具有显著的负向影响；家庭劳动力最高学历、接受过非农业技术培训的劳动力人数、所有劳动力从事非农工作平均年数变量均对农牧户兼业行为具有显著的正向影响；从农牧户家庭特征来看，农牧户家庭总人口数、家庭中从事非农工作的总人数占劳动力总人数的比例、家庭中 15 岁以下孩子人数均对农牧户兼业行为具有显著的正向影响；而家庭中 65 岁以上老人人数则对农牧户兼业行为具有显著的负向影响；从土地资源禀赋特征来看，农牧户土地类型、承包土地灌溉方便程度、2013 年是否转出自家土地均对农牧户兼业行为具有显著的正向影响，2013 年是否转入土地对农牧户兼业行为具有显著的负向影响；从获取信息特征来看，2013 年通讯费支出变量对农牧户兼业行为具有显著的正向影响；而农牧户认为家庭的亲人或朋友中"有本事"的人数对农牧户兼业行为的影响并不显著。从社会环境维度来看，农牧户所在村的位置变量虽然在 10％水平显著，但估计系数的符号与预期相反。

本研究从农牧户家庭劳动力人力资本特征维度、家庭特征维度、资源禀赋特征维度、土地流转情况维度、社会资产维度、获取信息能力维度、社会环境维度、不同经营模式虚拟变量、地理区域特征虚拟变量，运用 Tobit 模型对内蒙古农村牧区农牧户兼业时间的影响因素进行了计量统计分析，得出以下结论：

农牧户家庭劳动力人力资本特征变量中农牧户劳动力平均年龄及其平方项对农牧户兼业时间具有显著影响，其影响方向与预期一致，即农牧户劳动力平均年龄对于农牧户兼业时间的影响呈倒"U"型；农牧户家庭劳动力的最高学历对其兼业时间呈现显著的正向影响；农牧户家庭中接受过农业技术培训的劳动力人数变量并不显著；农牧户家庭中接受过非农业技术培训的劳动力人数越多，农牧户兼业时间越长，与预期方向一致。农牧户家庭所有劳动力从事非农工作平均年数与农牧户兼业时间呈显著正相关关系。农牧户家庭特征变量中总人口、从事非农工作的总人数占劳动力总人数的比例、所有劳动力兼业总收入以及家中 15 岁以下孩子的数量均对农牧户兼业时间具有显著的正方向影响；而农牧户家庭中 65 岁以上老人人数则与农牧户兼业时间呈现显著的负相关关系。农牧户家庭中户籍迁移到现工作地或别处的人数变量的估计参数不显著；农牧户承包地总面积、土地类型、承包土地灌溉方便程度、是否转出自家土地与农牧户兼业时间呈现显著的正相关关系；土地细碎化程度与可用机械作用面积占农牧户家庭总播种面积变量估计结果虽然显著，但其估计参数符号与预期相反；而是否转入土地对农牧户兼业时间影响并不显著。社会资产变量中，户主是否为村干部变量并不显著；农牧户家庭的亲人或朋友中的"有本事"的人数变量较为显著，对农牧户兼业时间具有正方向影响；在反映农牧户获取信息的两个变量中，农牧户当年通讯费支出变量不显著，而农牧户所在村距最近乡镇府所在地的距离对于农牧户兼业时间具有显著的负向影响。农牧户所在村的位置和村里是否有人提供农技服务这两个变量均不显著。不同经营模式虚拟变量的估计结果均较为显著，估计参数与预期一致，表明兼业农牧户和非农牧户的兼业时间均显著高于纯农牧户。地区虚拟变量估计结果显示，东部地区虚拟变量并不显著，而中部地区虚拟变量高度显著，表明中部地区兼业时间明显多于东西部地区。

本研究基于内蒙古农村牧区 1 332 户农牧户调研数据，采用无序多分类 Logistic 概率模型分别对不同经营模式农牧户土地承包经营权流转的影响因素进行了回归分析，得出以下结论：

2013 年非农牧户的土地流转率最高，为 16.38％；Ⅱ兼农牧户的最低，为 11.70％；纯农牧户和Ⅰ兼农牧户分别为 15.56％和 14.36％。户主年龄、户主受教育程度、家庭承包土地面积和农牧户是否获得社会保障变量是不同经营模式农牧户参与土地承包经营权流转的共同影响因素。户主的非农就业地点对Ⅰ兼农牧户和Ⅱ兼农牧户均呈现显著影响；但对于纯农牧户和非农牧户土地承包经营权流转均影响不显著。非农收入占家庭总收入的比重对Ⅱ兼农牧户和非农牧户均具有显著影响；而对于纯农牧户和非农牧户参与土地承包经营权流转均无显著影响。

本研究通过对比分析不同经营模式样本农牧户的未来经营意向及原因，得出以下结论：

样本纯农牧户选择当前经营模式是人力资本要素和家庭因素的双重制约条件之下的被动决策结果；Ⅰ兼农牧户主要是受到了收入约束，从而主动选择兼业模式；Ⅱ兼农牧户不放弃农业经营的首要理由表现为从事非农产业风险较大。对于样本农牧户未来经营意向的调查结果显示：不同经营模式农牧户继续兼业经营的倾向非常明显，从而也说明了兼业农牧户的劳动时间在农业与非农业之间分配选择的合理性，同时也显示出在兼业经营模式一定时期内转变的稳定性；而是否能够实现政府提供的社会保障替换农户的自我保障，则是兼业农牧户转化为非农牧户的重要前提条件。兼业的发展是内蒙古农村牧区劳动力迁移的一个必经过程，尽管目前这种迁移并不彻底。农牧户兼业的进一步发展，会在数量稳定的基础上不断提高质量和效益。

8.2　政策建议

农户兼业作为一种分工现象，不仅在世界各国普遍存在，更是中国农村经济转型时期具有自身特色的重要现象，并将在一定时期内长期存在。内蒙古农村牧区在农业现代化进程中，农牧户剩余劳动力不断显现，兼业是具备兼业条件的农牧户的必然选择。农牧户兼业不仅可以促进劳动时间的优化配置，而且可以充分利用家庭闲置资源获取更多收入，从而分散农业经营风险、熨平收入波动。因此，政府在推动兼业农牧户增加兼业时间和提高兼业收入过程中应该注意以下几个方面：

第一，统筹推进土地制度改革，推动农业现代化的发展进程。探索建立进城农牧民工承包地（草场）和宅基地等土地资源的自由处置权，依法以土地使用权的转让、租赁、入股、互换等多元化流转形式来推动内蒙古农村牧区土地使用权的长期化、私有化和资本化；在特定农村牧区区域，尝试建立产权流转交易市场，在符合规划和用途管制的前提下，允许农村牧区集体经营性建设用地出让、租赁、入股，实行与国有土地同等入市、同权同价。特别是对于已经完全脱离农牧业生产、进程务工或创业的农牧民工而言，可以在自愿、依法、有偿的前提下，将其拥有的承包地、宅基地和建设用地，通过转让或抵押等流转方式来有效降低城镇生活成本，使其彻底从土地的束缚中解放出来。此外，还需要建立完善有利于土地承包经营权流转的制度来逐步实现对农村牧区土地社保功能的替代，重点加强以养老和医疗保险为主要内容的农村牧区社会保障体系建设，保障进城农民工及其随迁家属平等享受城镇基本公共服务，扩大城镇社会保险对农牧民工的覆盖面。

第二，实行农村牧区教育一体化，创新农村牧区劳动力培训机制。注重加强农村基础教育、成人教育、中等职业教育、高等职业教育不同教育层次的衔接；突出将农村职业教育与义务教育相衔接；最终实现教育一体化发展。逐步建立人社部门、农业、教育、科技等部门协作配合的新型培训机制。设立农村劳动力培训专项经费，建立以盟市级政府为主导、多方共同参与的融资机制、资金补贴机制、农村劳动力培训需求反馈机制、培训单位公平竞争机制以及农村劳动力培训监督检查机制。此外，还需探索建立城乡一体化的盟市、旗县、乡镇、村（嘎查）四级劳动力市场信息网络，为农村牧区劳动力流转提供及时全面的务工信息。尤其要加大对兼业农牧户非农就业培训力度，逐步引导其向非农牧户转变，从而为土地流转市场增加有效供给。通过实施农牧民工职业技能提升计划，提高其非农就业能力和在城市就业市场的竞争力，拓宽兼业农牧户非农就业渠道；注重落实同工同酬政策，依法保障农民工劳动报酬权益，建立农牧民工工资正常支付的长效机制。

第三，提高内蒙古农村牧区基础设施建设水平，进一步完善公共服务和社会保障。重点发展农村牧区的道路网、供水网、供电网、通讯网和广播电视网，解决部分农村牧区存在的交通不便供电不足等问题，要充分利用乡镇信息化平台，拓宽信息共享渠道。此外，还要持续加大在节水灌溉、农机装备等领域的农业科技投入力度，建立农牧业综合信息服务体系。

第四，进一步推进户籍制度改革，真正放宽户籍制度。本研究发现，目前大多数农牧户虽然出外兼业但并不愿意迁移户口，即便有些农牧户已经迁移，也是为了子女教育，可以说绝大部分的劳动力兼业目标都是为了增加家庭收入。因此，户籍改革的关键不在于取消农村户口和城镇户口称谓上的差别，而应体现为实质性地消除隐藏在户口中的社会保障、住房、子女教育、劳动歧视等方面的利益差别，以及解决与农业户口连带的农业补贴、政府扶持，舍弃土地后的收入稳定性保障等后续问题，否则农牧民较难放弃"天然保障"的土地，国家户籍改革也将难见成效。因此，需要进一步完善内蒙古农村牧区的社会保障体系，譬如建立城乡统筹的养老和医疗保险体系，解决农牧户在转出承包土地甚至退出土地承包经营权机制的后顾之忧。

第五，发挥家庭经营的基础作用，继续重视和扶持其发展农牧业生产。需要重点培育以家庭成员为主要劳动力、以农牧业为主要收入来源，从事专业化、集约化农牧业生产的家庭农牧场，使之成为引领适度规模经营、发展现代农牧业的有生力量。

8.3　本研究的创新点

第一，已有关于兼业时间的研究大多偏重于发达地区，而以大样本的微观农牧户数据为基础，运用相应的计量方法对内蒙古农村牧区农牧户兼业时间进行实证分析的相关文献尚不多见。本研究以新家庭经济学模型和巴纳姆—斯奎尔模型为基础构建了农牧户兼业时间作用机理的概念模型和农牧户家庭劳动时间配置的基本分析框架，并以此为基础，运用 Tobit 模型对内蒙古农村牧区农牧户兼业时间的影响因素进行计量统计分析，探讨农牧户兼业机理。

第二，运用实地调查资料，探究样本农牧户选择不同经营模式的原因；分析不同经营模式农牧户的未来经营意向；并对内蒙古农村牧区农牧户兼业发展进行阶段性分析；进一步判断内蒙古农村牧区农牧户兼业的总体发展趋势。

参 考 文 献

卜琦娟. 农户土地承包经营权流转问题研究 [D]. 南京：南京农业大学，2011.

蔡基宏. 关于农地规模与兼业程度对土地产出率影响争议的一个解答——基于农户模型的讨论 [J]. 数量经济技术经济研究，2005（3）：28－38.

陈和午. 中国农户土地租佃行为研究 [D]. 北京：中国农业大学，2006.

陈美球，等. 耕地流转中农户行为的影响因素实证研究 [J]. 中国软科学，2008（7）：6－13.

陈晓红，汪朝霞. 苏州农户兼业行为的因素分析 [J]. 中国农村经济，2007（4）：25－31.

陈言新，彭展. 从兼业经营到专业化：中国农民经营形式的转换 [J]. 经济研究，1989（12）：24－28.

程名望，史清华，等. 中国农村劳动力转移动因与障碍的一种解释 [J]. 经济研究，2006（4）：68－78.

丁艳平. 发达国家农村富余劳动力转移的经验研究 [J]. 世界农业，2014（10）：23－26.

董昭容，姜长云. 农户内在因素对农户类型选择和分化的影响 [J]. 安徽农业大学学报（社会科学版），1996（l），37－40.

都阳. 贫困地区农户非农劳动供给的决定因素 [J]. 农业技术经济，1999（5）：32－36.

都阳. 中国贫困地区农户劳动供给研究 [M]. 北京：华文出版社，2001.

杜润生. 杜润生自述：中国农村体制变革重大决策纪实 [M]. 北京：人民出版社，2005.

段庆林. 中国农村家庭经济类型与分工经济研究［J］. 经济学家，2002（5）：72-78.

冯林杰. 中国农业现代化的制度路径研究［D］. 济南：济南大学，2010.

弗兰克·艾利思. 农民经济学［M］. 上海：上海人民出版社，2006.

扶玉枝，朱磊. 家庭特征对农户兼业经营的影响分析——以湖南省新化县为例［J］. 广东商学院学报，2007（4）：80-83.

高海秀，句芳. 不同经营模式的农牧户土地承包经营权流转影响因素研究［J］. 内蒙古农业大学学报（社会科学版），2015（3）：20-28.

高强. 发达国家农户兼业化的经验及启示［J］. 中国农村经济，1999（9）：77-80.

弓秀云. 农户劳动供给研究——基于家庭分工的角度［D］. 北京：中国农业大学，2007.

苟颖萍，贺春生. 我国农户兼业化与农民增收问题探析［J］. 农业参考，2010（6）：97-99.

辜胜阻. 马克思主义农村兼业经营与劳动力非农化理论及中国的实践［J］. 农村经济与社会，1992（4）：1-9.

国家统计局. 中国统计年鉴［M］. 北京：中国统计出版社，2000.

国家统计局内蒙古调查总队. 2013年内蒙古农牧民工呈现良好发展态势［J］. 调查与研究，2014（20）：13-15.

韩亚恒，聂凤英. 农户兼业行为研究——以河南粮食主产县为例［J］. 调研世界，2015（6）：33-36.

郝海广，李秀彬，等. 农户兼业行为及其原因探析［J］. 农业技术经济，2010（3）：16-23.

贺雪峰. 当前三农领域的两种主张［J］. 经济导刊，2014（8）：72-73.

洪名勇，关海霞. 农户土地流转行为及影响因素分析［J］. 经济问题，2012（8）：72-77.

胡帮勇，江世银. 民族地区农户兼业发展的调查与评析［J］. 广东农业科学，2012（1）：191-194.

胡帮勇. 贫困地区农户兼业经营的影响因素与发展对策——以四川省仪陇县为例［J］. 安徽农业科学，2011（34）：514-516.

胡浩，王图展. 农户兼业化进程及其对农业生产影响的分析［J］. 江海学刊，2003（6）：53-58.

胡荣华. 农户兼业行为研究——以南京市为例的分析 [J]. 南京社会科学，2000（7）：87-92.

句芳，高海秀. 农牧户兼业行为对土地承包经营权流转的影响 [J]. 干旱区资源与环境，2015（12）：75-78.

句芳，高明华，张正河. 我国农户兼业劳动时间影响因素探析——基于河南省农户调查的实证研究 [J]. 农业技术经济，2008（1）：40-44.

句芳，高明华，张正河. 中原地区农户非农劳动时间影响因素的实证分析——基于河南省298个农户的调查 [J]. 中国农村经济，2008（3）：57-64.

句芳，孟凡杰，孙宝全. 农牧户兼业时间的实证研究——基于内蒙古农村牧区的问卷调查 [J]. 农业技术经济，2015（6）：60-68.

句芳，张正河，高明华. 创新培训理念、培育新型农民的几点思考——基于河南省326个农户劳动时间利用情况的调查 [J]. 技术经济，2007（11）：110-114.

李练军. 中小城镇新生代农民工市民化意愿影响因素研究 [J]. 调研世界，2015（3）：38-43.

李民寿. 我国农户兼业化问题之研究 [J]. 农村经营管理，1993（3）：29-31.

李明艳，陈利根，等. 不同兼业水平农户土地利用行为研究——以江西省为例 [J]. 江西农业学报，2009（10）：185-188.

李强. WTO背景下中国农户生产和消费行为研究 [D]. 北京：中国科学院，2005.

李巧玲. 国外农村劳动力转移理论及实践 [J]. 世界农业，2014（12）：29-32.

李涛，陈治谏. 西部小城镇城郊农户兼业初探——以四川省丹棱县板桥村为例 [J]. 安徽农业科学，2007（21）：6621-6624.

李宪宝，高强. 行为逻辑、分化结果与发展前景 [J]. 农业经济问题，2013（2）：56-65.

李小健，乔家君. 欠发达地区农户的兼业演变及农户经济发展研究——基于河南省1000农户的调查分析 [J]. 中州学刊，2003（5）：58-61.

李争，杨俊．农户兼业是否阻碍了现代农业技术应用——以油菜轻简技术为例 [J]．中国科技论坛，2010（10）：144-150．

梁流涛，曲福田．不同兼业类型农户的土地利用行为和效率分析——基于经济发达地区的实证研究 [J]．资源科学，2008（10）：87-94．

梁骞，咸立双．我国农户兼业化问题探析 [J]．理论探讨，2004（5）：59-61．

廖洪乐．农户兼业及其对农地承包经营权流转的影响 [J]．管理世界，2012（5）：68-76．

刘君．农业劳动力的兼业性转移行为研究 [D]．郑州：河南农业大学，2005．

刘清民，黄娟．发达国家农村劳动力转移的经验及启示 [J]．世界农业，2008（5）：43-46．

刘同山，孔祥智．兼业程度、地权期待与农户的土地退出意愿 [J]．经济与管理研究，2013（10）：73-80．

刘秀梅．农户家庭劳动时间配置行为分析 [J]．中国农村观察，2004（2）：46-52．

楼江，祝华军．中部粮食产区农户承包地经营与流转状况研究——以湖北省 D 市为例 [J]．农业经济问题，2011（3）：17-22．

陆一香．论兼业化农业的历史命运 [J]．中国农村经济，1988（2）：36-40．

罗芳，鲍宏礼．农户时间配置模型的理论发展回顾与述评 [J]．广东农业科学，2010（5）：8-11．

梅建明．工业化进程中的农户兼业经营问题的实证分析 [J]．中国农村经济，2003（4）：58-66．

梅建明．转型时期农户兼业经营状况分析——以湖北省为例 [J]．财经研究，2003（8）：69-75．

恰亚诺夫．农民经济组织 [M]．萧正洪，译．北京：中央编译出版社，1996．

钱忠好．非农就业示范必然导致农地流转 [J]．中国农村经济，2008（10）：13-19．

秦建群，吕忠伟．中国农户信贷需求及其影响因素分析 [J]．当代经济科学，2011（5）：33-39．

盛来运. 中国农村劳动力外出的影响因素分析 [J]. 中国农村观察, 2007 (3)：2 - 14.

史清华, 黄祖辉. 农户家庭经济结构变迁及其根源研究——以 1986 - 2000 年浙江 10 村固定跟踪观察农户为例 [J]. 管理世界, 2001 (4)：112 - 129.

史清华, 徐翠萍. 农户家庭成员职业选择及影响因素分析——来自长三角 15 村的调查 [J]. 管理世界, 2007 (7)：75 - 83.

史清华, 张改清. 农户家庭决策模式与经济增长的关系——来自浙江 5 村的调查 [J]. 农业现代化研究, 2003 (2)：86 - 90.

速水佑次郎, 神门善久. 农业经济论 [M]. 沈金虎, 等, 译. 北京：中国农业出版社, 2003.

孙晓明, 刘晓昀, 等. 中国农村劳动力非农就业 [M]. 北京：中国农业出版社, 2005.

孙玉娜, 李录堂, 薛继亮. 农村劳动力流动、农业发展和中国土地流转 [J]. 干旱区资源与环境, 2012, (1)：25 - 30.

唐踔. 我国新生代农民工市民化的制约因素与对策建议 [J]. 内蒙古农业大学学报 (社会科学版), 2010, (4)：270 - 273.

田维明. 计量经济学 [M]. 北京：中国农业出版社, 2005.

汪磊. 农户行为：可分性的理论与实证研究——以云南省昭通市为例 [D]. 昆明：云南财经大学, 2010.

王春超. 收入波动中的中国农户就业决策——基于湖北省农户调查的实证研究 [J]. 中国农村经济, 2007 (3)：48 - 57.

王春超. 中国农户就业决策与劳动力流动：一个新的解释——基于湖北农户调查的实证研究 [D]. 武汉：华中师范大学, 2005.

王春超. 中国农户就业决策与劳动力流动 [M]. 北京：人民出版社, 2010.

王杰, 句芳. 内蒙古农村牧区农牧户土地流转影响因素研究——基于 11 个地区 1332 个农牧户的调查 [J]. 干旱区资源与环境, 2015 (6)：74 -79.

王兆林, 杨庆媛. 农户兼业行为对其耕地流转方式影响分析——基于重庆市 1096 户农户的调查 [J]. 中国土地科学, 2013, 27 (8)：68 - 69.

韦革. 我国兼业农户形成的原因及其评价 [J]. 华中理工大学学报（社会科学版），1998 (3)：64 - 67.

卫新，胡豹，徐萍. 浙江省农户生产经营行为特征与差异分析 [J]. 中国农村经济，2005 (10)，49 - 56.

魏悦，魏忠. 近代以来中国农业剩余劳动力转移思想的历史演进 [J]. 财经研究，2011 (8)：48 - 58.

吴亮. 发达国家农村劳动力转移与比较优势升级的经验 [J]. 世界农业，2014 (1)：20 - 22.

向国成，韩绍凤. 农户兼业化：基于分工视角的分析 [J]. 中国农村经济，2005 (8)：4 - 16.

杨皓天，句芳. 基于 DEA 模型的内蒙古农村牧区粮食生产效率实证研究——源于内蒙古 10 个地区的 1312 户农牧户调研数据 [J]. 干旱区资源与环境，2015 (6)：32 - 38.

余鹏翼，李善民. 中国发达地区农地使用权流转性问题探讨——以广东省南海市为例 [J]. 中国农村经济，2004 (12)：22 - 26.

余维祥. 论我国农户的兼业化经营 [J]. 农业经济，1999 (6)：27 - 28.

张俊霞，索志林. 发达国家农村劳动力转移模式比较及经验借鉴 [J]. 世界农业，2012 (7)：36 - 39.

张林秀. 经济波动中农户劳动力供给行为研究 [J]. 农业经济问题，2000 (5)：7 - 15.

张林秀. 农户经济学基本理论概述 [J]. 农业技术经济，1996 (3)：24 - 30.

张兴华. 从国外经验看中国劳动力转移的战略选择 [J]. 经济研究参考，2004 (81)：44 - 51.

郑杭生，汪雁. 农户经济理论再议 [J]. 学海，2005 (2)：66 - 75.

周婧，杨庆媛，等. 贫困山区农户兼业行为及其居民点用地形态 [J]. 地理研究，2010 (10)：45 - 57.

周英. 农户兼业户经营发展现状与趋势研究 [J]. 商业时代，2010 (4)：108 - 110.

朱明芬，李南田. 农户采用农业新技术的行为差异及对策研究 [J]. 农业技术经济，2001 (2)：27 - 30.

A. Kimhi and Eliel Rapaport. Time Allocation Between Farm and Of

Farm Activities in Israeli Farm Households-1995 [J]. Agriculture Economics, 2001 (11).

A. V. Chayanov. The Theory of Peasant Economy [M]. The University of Wisconsin Press, 1986.

Barlet, P. F. Motivations of Part-time Farmers: Multiple Job Holding Among Farm Families [M]. M. C. Hallberg, J. L. Finders, and D. A Lass, eds. Ames IA lowa State University Press, 1991.

Barnum, Howard N. and Lyn Squire. A Model of an Agricultural Household: Theory and Evidence [R]. World Bank Occasional Paper No. 27, Washington DC: World Bank, 1979.

Barnum, Howard N. and Lyn Squire. An Econometric Application of the Theory of the Farm-Household [J]. Journal of Development Economics, 1979 (1): 79 - 102.

Becker, G. The theory of Allocation of Time [J]. The Economic Jorunal, 1965 (75): 493 - 517.

Fuller, A. From Part-time Farming to Pluriactivity [J]. Journal of Rural Studies, 1990 (6).

Furtan, W. H. , G C. Van Kooten, and S. J. Thompson. The Estimation of Off-farm Supply Functions in Saskatchewan [J]. Can. J. Agr. Econ, 1985 (36).

Giourga, C. , Loumou, A. Assessing the Impact of Pluriactivity on Sustainable Agriculture: A Case Study in Rural Areas of Beotia in Greece [J]. Environmental Management, 2006 (6): 753 - 763.

Gronau, R. Leisure. Home Production, and Work The Theory of Allocation of Time Revisited [J]. Journal of Political Economy, 1977 (85).

Gronau, R. The Allocation of Time of Israeli Women [J]. Journal of Political Economy, 1976 (84).

Harris, John R. ; Michael P. Todaro. Migration, Unemployment and Development: A Two-Sector Analysis [J]. The American Economic Review, 1970 (1): 126 - 142.

Huffman, W. E. , and M. D Lange. Off-farm Work Decisions of Husbands and Wives: Joint Decision Making [J]. Rev. Econ. and Statist, 1989 (71).

Jacoby, H. Shadow Wages and Peasant Family Labor Supply: An Econometric Application to the Peruvian Sierra [J]. Rev. Econ. Studies, 1993 (60).

Jongsoog Kim and Lydia Zepeda. When the work is never done: time allocation in US family farm households [J]. Feminist Economics, 2004 (10): 115 - 139.

Kada, R. Part-Time Farming: off-Farm Employment and Farm Adjustments in the United States [M]. Center for Academic Publications, Japan, 1980.

Kada, R. Trends, characteristics of part-time farming in post-war Japan [J]. Geo Journal, 1982 (7): 367 - 371.

Kimhi and Lee, M. Off-Farm Work Decisions of Farm Couples: Estimating Simultaneous Equations with Ordered Categorical Dependent Variables [J]. American Journal of Agricutrural Economics, 1996 (78).

Lass, D, and C. M Gempesaw. The Supply of Off-farm Labor. A Random Coefficient Approach [J]. Amer. J. Agr. Econ, 1992 (74).

Lewis, W A. Economic Development with Unlimited Supply of Labor [M]. The Manchester School of Economic and Social Studies, 1954.

Mishra, Ashok K. Goodwin, Barry K. Farm income variability and the supply of off-farm labor [J]. American Journal of Agricultural Economics, 1997 (3).

Mrohs. E. Part-Time farming in the Federal Republic of Germany [J]. Geo Journal, 1982 (7): 327 - 330.

Reuben Gronau. The intra-Family Allocation of Time: The Value of Housewive's time [J]. American Economic Review, 1973 (63).

Singh, Inderjit, Lyn Squire and John Strauss. A Survey of Agricultural Household Models: Recent Findings and Policy Implications [J]. The World Bank Economic Reiview, 1986 (1): 149 - 180.

Singh, Inderjit, Lyn Squire and John Strauss. Agricultural Household Models: Extension, Application and Policy [M]. Baltimore and London: The John HopkinsUniversity Press, 1986.

Stallmann, J. I. & Nelson, J. H. Employment history and off-farm operators [J]. Part-time farming, Small Farms, and Small-scale Farming in the United States, 1995 (12): 475 - 487.

Sumner, D. A. The Off-farm Labor Supply of Farmers [J]. Amer. J. Agr. Econ, 1982 (64): 499 - 509.

Todaro, M. P. A Model of Migration and Urban Unemployment in Less Developed Countries [J]. The American Economic Review, 1969 (3).

Wood, C. M., Ripton, A., Huntingdon, et al. Research to examine the potential contribution of part-time farming to the protection of the environment and the diversification and strengthening of the rural economy [J]. University of Cambridge, 2000 (5): 26 - 34.

走向成功

TOWARDS SUCCESS

张梅梅　著

广东人民出版社

·广州·

图书在版编目（CIP）数据

走向成功／张梅梅著．—广州：广东人民出版社，2022.4
ISBN 978-7-218-15729-0

Ⅰ．①走…　Ⅱ．①张…　Ⅲ．①成功心理—通俗读物　Ⅳ．①B848.4-49

中国版本图书馆 CIP 数据核字（2022）第 055792 号

ZOU XIANG CHENG GONG

走向成功

张梅梅　著

出 版 人：肖风华

策划编辑：曾玉寒
责任编辑：廖智聪
装帧设计：河马设计
责任技编：吴彦斌　周星奎

出版发行：广东人民出版社
地　　址：广州市越秀区大沙头四马路 10 号（邮政编码：510102）
电　　话：（020）85716809（总编室）
传　　真：（020）85716872
网　　址：http://www.gdpph.com
印　　刷：广东信源彩色印务有限公司
开　　本：890mm×1240mm　1/32
印　　张：8.75　字　　数：150 千
版　　次：2022 年 4 月第 1 版
印　　次：2022 年 4 月第 1 次印刷
定　　价：78.00 元

如发现印装质量问题，影响阅读，请与出版社（020-85716849）联系调换。
售书热线：020-87716172

作者简介

张梅梅（笔名：宝月），女，汉族，祖籍北京，1952年11月出生，毕业于中国人民解放军第四军医大学（现空军军医大学）口腔系，后获得MBA、工商管理哲学博士学位。现任惠州市惠阳白天鹅口腔医院院长。

出生于军人家庭，从小生长在部队大院。

1969年参军入伍，在野战军第149师师医院任战士。当过炊事兵、卫生兵，曾被评为"五好战士"。

1970年11月被部队选送上第四军医大学，1971年5月加入中国共产党。1974年从口腔系毕业后留校，在第四军医大学口腔医院颌面外科，从事科研、教学、临床工作。

救治过唐山大地震和中越边境自卫反击战的伤员，在新疆救治修建南疆铁路的铁道兵战士。

1985年调入南京海军医院，协助创办海军口腔医疗中心。

1989 年在改革开放大潮中，南下广东，创建了白天鹅口腔医院。

近年，她创作的长篇军旅小说《中国女兵》，荣获 2017 年惠州市委宣传部精神文明建设"五个一工程奖"优秀作品奖。2019 年创作的长篇小说《梦圆南粤》受到广大读者的好评。她编录的《走向成功》《成功的秘诀》《醒悟》等励志音像作品，在全国发行，得到广泛好评。

曾先后被选为惠州市惠阳区政协委员、惠州市惠阳区人大代表。

前　言

　　茫茫人海，芸芸众生，谁不渴望实现自身的价值？谁不渴望致富？谁不渴望成功？但是，如何获得成功？通往成功之路的起点又在哪里呢？人们都在默默地寻找……

　　本书作者张梅梅为了实现自己的理想，为了实现自身的价值，从军医大学来到南方这片热土，开始了自己的事业。在创业的漫长路上，她历尽艰辛，遭遇无数挫折，她曾被自卑、焦虑的病态心理折磨得勇气全无，痛苦和绝望蚕食着她的梦想。

　　然而有一天，她对自己说："我再也不能这样下去了，我必须改造自己，用积极的心态来指引自己的行动。"也就是从那一天起，她开始用自己独创的方式，不断激励自己、改造自己。终于，她走出了低谷，找回了自信，她的努力换来了快乐和充实，也开始一步步走向成功。

　　现在，她将《走向成功》一书献给大家，并衷心希望对你有所启迪和帮助。

说给您的话

朋友，人们都知道，丑小鸭变成白天鹅的故事。我也曾是一只粗笨的、深灰色的丑小鸭，但是，又一直向往着，将来能变成一只美丽的白天鹅。梦想着要创办一所现代化的口腔医院，它的名字就叫"白天鹅"。

梦想演变的进程，也是内心修炼的过程。我曾经怀疑过自己，也曾感到前途迷茫而暗淡，失败的恐惧将我笼罩在灾难的阴影中，它形形色色、变幻莫测，既是想象的又是现实的；既模糊混沌又清晰可辨，稍纵即逝却又挥之不去。失败的恐惧使我的心灵布满阴云，使梦想化为泡影。

为实现梦想，我决心改变自己，用积极的心态来面对一切，让我的行为、态度和看法都是积极、正面的。于是，我只允许积极的思想进入我的头脑，这种积极的心态，帮助我用积极的方法去解决各种困难。我不为自己寻找任何借口来逃避困难，不去想那些消极的词，比如："不可能""办不到""有困难""没有希望"以及"如果

失败了我会怎样呢?"等。因为这些词只会使人知难而退,丧失信心。

当我决心走出低谷时,我问自己:谁能指点我?谁能帮助我?爱在哪里呢?后来,我终于明白了,心有爱,爱就在!在人生的大舞台上,不能只求助于外界,要学会自己给自己伴奏、自己鼓励自己、自己给自己充电。

于是我研究了中国历史,拜读了古今圣贤之书。那里记载着中华民族几千年的灿烂文化和智慧,我把其中的名言警句摘录下来,并把它们编排好,在录音机上自读自录。

那台小小的录音机就像一条纽带,它把中国古代诸子百家的名人、圣人与我连接在一起,使自己能和这些名人、圣人交朋友,好像老子、孔子、孟子……就在身边。我好像穿越时空与他们对话,又聆听他们的教诲。每当我遇到困难而要抱怨时,孟子告诉我:"天将降大任于斯人也",于是,我调整了心态,愉快地将遇到的每一个困难都当作是锻炼自己、提高能力的机会。通过性格分析,我认识了自己,也理解了别人,而不要求每个人都跟自己一样。

他们的话我慢慢地听、细细地品,又不断地反省自己。我感到万事之基在于德,体会出古人所讲的修心、齐家、治国、平天下的含义。那些至理名言和谆谆教诲,给了我战胜困难和摆脱困境的力量,我的思绪好像穿越了时

空的阻隔，与那些先贤们自由地神交。感谢这些朋友，因为他们，我才能平静地处理各种事情，并实现自己一个又一个的目标。

　　现在，我把《走向成功》一书献给大家，衷心地希望对您能有所启迪和帮助，最后，让我们共同走向成功！

目 录

第一章　积极心态

（一）

人与人之间只有很小的差异，但这种很小的差异却造就了巨大的落差，很小的差异就是每个人所具备的心态，巨大的落差就是成功与失败。

有一个奇怪的事实：在这个世界上，成功卓越者少，失败平庸者多，成功卓越者活得充实、自在、潇洒，失败平庸者过得空虚、艰难，为什么呢？

仔细观察比较一下成功者与失败者的心态，我们就会发现心态的不同，尤其是关键时刻的心态，会导致人生惊人的不同。失败者遇到困难时，他们总是选择倒退，"我不行了，我还是退缩吧"，从而陷入失败的深渊。成功者遇到困难时，他们总是用"我要""我能""一定有办法"等积极心态鼓励自己，不断想方设法解决，不断前进，直到成功。

爱迪生试验失败了上千次从不退缩，最终成功地发明了照亮世界的电灯。所以成功者与失败者的最大区别在于，成功者有积极的心态，而失败者则是消极的心态。

成功者运用积极的心态支配自己的人生，他们始终用积极的思考、乐观的精神支配和控制自己的情绪。而失败者总是用消极的心态支配自己的人生，他们精神空虚、悲观失望、消极颓废，最终走向失败的深渊。

有的人总喜欢说，"我现在的境况是别人造成的，是环境决定了我的人生位置"。但是应该明白，我们的境况不是由周围的环境造成的，说到底，如何看待人生是由我们自己决定的。在失去人生自由的特定环境下，人们还有最后的一种自由，就是选择自己的态度。人们常犯一个错误，认为成功有赖于某种天赋、魔力或我们所不具备的东西。其实，成功的要素掌握在我们自己手中。成功是运用了积极心态的结果。心态的不同在很大程度上决定了我们人生的成败。

我们怎样对待生活，生活就怎样回报我们。

我们怎样对待别人，别人就怎样对待我们。

我们的心态、情感、精神，完全由我们自己来决定。当然，只凭积极的心态，并不能保证事事成功、心想事成。但只有当积极的心态和成功的方法紧密结合后，才会达到成功。相反，从未见过持消极心态的人能取得持续的成功。

首先，我们应该认识到自我态度的两面性，它一面是积极的心态，一面是消极的心态。它有着惊人的力量，既能吸引财富、成功、快乐和健康，又能排斥这些东西，夺走生活中的一切。那么心态是如何影响人的呢？当你认为自己有能力的话，你就会觉得各方面只要经过自己的努力，就能成功。因为在这个世界上没有任何人能改变你，只有你自己可以，没有任何人能够打败你，也只有你自己可以。反之，无论你自身条件如何优秀，机会如何千载难逢，只要你的心态是消极的，你的失败是必然的。

张海迪、郑智化就是运用积极心态的典型。他们虽然身有残疾，但却有着积极、乐观、进取的心态，而这种积极心态激发了他们的奋发精神，促使他们更加努力地奋斗。如果他们任由命运摆布，停止奋斗拼搏，沦为平庸是很自然的事。但他们没有这么做，没有落入消极的罗网里，而这种消极的罗网害过许多的人。他们让自己成功的方式是如此的简单，然而又是何等地有效，值得我们每个人去学习。他们成功的主要因素在于他们有积极的心态，这种积极的心态激励他们去努力奋斗，最终获得了成功。

我喜欢郑智化，更喜欢听他的《水手》歌。他虽然是一个残疾人，但却有着一种积极向上的精神，鼓励自己努力奋斗。当年，他的这首《水手》歌教育了一代人。

当受欺负的时候，当在遇到挫折时，他永远在自己内心的最深处，听见水手说：

他说风雨中这点痛算什么

擦干泪不要怕

至少我们还有梦

他说风雨中这点痛算什么

擦干泪不要问为什么

······

（二）

"我是自己命运的主人，我是自己灵魂的主宰。"这句话告诉人们，态度决定命运。

其实成功一点也不神秘。积极的心态是获得成功最重要的因素，积极的心态是由"正面"特征所组成的，如信心、诚实、希望、乐观、勇气、进取、慷慨、宽容、机智等，这些都是正面的。消极的心态特征则是反面的，是消极、悲观、颓废的不正确的态度。

美国成功学大师拿破仑·希尔博士，在多年研究成功人士后，终于下了一个结论：积极的心态，正是成功人士共有的一个简单的秘密。

有的人看似拥有积极心态，但是一遇到挫折，就立马从积极一面转变到消极一面。他们用消极的心态来麻痹自己、安慰自己、封闭自己，且不知消极心态会产生以下两

种后果：

（1）会在关键时刻散布愁云。

如果一个人在生活中总是消极应对生活，就会成为一种难以克服的习惯。这时，即便出现好的机会，消极的人也会看不见、抓不着，还会把机会看成是障碍、麻烦。

障碍与机会有什么差别呢？关键在于人们对它的态度。积极的人视障碍为成功的踏脚石，并将障碍转化为机会；而消极的人则视障碍为成功的绊脚石，任机会从眼前溜走。面对同样的机会，积极心态的人能获得最有价值的东西；而消极心态的人则只能看着机会渐渐远去，心里懊悔却又不见任何行动。积极心态还有助于克服困难，开发潜力，使人踏上成功之路。消极心态则在关键时刻散布愁云，使人错失良机。

（2）会泯灭希望。

人看不到希望，就激发不出前进的动力。消极心态会摧毁人们的信心，使希望泯灭。它就像一种慢性毒药，会使人慢慢地变得意志消沉，失去前进的动力。

消极心态不仅产生上述的两种后果，而且还具有传染性，俗话说："物以类聚，人以群分"，聚在一块儿的人会相互影响，并逐渐靠拢变成一个样子。所以跟消极心态的人相处久了，也会不自觉地受他的影响，我们要脱离这种环境，不然你会离成功越来越远。

消极心态限制人的潜能。持消极心态的人，他们不仅

想到外界最坏的一面，还会想到自己最坏的一面，遇到一个新观念、新事物，他们往往反应是："这是行不通的。""以前没有这么干过，没有经验。""这个风险冒不得！""现在条件还不成熟。"等等。

当消极心态的人对自己不抱期望时，他就会否定自己的能力，就成了自己潜能的最大敌人。

有些人似乎天生就具有积极的心态，而另一部分人必须通过学习才会拥有这种心态。积极的心态是人人都可以学的，无论他原来的环境、气质与智力怎样。

怎样才能培养和加强积极的心态呢？我们可以从以下几个方面做起：

1. 言行要像成功的人

许多人总认为，要等到自己有了一种积极的心态才能付诸行动。其实，积极的行动会形成积极的心态，而积极的心态也会促进积极的行动，它们相互促进。所以，让自我的言行像成功人士那样，不去想那些消极的词，比如："不可能""办不到""有困难""没有希望"以及"如果失败了会怎样"等。因为这些词只能使人知难而退，丧失信心。

2. 要心存感激

在生活中我们发现，消极心态的人常常抱怨。父母抱

怨孩子不听话，孩子抱怨父母不理解他们；男朋友抱怨女朋友不够温柔，女朋友抱怨男朋友不够体贴；领导抱怨员工工作不够努力，下级则抱怨上级不理解自己。他们对生活总是抱怨，而不是感激。

如果我们对人生、对大自然一切美好的东西心存感激，那么人生会美好许多。因为只有怀着感恩的心态，才不会产生怨恨，才会珍惜眼前所拥有的一切，才会醒悟到，原来我们已拥有了很多很多，可我们竟没有察觉，更没有心存感激，当我们以感恩的心态面对生活时，我们才会活在喜悦中。

有这么一句话："一个女孩为没有鞋子而哭泣，直到她看见一个没有脚的人，才觉得自己是幸运的。"世上很多东西，常常是我们拥有时不珍惜，在失去它时又悔恨不已。

3. 不要计较鸡毛蒜皮的小事

积极心态的人从不把时间和精力浪费在小事情上，因为这会使他们偏离主要的目标和重要的事情。人的一生，令人发愁的事不计其数，倘若对每件事都斤斤计较、耿耿于怀，是成不了大事的。所以，对与自己目标有关的事情要清楚，无关的事情要糊涂，人生难得糊涂，贵在糊涂，这正是智者的风范。

4. 培养奉献精神

有一位企业家这样忠告他的推销员：忘掉你的推销任务，心里想着你能带给别人什么服务。他告诉自己的员工，每天早上开始工作时，要这样想：我今天要帮助尽可能多的人，而不是我今天要推销多少货。这是因为他发现，人们思想一旦集中在服务别人上，就会变得更有冲劲，更有力量。

说实话，谁能拒绝一个尽心尽力帮助自己解决问题的人呢？谁尽力帮助别人，谁就实现了推销的最高境界，而他自己也取得了成功。满足他人的需要，这正是成功的一大要素。

5. 认可自我

人要认可自己的能力，然后再去尝试，最后会发现确实可以做到。其实，没有任何事情是不可能的，我们要学会把"不可能"这三个字从心中去掉，谈话中不提它，想法中排除它，不要为它提供理由，不要为它寻找借口，把这个词和这个观念永远地抛弃，而用"可能"来替代它。

6. 培养乐观的精神

用以下几个步骤，来培养乐观的精神：

（1）结交乐观的朋友。最不足以交往的是那些悲观主

义者或只会取笑他人的人，真正的朋友应该会鼓励他人。当我们帮助朋友时，不要只着重同情他的痛苦，还要鼓励他，引导他往正面的方向走。如果要建立亲密的关系，必须有共同的人生价值和目标。

当情绪低落时，不妨出去走走，看看外面的世界，或找朋友谈谈心，或通过运动发泄一翻。通常只要改变环境，就能改变心情。

（2）听听愉快的、鼓舞人心的音乐。可以选择听嘹亮的军歌或鼓舞人心、催人上进的歌曲，不要老听伤感的歌。

（3）不要总是关注社会悲惨新闻。多看看与自身有关的事情，与有积极心态的人谈心，晚上要多花些时间和你爱的人聊聊天。

（4）改变消极的习惯用语。不要说"我真是累坏了"，而要说"忙了一天，现在心情真轻松"；不要在团队中抱怨不休，而要试着去赞扬团体中的人；不要说"倒霉的事为什么偏偏碰上我"，而要说"天将降大任于斯人也……"

在生活中，要学会用乐观的心态看世界、看事情，遇到挫折不气馁，对每一天都充满希望，都用积极的心态去面对，并从中寻找成功的机会。

总之，成功人士的首要标志在于他拥有积极的心态，让我们乐观地面对人生，愉快地接受挑战吧！

第二章　目标明确

（一）

很多人无法达到他们的理想，原因在于他们从来没有真正定下目标。正如空气对于生命一样，如果没有空气，就没有人能够生存；如果没有目标，就没有人能够成功。为什么要有目标才能够成功呢?

1. 目标是构筑成功的砖石

积极的心态是成功的第一步，一旦打下了基础，就可以在上面建筑了，而目标则是构筑成功的砖石。目标是人生旅途中的路标，目标是成功路上的砖石，它的作用是巨大的，因为成功是由一个个目标构建的。

2. 目标使人产生积极性

当你给自己定下目标后，你就有了一个看得见的方

向，随着自己的努力，这些目标逐渐被实现，你就会很有成就感，产生更大的积极性。有一点很重要，那就是制订的目标必须是具体的，是可以实现的。如果目标不具体，无法衡量，那就会降低人的积极性。为什么呢？因为向目标迈进是动力的源泉。如果无法知道自己向目标迈进了多少，就会泄气，就会甩手不干了。以下是一个真实的例子，这个例子说明人如果看不到自己的目标，会有怎样的结果。

清晨，一位34岁的女人涉水开始向对面海岸游去，要是成功了，她就是第一位游过这个海峡的妇女。下水后，海水冻得她全身发麻，雾很大，连护送她的船都几乎看不到。时间一小时一小时地过去了，她又累又冷，感到自己不能再游了，就叫人拉她上船。她的教练告诉她离对岸很近了，让她不要放弃，但她朝对岸望去，除了浓雾什么也看不见。在她多次的要求下，人们把她拉上了船。后来她发现，人们拉她上船的地点，离海岸只有不到800米。她懊悔地说，如果当时我能看见海岸，我一定会坚持下来。后来她说，令她半途而废的不是疲劳，也不是寒冷，而是因为她在浓雾中看不到目标。两个月后，她再次横渡海峡。但是这次她采取了全新的策略，把整个过程分成8个小阶段，分别设置好标志物。每到一个标志物，

她就会告诉自己，我已经完成了多少，我还剩下多远就要完成了。因为这次横渡海峡，每一步都有了阶段性目标，既减少了压力，又增加了成就感，所以，她顺利完成了横渡海峡的壮举。她不仅成为了世界上第一位游过这个海峡的女性，而且比男子记录还快了大约两个小时。

从两次横渡海峡的不同结果来看，这位女士虽然是游泳好手，但也需要看见目标，才能鼓足干劲完成她有能力完成的任务。当人规划自己的成功时，千万别低估了设置可测目标的重要性。

3. 目标使人看清现在的工作价值，便于把握现在

目标使人感觉到，我们现在所做的工作都是为了将来的目标，从而能较好地把握现在。为什么呢？因为重大目标的实现都是几个小目标、小步骤实施的结果。所以，集中精力做好当前的工作，明白现在的种种努力，都是为了实现将来的大目标，那就能不断前行，迈向成功。

4. 目标有助于我们抓住有用的事，放弃无意义的事

制订目标最大好处是，有助于人们安排日常工作中重要的事情。如果没有目标，人们很容易陷进与理想无关的事务中，一个忘记做最重要事情的人，会被琐事束缚。有

人说："智慧就是懂得该忽视什么的艺术"，道理就在于此。

许多人把精力放在小事上，忘记了自己本应做什么。说得更明白一些，人的最大精力必须发挥在最有价值的地方，目标能使我们集中精力。

5. 目标使我们事先谋划

目标能帮助我们事先谋划，迫使我们把任务分解成可行的步骤，凡事预则立，不预则废，任何事情不事先谋划是不会有进展的。

6. 目标使我们把重点从工作本身转移到工作成果上

不成功者常常混淆了工作本身与工作成果，他们以为大量的工作，尤其是艰苦的工作，就一定会带来成功，但是任何一个明确的目标，也就是说成功的尺度，不是做了多少，而是做出了多少成果。

关于这个概念，最好的例子是一个毛毛虫的试验。这些毛毛虫排成长长的队伍前进，有一条带头，其余跟着。人们把毛毛虫首尾相接，排成一个圆形。这些毛毛虫开始动了，像一个长长的游行队伍，没有头，也没有尾。人们把毛毛虫队伍旁边摆了一些食物，这些毛毛虫想要吃到食物就要解散队伍，就不能一条接一条前进。人们以为毛毛虫很快就会厌倦这种毫无用处的爬行而转向食物，可是毛

毛虫没有这样做。它们以同样的速度爬了七天七夜，一直爬到饿死为止。这些毛毛虫遵守着它们的本能，它们干活很卖力，但毫无成果。许多人就跟这些毛毛虫一样，自以为忙碌就是成就，干活就是成功，但这是不对的。

目标帮助我们避免这种情况发生，定了目标，又定期检查工作进度，自然就把重点从工作本身转移到工作成果上。仅用工作填满每一天是不行的，要做出足够的成果才能实现目标，这才是衡量成绩大小的正确方法。

（二）

随着一个又一个目标的实现，你会逐渐明白，实现目标要花多大的力气，同时还能悟出：如何用较少的时间来创造更多的价值。既然目标这么重要，朋友，在你的一生中，你有过明确的目标吗？你的目标是具体的还是泛泛的，是长期的还是短期的。

成功学大师拿破仑·希尔博士告诉我们：

（1）目标必须是长期的。没有长期的目标，你可能会被短期的挫折所击倒。目标使人明白，现在的努力是为将来铺路的。

（2）目标必须是固定的。不管具有多大能力或才华，如果无法将它聚焦在特定的目标上，就无法取得成功，所以目标能使人集中精力。

（3）目标要具体化。比如你想把英文学好，那么你就定一个目标，如每天要背10个单词或一篇文章，要求自己一年之内能看懂英文书报。由于定的目标很具体，并能按部就班去做，目标很容易就达到了。运动员都知道，他们想达到目标，就必须每天去锻炼；每一位想养育出有教养的孩子的父母亲都知道，人格与信仰是每天不断培养的结果，具体的目标是人格最好的"显示器"，它包括奉献、自律等。

（4）目标要远大。远大的目标是推动人前进的动力。当你有远大的目标时，你才可能有伟大的成就。

如何设定自己的目标？

（1）把目标写清楚。把目标想象成一个金字塔，塔顶是人生的总目标，定的每一个目标和为达到目标做的每一件事，都必须指向人生的总目标。金字塔有五层，最上面一层最小，是核心，这一层包含人生的总目标。接下来的四层是长期目标、中期目标、短期目标、日常目标。

定出来的目标要时时检查、规划、执行，并以发展的眼光来评估。根据客观情况需要在一些方面灵活处置，观念变了，目标就要跟着修改。

请记住：在实现目标的过程中，自我的提高，要比达到既定目标更加重要。把目标清楚地写出来，有助于集中精力发挥出高效率。

（2）人生总目标要尽可能伟大，但不要求详细、精

确。目标愈高，人的进步就越大，一个人之所以伟大，首先是他有伟大的目标。伟大的目标无非是要做大事情，考虑更多的人、更多的事，在更大的范围里解决更多的问题。

比如一个社会活动家或政治家，要为人类的和平、繁荣而奋斗；一位律师，要为国家的法治之明而奋斗。因为要解决大问题，为很多人服务，所以就要有大本事，要有很多知识和能力，有时甚至要超越个人的得失，做出一些重大的牺牲、而在这一过程中，他们逐渐超出常人的思想境界，人生总目标转向了要为国家、为人类的进步而奋斗。

人生总目标是人生大志，可能需要几十年甚至终生为之奋斗，这样的总目标是难以精确、详细的。尤其是对成功经验不足、阅历不深的人来说，更是如此。随着经验的增加，阶段性目标的实现，你会站得更高，对人生总目标的确立会逐渐清晰、明确。

所以人生总目标可以不求详细、精确，只要有比较明确的方向就可以了，比如立志做个卓越的科学家、做个有贡献的大企业家、做个改变社会的政治家……

（3）确定人生总目标后，就要制定长期目标。长期目标的时间为十年，不要太远。没有长期目标支撑，你就可能有短期的失败感。长期目标是为总目标而定的，而中期目标更是为长期目标而定的，它为 5～10 年以内要完成的

事。短期目标是为中期目标而定的，为1~5年之内要完成的事。日常目标是每日、每周、每月要完成的任务，所以一定要具体。

所谓工作过度疲劳的真正原因，并不是真的工作过度劳累，而是因为没有计划。毫无计划的人总是这样想着：我必须工作，我必须工作。可是没有计划，只知道埋头苦干，不知道每一天、每一刻该做什么，要做出什么成果，像只无头苍蝇一样乱飞。为什么有的人能做许多事呢？那是因为他们不重复做事情，一次成功，不浪费时间。

无计划的人做事，总是原地打圈圈，做了的事又做一遍，自己阻碍自己的前进。有的人之所以能胜过别人，就是因为他们做事不重复，不浪费时间。

（三）

那么怎样才能提高效率呢？请你利用下面的"三十天改善计划"，经常留意这些小事，以锻炼承担大事的能力。

三十天改善计划

请改掉这些习惯：

（1）不按时完成各种事情；

（2）常使用消极的词句；

（3）每天看电视超过60分钟；

（4）无意义的闲聊。

请养成这些习惯：

（1）每天早上出门前检查自己的仪表；

（2）每一天的工作都在前一天晚上计划好；

（3）在任何场合中，要尽量赞美别人。

请用以下方法来修养个性：

（1）每周花两小时阅读本专业的杂志；

（2）阅读一本励志书籍；

（3）结交四个新朋友；

（4）每天静静思考 30 分钟，每天大声朗读你的计划。

请用这些方法来增进家庭和谐：

（1）对家人为你所做的事，表示谢意；

（2）每周一次带家人参与一些社交的活动；

（3）每天固定拨出一小时跟家人愉快相处。

要时刻提醒自己，优秀的品质并不是天生的，它是由许许多多严格的自我训练所磨炼成的，养成好习惯，根除旧的坏习惯，正是优秀品质养成的过程。

（四）

定了目标如果不行动那只是白日做梦，每个行业的领导都认为，一流的人才非常欠缺。有一个主管曾跟我说

过：学历高的人实在太多，但都缺少一个非常重要的因素，即贯彻能力。每一份工作，无论是经营事业、推销产品、军事科学还是政府机关，都需要脚踏实地的人来执行。在聘请重要职位的人才时，都会考虑下面的问题，然后再决定是否聘用。

这些问题有：他愿不愿做？他会不会坚持到底？他能否独当一面？他做事是有始有终还是光说不做？

这些问题都有一个共同的目的，就是设法了解那个人是不是说做就做、是否有雷厉风行的作风。因为再好的构想都会有缺陷，即使很普通的计划去执行，也比不执行的好计划要好。因为前者会贯彻始终，而后者却永远在等待。

一位白手起家的企业家说：如果一直在想而不去做，那根本成不了任何事。想想看，世界上每一件事，从摩天大楼到人造卫星，都是由一个个目标的实施所结的成果。

当你研究别人时就会发现，他们属于两种类型：成功的人很主动，可以把他叫作积极主动的人；庸庸碌碌的人都很被动，可以叫他被动的人。仔细研究这两种人的行为，就可以找出成功的人的一个共有的特征：积极主动的人都是主动做事的人，他们积极去做直到完成为止；被动的人就是不做事的人，他们总是找借口拖延到最后，直到证明"这件事不应该做""没有能力去做"或"已经来不及了"为止。

积极主动的人与被动的人之间的差别，从小地方就能看得出来，积极的人计划好一个假期，就真的去度假；被动的人也计划好一个假期，却拖延到明年再打算。积极的人认为应该写一封信给朋友恭贺他的成就，那他立刻就行动了；而被动的人也认为要写一封信给朋友恭贺他的成就，但他却一直没写。天下最悲哀的一句话是："我当时真应该这么做，却没有这么做。"每天都可以听到有人说："如果我当年做了那笔生意，早就发财了，我好后悔呀！"

　　朋友，让我们养成立刻行动的好习惯，你会发现自己离成功越来越近了。

第三章 　把握机会

（一）

　　20 世纪的美国人有一句俗语：通往成功的路上，处处都是错失的机会。美国百货业巨子有一句格言：不放弃任何一个，哪怕只有万分之一的可能。不少聪明人对此是不屑一顾的，认为只有傻瓜才会相信那万分之一的机会。但是，亲爱的朋友，我认为你应该重视那万分之一的机会，因为它将给你带来意想不到的成功。要想把握这万分之一的机会，就必须具备一些必要条件。

　　（1）目光长远。鼠目寸光不可取，不能只看树木而忽视了整片森林。

　　（2）锲而不舍。没有持之以恒的毅力和百折不挠的信心是不可能会成功的。

　　假如这些条件你都具备了，接下来只要你付诸行动，你一定会成功。机不可失，时不再来，这是一个浅显而深

刻的道理，在商业活动中，如果你能在机会来临之前识别它，在它溜走之前采取行动，那么幸运之神就会降临了。

商场上的幸运和倒霉往往与时机有关，很多人在时机失去后才后悔；而有些人明白机不可失，所以他的生意一帆风顺，心想事成。有人把机会称为运气，但不管如何称呼，有一点是肯定的，善于利用机会比怨天尤人更有用。

"见缝插针"在商业领域里一直是许多精明人信奉的生意经，如果把"缝"看作是机会，"见缝"就是发现机会、捕捉机会，然后不失时机地"插针"，利用机会实现自己的宏伟蓝图。

美国企业家阿曼德·哈默的成功之道就是"见缝插针"的典范，让我们看看他是怎样"见缝插针"的：

阿曼德·哈默 1898 年生于美国纽约，他的祖辈是犹太人。1921 年，哈默在经过漫长的旅途后，风尘仆仆抵达俄国莫斯科，他在苏俄的考察中发现，这个国家地大物博、资源丰富，但人们都饿着肚子。他想，他们为什么不出口各种矿产去换回粮食呢？哈默直接向列宁提出建议，并很快得到了列宁肯定的答复，于是他取得了在西伯利亚开采石棉矿的许可，从而成为苏俄第一位有矿山开采权的外国人。美苏之间的贸易也由此开始，哈默通过他在苏俄建立的美苏联合公司，沟通着 30 多家美国公司同苏俄做生意。

1922 年，一个偶然的发现，使哈默又萌发在苏联办铅笔厂的念头。有一天，他走进一家文具店，想买支铅笔，但商店里只有每支铅笔高达 26 美分的德国货，而且存货有限。哈默清楚地知道，同样的铅笔在美国只需要 3 美分，于是他拿着铅笔去见苏联主管工业的人民委员，并对他说："您的政府已经制定了政策，要求每个公民都得会读书和写字，而没有铅笔怎么办？我想获得生产铅笔的执照。"政府答应了他的要求。于是他以高薪从德国聘来专业技术人员，从荷兰引进机械设备，在莫斯科办起了铅笔厂。1926 年，他生产的铅笔不仅满足了苏联全国的需要，而且还出口到土耳其、英国、中国等十几个国家，哈默从中获得了百万美元以上的报酬。

20 世纪 30 年代，哈默从苏联返回美国时，美国正处于经济萧条时期，所有的企业家为保存自己的实力都按兵不动，而哈默却在寻找新的机会和市场。那时，罗斯福正在竞选总统，他听说只要罗斯福登上总统宝座，1919 年通过的"禁酒令"就会被废除。由此他知道对酒桶的需求量将会空前增加，而现在的市场上却没有酒桶。于是他不失时机地从苏联定购了板木，建立了一座现代化的酒桶厂。"禁酒令"被废除之日，他的酒桶正从生产线上滚滚而出，被各酒厂高价抢购一空。随后他又做上了酿酒生意，他生产的

"丹特"牌威士忌，以物美价廉而享誉美国。

第二次世界大战以后，美国人民的生活水平有了显著提高，吃牛肉的人越来越多。但优质牛肉在市场上很难见到。哈默又是见缝插针，在自己的庄园"幻影岛"办起了一个养牛场，他用高价买下了最好的一家养牛场，它像摇钱树一样，为哈默赚了几百万美元，而哈默从此由门外汉变为畜牧行业公认的领袖人物。

1956 年，哈默接管了因经营不善、当时已处于风雨飘摇的加利福尼亚西方石油公司，开始热衷于石油开发业。石油业的风险相当大，到哪里才能找到石油和天然气呢？哈默的诀窍不同于常人，甚至有些怪异。他专门在别人认为找不到石油的地方去找石油。当时有家叫德士古的石油公司，曾在旧金山一带的河谷里寻找过天然气，钻头一直钻到地下 1700 多米，仍然见不到天然气的踪影。这个公司的决策者认为耗资太多，如果再深钻下去，很可能徒劳无功，于是便匆匆鸣金收兵，并宣判了这个井的"死刑"。哈默得知这一消息后，立即组织有关专家进行实地考察，经过大量的分析，哈默以 30% 的风险系数、70% 的成功概率，带着妻子和公司的董事来到这里，在"死刑"的枯井上又架起了钻探机，继续深钻。在原有的基础上又钻进 3000 米时，天然气喷薄而出。后来，哈默又听说，举世闻名的埃索石油和壳牌石油公司在非洲的利

比亚，由于探井失败而扔下不少废井，他便带领大队人马前往非洲。哈默以愿意从利润中抽出5%，供利比亚发展农业和在沙漠地带寻找水源为投资条件，租借了两块别人抛弃的废弃地，很快在废井上打出了九口自喷油井。

由此可见，运用"见缝插针"之计的关键在于"缝"，也就是机遇。然而机遇往往隐藏在平凡的现象后面，具有隐蔽性，所以一般人难以察觉到机会的存在，只有精明的人才能透过现象看到本质，从而抓住被人们忽视了的潜在机遇。

机遇的另一个特点是明显的"瞬时性"。机遇一旦出现，我们就万万不能拖延、不能观望、不能犹豫，必须当机立断，"机不可失"就是这个道理。所以"见缝插针"的运用与机遇的发现和采取行动是分不开的。

首先，要善于发现和识别机遇。任何机遇都来自环境的变化，隐藏于表面现象的后面，并且是瞬时性的。要想发现它、认识它，就要具有灵活的头脑和敏锐的观察力，所以要时时注意自己周围和环境的变化，细心观察市场动向、认真思考社会变化，给经济带来的巨大影响，从中寻找和发现机遇。

其次，要善于"插针"，一旦发现机遇就要立刻抓紧，马上行动，把"针"插到"缝"里去。如果犹豫、观望，

机遇就会悄然消失，令你后悔莫及。

最后，要见机行事、随机应变。"见缝插针"的成败关键，在于施行者能否做到，当好机会出现时要敢于迎面抓住，当坏消息来到时要敢于果断抛弃。无论做什么事，总是墨守成规或随波逐流，肯定不会有大的成就。

（二）

对于企业家来说，成功是需要的，但也允许失败。也就是说，失败与成功同样有价值，善于在别人失败的基础上成功，更是智者之智。因为错误和失败都是多种复杂因素相互作用的结果，如因为毅力不足、心理承受力差、思维角度偏移等。但只要准确地把握他人失败的原因，有针对性地运用科学的措施进行防范，事半功倍之效就会幸运地降临在你的头上。

有许多人他们一定要等每一件事情都百分之一百有利、万无一失以后再做，当然，我们应当追求完美，但人世间的事情，没有绝对的完美，如果等到所有的条件都完美后才去做，那就只能永远地等下去了。成功并不是在问题发生以前先把问题统统消除，而是一旦发生问题时，我们有勇气克服种种困难。我们对于完美的要求需要折中一下，这样才不至于陷入永远等待的泥潭中，最需要的应该是逢山开路、遇水架桥的大无畏精神。

第四章　正确思考

（一）

成功等于正确的思考方法 + 信念 + 行动。由此可见，正确的思考方法具有巨大的威力，那么怎样才能养成正确的思考方法呢？

1. 培养注意重点的习惯

正确的思考方法包含了两项基础：一是必须把事实和信息分开。二是必须把事实分成两种：重要的和不重要的，或是与本事情有关系的和没有关系的。

在达成主要目标的过程中，你能使用的所有事实，都是重要的，而且是和本事情有密切关系的。

只要勤于研究你会发现，那些成就大的人物都有一种抓重点的习惯。这样一来，他们比一般人会工作得更为轻松。也就是说，一个人若能养成把注意力放在重要事情上

的习惯，那么他就为自己获得了一种强大的力量。

为了能够分辨真实的事情的重要性，建议你去研究那些听到什么就做什么的人，这种人很容易受到谣言的影响，他们会把自己看到的消息全盘接受下来，而不加以分析就对他人进行判断，或者是根据这些人的敌人或竞争者的评论来决定。请你从周围的人群中找出这样的人，注意，这种人一开口说话时，通常都是这样的："我从报上看到"或者是"听他们说的"。

思考方法正确的人知道，报纸上的报道并不一定是正确的，他也知道"他们说的"内容通常都是不真实的消息多过真实的消息。如果你尚未跨越"我从报上看到"或"听他们说的"层次，那必须到实践中去调查，才能成为一个思考方法正确的人。

2. 掌握大家都得利的原则

许多人愿意做一件事，或是不愿意做一件事，唯一的原则是：能否满足自己的利益，而未曾考虑到是否会伤害到他人的利益。有些人的想法是以利害关系为唯一原则的。当事情对他们有利时，就会表现得很"诚实"，但当事情对他们不利时，就会"不诚实"，并为他们的"不诚实"寻找无数的借口。

思考方法正确的人，会使用大家都得利的标准来指引自己，他们时时遵从这个标准，不管能否立即为他带来利

益，或是先带来了不利的境况，但他始终坚持这个标准，因为他知道，这个标准终将使他达到成功。

3. 要承受得住攻击

在成为一个思考方法正确的人之前，你必须明白一个事实：这就是不管一个人品行有多好，也不管他对这个世界有多大的贡献，都会遭到别人的攻击。一个人只要出名了，这些闲言碎语就会出现。所以，要有承受这些攻击的准备，同时也要明白，这些攻击经不起时间的考验，只有真理才能够永恒。

4. 正确评价自己和他人

许多人由于他们自己的偏见与怨恨，从而低估了敌人或竞争对手的优点。一个思考方法正确的人，他必须很公正地找出别人的优点和缺点，只有这样才不会将对手的实力估计过低或过高，才能立于不败之地。

5. 善于自我投资

首先要在教育上投入。什么是真正的教育？有些人以为，教育仅仅是指学校里的教育，或文凭、证书、学位的数目，但是这些数字，并不能保证一定可以造就一个人的成功。有许多出色人物，根本没有受到多高的正规教育。是的，文凭会帮助人找到工作，却不能保证你在这份工作

中有什么成就。

真正的教育，它可以开发我们的智慧，提高我们的思考能力，可以改善思考能力的都是教育。教育可以训练人的大脑，使人适应千变万化的情况，解决各式各样的难题。有意义的书也有类似的效果，它可以充实你的心灵，提供许多建设性意见。要善于从那些成功人身上挖掘出使自己也成功的经验。

朋友，对于自己的未来要好好投资，看些好书籍，以感受一下别人的成长过程。

6. 正确使用想象力

自古以来，许多成功者都有自觉或不自觉地运用"正确想象"和"排练演习"来完善自我而获得成功的事例。比如，拿破仑带兵横扫欧洲以前，曾在内心想象中做了许多军事演习。世界酒店业巨子希尔顿，小时候就想象自己在经营旅店，常常扮演酒店经理，成功后的希尔顿成为全球酒店业大王。成功者的每一个成就，在实现之前，他们都在想象中预先演练过无数次，这真是奇妙至极。

想象力具有巨大的力量。一切的成功、一切的财富都始于一个意念，那么意念从何而来呢？拿破仑·希尔博士解释说：它是创造性想象力的产物，所以想象力是灵魂的工厂，也是成功的"核反应堆"。

7. 充分挖掘潜能

积极的心态之所以会使人心想事成走向成功，是因为每个人都有巨大的潜能，等待着我们去开发；消极的心态之所以会使人怯弱走向失败，是因为他们放弃了潜能的开发，让潜能在那里沉睡，白白浪费。

人人都渴望成功，那成功有没有秘诀？其实，任何成功都不是天生的，成功的根本原因是，开发了人的无穷无尽的潜能。抱着积极的心态去开发人的潜能，你就会获得能量，你的能力就会越用越强。相反，如果抱着消极的态度，不去开发自己的潜能，那你只有叹息命运不公，并且越消极越无能。你们有没有听过一只鹰自以为是鸡的寓言故事呢？

一天，一个喜欢冒险的男孩爬到了父亲养鸡场附近的山上，在山上他发现了一个鹰巢，他从巢里拿了一个鹰蛋带回养鸡场，他把鹰蛋和鸡蛋混在一起让母鸡来孵，孵出来的小鸡里有一只小鹰。小鹰和小鸡一起长大，它不知道自己除了是小鸡以外还会是什么。起初它很满足，过着和鸡一样的生活。直到有一天，有一只鹰翱翔在养鸡场的上空，那一刻小鹰感到自己的双翼有一种奇特的力量，感觉心正猛烈地跳动。它抬头看着老鹰的时候，一个想法出现在心中："养鸡

场绝不是我待的地方，我要飞向蓝天。"它从来没有飞过，但它的内心被一种力量驱动着。小鹰展开双翅飞向了小山头顶，它高兴极了，再飞向更高的山峰，最后冲上了蓝天。

当然有人会说，那只不过是一个寓言而已。我既非鸡，也非鹰，我只是一个人，是一个平凡的人，因此我从来没有期望过什么。或许这正是问题的所在，它使得我们的潜力得不到发挥。科学研究表明，正常人其实只利用了自身潜力的10%，还有90%尚未开发。如果利用了自身潜能的12%，我们将成为成功人士；如果利用了自身潜能的40%，我们将成为伟大人物。

在日常生活中我们看到，在紧急状态下产生的反应，能激发出潜在的能量。有人用双手把压在自己儿子身上的卡车抬起；有一位小女兵，用肩扛走了快要爆炸的氧气瓶，从而避免了一场灾难。这类事例在生活中比比皆是，人在危险时刻表现出来的能力，连他们自己也惊奇不已。

8. 充分开发利用潜意识

从字面上理解，潜，是不露在表面的意思；意识，是人的大脑思维活动。潜意识是不明显、不露在表面的大脑思维活动。著名心理学家弗洛伊德曾用冰川来形容潜意识。他解释道：浮在海面上可以看见的一角是意识，而隐

藏在海平面以下的，看不见的更大冰山便是潜意识。从功能上讲，潜意识大约有以下特点：

（1）潜意识具有记忆储存的功能

潜意识像一个巨大无比的仓库或银行，它可以储存人生所有的认识和思想感情，一些熟悉的事物常常不经过明显的记忆，而不知不觉地直接进入人的潜意识，并储存起来。

（2）潜意识具有自动排列、组合、分类的功能

潜意识对保存复杂的东西，进行自动的重新排列、组合、分类，以便随时应付各种需要。当我们思考某个问题时，有关的潜意识就可能被唤醒。从潜意识里升到意识中来为我们服务，而与思考的问题无关的潜意识，一般情况下不会被唤醒，它安静地在那里待着。

（3）潜意识可以通过意识的指令来唤醒

潜意识需用特定的情景或特定的意识指令才能唤醒，"模糊"指存入大脑的潜意识已经变成了人无法认清的模糊"代码"，只有通过意识的重新翻译，才能清晰起来，这个过程速度之快，人几乎无法察觉。当要思考或回想某件事情的时候，我们就给潜意识下了一个特定的指令，于是这方面的潜意识很快会被唤醒，并经过意识"翻译"而栩栩如生地重现出来。当我们处在某种特定情景的刺激下，一些相对应的潜意识有时也会自动重现出来，这是潜意识的快速密码唤起和快速意识翻译的表现。

（4）潜意识有直接支配人行为的功能

人的一些习惯、动作、行为，以及一些自己也没有意料到的举动，实际上就是被潜意识支配着。有的人一遇到难题，马上想到"挑战"，"想办法解决"，行动也几乎同时跟上；而有的人一遇到难题，则不自觉地、甚至不加思考地就想到退却、想到失败，在行动上也表现出退却，这都是潜意识在起作用。

（5）潜意识具有自动解决问题的思维功能

当我们苦思冥想某一个难题，一时得不到解决时，我们可能会暂时停下来做别的事。结果突然有一天，问题的答案就跳出来了。这便是潜意识在帮你思考解决问题。所谓"灵感"，就是潜意识的自动思考的结果。

总之，潜意识就是我们心的大海，它汇集一切思想感受的涓涓细流，是容纳各种观念心态的百川江河，它更是形成人类一切思想意识的源泉。从娘胎里诞生起，人的潜意识便开始形成，父母的期望、教诲，家庭环境的影响，学校的教育，从小到大的阅历，一切影响着人的外部思想观念、意识、情感，包括正面积极的和负面消极的，它们都会在人的潜意识里储存沉淀起来，形成一个人丰富的内心世界和灵魂。潜意识是我们形成新思想、新心态、新智慧取之不尽、用之不竭的素材和信息源泉。潜意识如此包罗万象、深厚神奇，那要如何来训练开发和利用它呢？

以下几点可供探索和参考：

（1）训练开发潜意识的无限存储记忆功能，为我们的聪明才智开辟广阔深厚的基础

如果我们想建造高楼大厦，就必须事先储备好足够多的水泥、沙子、砖石、钢筋等各种建筑材料。如果我们想追求成功与卓越的话，就应该不断地学习新的东西，给潜意识输进更多的基本常识、专业知识以及相关的最新信息。有一点很重要，只有那些经过我们处理过的知识，通过听、读、写、看、想等多种形式，多维度的感官刺激，多次重复，可以加深记忆，才会在我们的大脑里更加清晰，也更容易进入我们潜意识里的存储库。

想要大脑更聪明、更有智慧、更富于创造性、更符合现实性，就必须给潜意识输送更多的相关信息。为了使潜意识存储功能更有效率，可采取一些辅助手段帮助我们，如重要资料重复输入、重复学习可增加记忆；建立看得见的信息库，如分类保存书籍、剪报、笔记、日记、电脑资料等，以便协助潜意识为我们的创造性思维和聪明才智服务。

（2）训练潜意识的积极能力，使它为我们成功服务，而不是把我们引向失败

由于潜意识"是非不分"，它就像你给电脑输入内容一样，如果你输入积极内容，就会产生积极的思维。而积极的思维，会产生积极的行动。如果你输入消极的内容，就会产生消极的行为。所以成也潜意识，败也潜意识。因

此我们要训练自己，努力开发利用积极成功的潜意识，也就是不断输入积极的资料，让积极的心态始终占据主导地位，成为积极的潜意识，甚至支配我们的行为。

另外，对一切消极失败的心态信息进行控制，不要让它随便进入我们的潜意识，遇到消极思想时，要立即抑制它、回避它，不要让它污染你的大脑，对过去无意中吸收的消极失败的潜意识，永远不要提起它，把它遗忘掉，让它永远沉入潜意识的海底。或是对它进行批判分析，化腐朽为神奇，用积极的心态对它进行分析、批判，化害为利，让消极的潜意识变成"肥料"，变成有益于成功的思想。

（3）开发利用潜意识自动思维、创造的智慧功能，帮助我们解决问题，获得创造性的灵感

潜意识蕴藏着人一生的信息，又能自动地排列组合、分类，并产生一些新意念。所以我们可以给它指令，把碰到的难题转成清晰的指令，经由意识转到潜意识中，然后放松自己等待答案。有不少人苦思冥想某一问题，结果却是在梦中，或是在早晨醒来，或是洗澡、散步时突然从大脑里蹦出了答案和灵感。古希腊物理学家阿基米德，就是在洗澡时灵感忽现，发现了著名的浮力定律。由此可见，只要用心思考，潜意识随时会帮我们解决问题。一旦灵感来了，就要立即记录下来。

9. 充分利用积极的心理暗示

积极的心理暗示，可以使人增进信心，克服恶劣的情绪，由失败走向成功；消极的心理暗示，使人感觉对任何事情都无能为力。

自我暗示是意识与潜意识相互沟通的桥梁。通过自我暗示，可以使意识中最具有力量的意念转化到潜意识里，成为潜意识的一部分，也就是说，我们可以通过有意识的自我暗示，将有益于成功的积极思想和感觉，洒向潜意识的土壤里，并在成功过程中减少因考虑不周或疏忽大意等招致的破坏性后果。所以不断地进行积极的自我暗示的人，很可能成为一个成功者。

当别人常对你说："哦，你真能干！"这时，你会感到信心十足，而且会变得更加能干，因为别人对你的肯定将变成你对自己的期望，你的行为也会尽力回报这一期望。同时，我们自身也可以通过自我暗示，对自己的才能加以肯定，并强化自己的成功意念。

（二）

积极的心理暗示：

（1）每天起床前和临睡前默念你的目标两次。因为这两个时间，你的意识活动都比较弱，你的自我暗示更容易

与潜意识沟通。

（2）请你每天听或阅读如下的积极的心理暗示：

① 热情

今天的世界也是我的世界，它变得更加富有生气，因为我把自己满腔的热情，都倾注到我所做的每一件事和每一个人身上。而我之所以如此热情洋溢，是因为我对我的世界、我的工作、我的目标，以及每一个人身上的优点，都有了更深的认识，对人生充满了信心。这种信心使我精神倍增，兴奋之情难以自禁，自信心更强了。信心加热情，使我毫不犹豫地投身在行动之中，我能够坚持下去，并尽自己最大的努力，我不会退缩，热情将使我成为一个成功者。

今天，我要向遇到的每一个人微笑，向他们表示我的热情；今天，我的思想、我的行动和我对人、对事的态度都将是兴奋而又积极的；今天，通过把满腔的热情倾注到我所从事的工作中，我所遇到的不少困难，都能迎刃而解，完成任务将好于昨天；今天，由于我有意识地培养自己的热情，所以我将过得很愉快。

② 行动

今天，对我来说是一个成功的日子，因为对应该做的事情我将毫不拖延，立刻动手。如果我把今天应该做的事拖延下去，那我会越来越感到焦虑，我会对应该做的事，产生畏难情绪，从而不想去做，我会感到心情沉重、不胜

负担，以至于会因拖延工作而放弃行动。只有去做，方可赢得成功。而我立刻动手，所以今天对我来说，是一个成功的日子。

今天，我将完成工作，因为我立刻动手，我将做我为了成为有用之才而一直想做的事情；今天，我在工作中做得将比昨天更好，因为我立刻动手。如果我培养了自己立刻动手的习惯，那么，不但今天，而且明天、后天，对我来说都将是一个成功的日子。

③ 金箴

今天一整天，快乐伴随着我，因为金箴在生活中指引着我，我将以希望别人对我的那种方式来对待每一个人。我希望别人都愉快，这比我自己是否感到愉快更重要。我要看别人积极的方面，我将看他们的优点，而不是缺点。因为我知道，任何人都不可能十全十美，自然我也不例外。我将把我的真诚赞美之词献给别人，因为人人都希望受到别人的赞美，希望体现自己在这个世界的存在价值。我将不随意批评别人，我将友善地对待我今天遇见的每一个人，赞赏他们、尊敬他们。我将不会以这样作为索取什么的交换条件。如果，我反过来要求别人的赞赏，那我这样做本身就失去了意义。今天，金箴在生活中指引着我，我将像希望别人待我的那样对待别人。

④ 耐心

由于我没有耐心，由于我没有坚持下去，由于我在疲

倦或受到挫折时逃避现实，由于这些原因，我没有完成我想完成的事情。耐心告诉我，无论我在完成自己目标时失败或挫折多少次，我都必须坚持。使自己的目标变成现实是极为重要的，即使它要花很长的时间，即使在成功前我要经过无数的失败和挫折，这些都不能阻止我的进取心。耐心允许我一次只做一件事，不强求自己一蹴而就，因为急功近利会使人神经质，焦虑紧张会待人粗暴，耐心要求我完成一项工作后再进行另一项。我要坚持，我会成功。

积极的心理状态：

我的思想是我生活的一部分，完全受我的控制，对于哪些可以进入我头脑的，我有自由筛选的权利，但是我也知道，不管我的头脑里存在什么样的思想，别人是捉摸不到的，只有通过我的行为、我的态度和我对别人、对自己的看法才能显示出来。

今天，我的行为、我的态度、我的看法都将是积极的，因为我只允许积极的思想进入我的头脑，这种积极的心理状态，将帮助我对自己遇到的各种困难去发现积极的解决方法。

今天，我将不会为自己找任何借口来逃避困难，我将不再消极。

今天，我将极力不去想那些消极的词，比如："不想""不能""不具备条件""根本不可能""没有希望"以及"如果失败了会怎么样"等。因为这些词只能使我见难而

退，丧失信心。

今天，将是美好的日子，我将努力使今天变得更美好，我将保持积极的心理状态。

⑤ 目标

今天，我将赋予自己以目标、方向和毅力，我将通过为自己建立目标来完成这一使命。这些目标为我指明了今天我将完成的任务。我将针对每一个目标，制订一个行动计划，这一计划告诉我该做什么、什么时间去做和怎么做，以便我能最终完成我确定的目标。我将向那些最迫切的、最困难的目标前进，或者从那些我原来最害怕的事情做起。

今天，我决不逃避，直到完成自己确定的目标为止。我可能会疲倦，我可能会泄气，我可能会在第一次、第二次、第三次尝试中连遭失败，但是我不会逃避，我要完成今天的目标。

当今天夜幕降临时，我将体会快乐和成功。因为我赋予自己的生活以方向、目标和毅力。我建立了我的目标，我完成了我的目标。

今天，我不感到恐慌，我对自己充满了信心，相信自己能做好一些事情。我是自己生活的主宰、行为的主宰、思想的主宰和工作质量的主宰。作为主宰，我有权力选择自己乐意采用的方法，好的、一般的或是差的。但是我很清楚，我的结果不是由运气或天命决定，而是由我的行动

决定的。过去，我像平常人一样，只利用了自身能力的10%，还有90%的潜力尚未开发。

今天，我将妥善处理我遇到的所有事情，因为我将利用自身尚未开发的所有潜力，我是有用之才，我是自己生活的主宰，我将保持积极进取的生活态度，我有潜力，我有能力。

第五章　自制能力

（一）

　　有人曾对监狱里的成年犯人做过一项调查，发现一个令人震惊的事情，这些犯人之所以沦落到监狱中，有90%的人是因为缺乏必要的自制力，才"一失足成千古恨"。要想做个"平衡"的人，你身上的热忱和自制力必须相等而平衡，所以说自制力是一种难得的能力。

　　在一家大百货公司里，有一件事足以说明自制力的重要性。在这家公司受理顾客抱怨的柜台前，许多人排着长长的队伍，争着向柜台后的那位年轻女郎诉说他们所遭遇的困难，以及这家公司做得不好的地方。在这些投诉的顾客中，有的十分愤怒而蛮不讲理，有的甚至讲出很难听的话。

　　柜台后的这位小姐接待了这些愤怒不满的妇女，

丝毫未表示出任何憎恶，她脸上带着微笑，指导这些顾客前往合适的部门，她的态度优雅而镇静，人们对她的自制力大感惊讶。站在她背后的是另一个年轻姑娘，她在纸条上写下一些话，然后把纸条交给站在前面的那位姑娘，纸条上很简要地记下了顾客们抱怨的内容，但省略了这些顾客尖酸而愤怒的话语。

原来，站在柜台后面带微笑聆听顾客抱怨的这位姑娘是个聋人，她的助手通过纸条告诉她重要的内容。这家百货公司之所以挑选一名听不见的姑娘，担任公司最艰难而又最重要的一项工作，主要是因为公司一直找不到具有足够自制力的人来担任这项工作。那位年轻姑娘脸上亲切的微笑，对这些愤怒的顾客产生了良好的影响，他们来到她面前时，个个像咆哮怒吼的野狼，但当他们离开时，个个变得像温顺柔和的绵羊，有的人脸上甚至露出羞怯的神情，因为这位姑娘的自制力已使他们为自己的行为感到惭愧。

每个人应该有一副"心理耳罩"，有时候可以用来遮住自己的双耳，以免听到不顺耳的话之后产生憎恨与愤怒。生命十分短暂，有许多重要事情要做。因此，不必对每一次别人说出我们不喜欢听的话都进行"反击"。

我们要完成一项事业，就要有一个很好的自制力。中国人讲忍耐、讲气量，如"小不忍则乱大谋""量小非君

子"等，人的一生中，令人发怒的事不计其数，倘若对每件事都斤斤计较、耿耿于怀，是成不了大事的，甚至还会发生不该发生的事，导致严重后果。

春秋战国时代，楚国有一个边城叫卑梁，那里有一个姑娘与吴国边城的一个姑娘一起在国境线上采桑叶，嬉戏中吴国姑娘不小心伤了卑梁姑娘，受伤的姑娘去责备吴国人，而吴人的回答很不恭敬，卑梁人就恼怒杀了吴国人，于是吴国人进行报复，把那个卑梁人全家杀光了。卑梁的邑大夫大怒说："吴国人竟然敢攻打我的城！"就发兵去攻打吴国的边城，连边城的老弱都杀了。吴王听说这件事后大怒，派人发兵攻打卑梁并把它夷为平地。吴楚两国因此展开了大战，吴国的公子光率领军队跟楚国人交战，并把楚国打得大败。故事中的吴楚两国从拳脚相加至刀兵相见，直到"倾国倾城"导致楚国亡国，而最初根源不过是采桑姑娘在嬉戏中产生的无心过失。可是，因小事而酿成大祸，前后对比真让人啼笑皆非。

如果受伤的姑娘转念一想，这只是一件小事，回去对自己的父母、哥哥讲是自己跌伤的，这仇杀故事就胎死腹中了。卑梁的邑大夫如果稍沉得住气一点，费心查一下边民死的原因，就会发现这并非攻打城邑，而是民事纠纷，

那么攻打城邑这事就不会发生。

　　总之，这本是一桩不该发生的事情，其严重后果也更让人感到震惊。所以，建立在"明知"基础上的忍让是一种难能可贵的品质。忍，不是逆来顺受，而是明察秋毫，明辨是非，做出明智的判断，它大到治国，小到修身。

　　在很多刑事案中，有一半以上都起因于一些小事，如在酒吧里逞英雄，为一些小事争争吵吵、讲话侮辱人、措辞不当、行为粗鲁等等，就是因为这些小事，结果引起了伤害和谋杀，很少人真正生性残忍或具有不共戴天的仇恨，一些犯大错的人是因为缺乏自制力而造成很大的过失和犯罪的。

（二）

　　生活的真谛包含在我们大多数人不去注意的日常生活中。同样，机会也经常隐藏在并不显眼的日常琐事中。你可以去询问所遇见的 10 个人，问问他们为什么不能在他们所从事的行业中获得大成就，这 10 个人中，至少有九个人会告诉你，是因为他们没有获得机会。这时你可以对他们的行为做一整天的观察，然后再做进一步的分析。观察、分析后你会发现，他们在这一天当中，不知不觉地把来到他们身边的好机会给推掉。

有一天，拿破仑·希尔站在一家卖手套的柜台前和一位年轻的服务员聊天，他告诉希尔，他在这家店工作已经四年了，但他并未受到任何的赏识。因此，他目前正在寻找其他工作准备跳槽。在他们谈话中间，有位顾客走到他面前要求看看帽子。这位店员对顾客的请求置之不理，继续和希尔说话。当这位顾客显出不耐烦的神情后，店员还是不理，最后他把话讲完了，才转身对顾客说："这儿不是帽子专卖柜。"那位顾客又问："帽子专柜在哪里呢?"这位年轻人回答："你去问那边的管理员好了，他会告诉你怎么找到帽子专卖柜。"

四年中，这位年轻人一直都有很好的机会，但他不知道。他本可以和他服务过的每个人结成好朋友，而这些人可以使他成为这家店里最有价值的人。因为这些人会成为他的老顾客，会不断地回来同他交易，但是他忽视了他们，对顾客的询问不答不理，把好的机会一个一个地丧失掉。

让我们再看看另外一个故事:

某个雨天的下午，有位老妇人走进一家商场，她漫无目的地闲逛着，很明显是一副不打算买东西的样子，大多数售货员只对她瞧上一眼，然后就自顾自地

忙着整理货架上的商品去了，以避免这位老太太去麻烦他们。其中一位年轻的男店员看到她，立刻主动向她打招呼，并很有礼貌地问她，是否有需要服务的地方。这位老太太说她只是进来躲雨罢了，并不打算买任何东西。这位年轻人安慰她说，即使如此你仍然很受欢迎。他主动和老太太聊天，以显示他确实欢迎她。当老太太离去时，这位年轻人还替她把伞撑开，这位老太太向年轻人要了一张名片，然后就走了。后来，这位年轻人完全忘了这件事情。

但是有一天，他突然被公司老板召到办公室，老板向他出示了一封信，是那位老太太写来的。那位老太太要求这家公司派一位销售员，代表公司接下装潢一所豪华住宅的工作。那位老太太就是美国钢铁大王卡耐基的母亲。在这封信中，老太太特别指定这名年轻人，代表公司去接受这项交易金额数目巨大的工程。

这个事例说明，如果这名年轻人不是好心去招待这位不想买东西的老太太，那么，他将永远不会获得这个极佳的晋升机会，所以说，有好的自制力才能抓住成功的机会。

（三）

成功的路上其实并不缺少机会，或资历浅薄无法获得机会，成功道上的最大的敌人是缺乏对自己情绪的控制。生活中非理性的因素很多，我们常常会因为这些非理性因素而控制不住自己的情绪，导致一些不良后果。当然，影响我们认识事物的原因有很多，如知识、经验的局限，认知的偏差，感官的限制，等等，其中影响因素最大的是情绪的介入和干扰。

1. 嫉妒

嫉妒使人心中充满恶意，一个人如果在生活中产生了嫉妒情绪，那么他就从此生活在阴暗的角落里，不能在阳光下光明磊落地说和做，而是对别人的成功或优势咬牙切齿，诅咒不屑。嫉妒的人首先伤害的是自己，因为他把时间、精力和生命放在日复一日地蹉跎中，而不是放在积极进取、努力奋斗上。嫉妒也会使人变得越加消沉或是充满仇恨，距离成功也就越来越远了。

2. 愤怒

愤怒使人失去理智和思考机会。在许多场合中，因为愤怒冲动，我们失去了解决问题和缓解冲突的良好机会，

而且一时的冲动，事后可能要付出高昂代价。在现实生活中，愤怒导致的损失往往可能是无法弥补的，可能从此失去一个好朋友、一批客户，也有可能使你在领导眼中的形象受到损害，别人也从此对与你的合作产生疑虑。

愤怒最坏的后果是：不顾及别人的尊严，伤害了别人的面子。损害他人的物质利益也许并不是太严重的问题，而损害他人的感情或自尊，无疑是自绝后路或自掘坟墓。如果你心中的梦想是渴求成功，那么，愤怒是一个不受欢迎的东西，应该彻底把它从你的生活中赶走。

3. 恐惧

过分的担忧可能会导致恐惧，而恐惧则使人回避问题，而不是迎接挑战、不畏困难。对某些事物的恐惧情绪，可能是缺少自信或自卑过重导致的。

一次失败的经历或遭遇都可能使人变得恐惧。比如经历过一次失败的上台演讲，可能使他从此恐惧上台演讲，这无疑使他失去了很多机会，本来可以通过一番演说或游说来获得的机会，却从手指缝里溜走了。恐惧的泛滥还可能导致焦虑，焦虑的情绪甚至比恐惧还要糟糕。

有些人把焦虑情绪形容为"热锅上的蚂蚁"，这个比喻相当准确也很形象。成功路上小小的失败就令他望而却步，那么成功后可能面临更大的挑战，他又如何应对呢？

4. 抑郁

成功路上有一个敌人也很可怕，那就是抑郁，如果说别的消极情绪是成功路上的障碍，使成功变得漫长和艰险，那抑郁就是从根本上让人在成功路上南辕北辙。克服别的情绪问题，可能只是修养和技巧的问题，但克服抑郁却是一项庞大的工程，它需要彻底改变你的个性，包括认知、态度、性格和观念。

如果一个已经成功的人患上抑郁，那既有的成功也会离他而去，因为成功带给他的不是喜悦，不能使他兴奋起来，他沉浸在自己的琐碎体验里不能自拔。抑郁者仿佛是一只驮着壳的蜗牛，只是束缚他的壳是无形的。抑郁者像置身于一个孤独的城堡，他出不来，别人也进不去。

有一位曾患抑郁的人这样形容他抑郁时的感受：在我周围围着两圈士兵，他们手执长矛，里面的一圈士兵向着我，矛尖指着我，外面的一圈士兵向着外面，矛尖指着外面，他们这样密不透风地围着我，我出不去，外面的人也进不来。

5. 紧张

适度的紧张能使我们集中精力，不致分神，但紧张过度则使我们的准备工作付诸东流。本来设想和规划很好的语言和手势，一紧张忘得一干二净。过分的紧张使人变得

肢体僵硬、大脑空洞，脸色发白或涨得通红，双手和嘴唇颤抖不已，冒着冷汗，心跳加快，甚至使人感到心悸，呼吸急促，语言支离破碎，这样的情形使我们好像一个撒谎的孩子。紧张可能是因为我们缺少经验或准备不足。一个成功者他也会有紧张的情绪，但他之所以会成功，是因为他已经学会了如何控制紧张的情绪。

6. 狂躁

狂躁容易给人一种假象，仿佛精力很充沛，说话和做事很有感染力，但显得咄咄逼人。初次接触狂躁者，许多人会产生错觉，以为他是多么具有活力和让人感动。可随着时间的推移和深入的了解，就会发现，狂躁的人谈话没有深度，他的行动缺乏条理性和计划性，他说过的话转眼就会忘记，交给他的任务也不会认真对待。狂躁的情绪容易使人陶醉，因为狂躁者自我感觉好极了，他会显得雄心勃勃，似乎要追随后羿把最后一颗太阳也射下来。狂躁和抑郁其实是两个极端的情绪，狂躁是极度兴奋，抑郁是极度悲观。

7. 猜疑

猜疑是人际关系的腐蚀剂，它可以使唾手可得的成功机会毁于一旦。莎士比亚在他著名的一部悲剧《奥赛罗》里面，十分生动和深刻地刻画了猜疑对爱情的腐蚀。爱情

因为猜疑而变得隔阂，合作因为猜疑而不欢而散，事业因为猜疑而失败。猜疑的产生是因为缺少沟通，许多猜疑最终证明是误会。如果相互之间的沟通顺畅，那猜疑也就无处生长。对追求成功的人来说，猜疑将是一个随时可能吞没成功事业的猛兽。因为你的猜疑可能会被别人利用，其实只要仔细分析，就不难发现猜疑是多么的没有道理和破绽百出。

猜疑的另一个原因是对自己的控制能力缺乏足够的自信。为什么会猜疑？因为担心自己的利益会受到伤害，而这种担心，显然是由于对自己控制局面的能力信心不足而造成的。我们要学会控制非理性因素带来的不良情绪，维持正常情绪，才能获得理智，才能正确处理事情。

第六章　领导才能

（一）

　　领导才能指的不是挥舞手中的权力，而是授权别人去干。衡量一个领导人能力的大小，要看他的信念的深度、雄心的高度、理想的广度和对事业、对部下的爱的程度。

　　小小的胜利可以由一个人单枪匹马夺得，但那种大的胜利，就不可能靠单干取得了，必须有其他人参与。当你开始动员其他人一道，为达到某个目的而工作时，你就跨进了领导者的行列，事情的成败，全赖于领导人水平的高低了。领导才能究竟是什么？许多人以为，老板有地位就能领导人，经理有头衔就能领导人，但那不是领导才能的真正本质，一个只会在自己位置狭窄范围内指挥别人的人，不能算作真正地有领导才能。真正的领导者能影响别人，使别人追随自己，他能使别人参与进来，跟他一起干。他鼓舞周围的人，协助他朝着理想、目标和成功迈

进。他给了人们成功的力量和信心，领导能力首先是一个人的个性和洞察力，这是最核心的东西。

正如美国领导才能研究专家弗雷德·史密斯说："领导人物走在队伍前面，并且一直走在前面。他用自己提出的标准来衡量自己，也乐意别人用这些标准来衡量他们。"

最好的领导者是不断成长和学习的人。他们愿意付出当领导人物的代价，为了不断提高自己的水平、宽阔自己的视野、增强自己的领导技巧、发挥自己的潜能，他们会做出种种牺牲，他们通过努力使自己变成受人敬仰的人。

（二）

有良好品质的人比不受敬仰的人，更有可能成为领导人物，但单靠良好的品质还不能成为领导人物，这些良好的品质还必须和与人沟通的能力结合起来，关怀别人，学会与人交谈和调动人的积极性。所以说，积极的思维方式、良好的品质、个性、理想与沟通能力和激发别人积极性的能力，是构成领导才能的基本要素。

一般来说，世界上有两种类型的人，一种是领导者，一种是跟随者。大多数领导者都是从跟随者开始的。他们之所以会成为杰出的领导者，是因为他们开始是聪明的跟随者，不能够很好地跟随领导者的人，是不可能成为有能力的领导者的。一位聪明的跟随者有很多优势，其中包括

他从领导者那里获得知识和机会，一般而言，优秀的领导人有下列一些重要的素质：

1. 毫不动摇的勇气，坚定的决心，果断的决策能力

也就是说，领导者要有足够的自信和勇气，如果不能肯定自己，也就不能成功地领导他人。专家们在调查几万人后发现了一个事实：领袖人物一向都是具有快速决策能力的人，即使是在并不太重要的小事上也是如此。而追随者却优柔寡断，犹豫不决，而且拒绝作出决定，即使是在极其微小的事情上，他们也不愿作决定。

2. 良好的自制力

不能控制自己行为的人，永远不能掌控他人，拒绝生气，保持冷静和沉着才能保持正常的理智。

3. 强烈的正义感并能同情理解部下

没有正义感，任何领导者都不能指挥和获得下属的尊敬，成功的领导者会同情他的下属，并理解他们，懂得他们的困难，把他们的最大利益放在心上，如果一个领导者以使别人得益而闻名，那么别人也会唯恐跟不紧他。

4. 设立工作计划

成功的领导者必须计划好他的工作，并按计划进行工

作。没有具体的计划，就像一艘没有舵的船，这艘船迟早要触礁。

5. 迷人的个性

跟随者不会跟随一位各种素质不高的领导者，粗心懒散、无责任心的人不可能成为成功的领导者。

6. 有责任感

成功的领导者必须愿为自己或下属缺点和错误承担责任。如果他推卸责任，那就不会继续担任好领导职务，如果他的下属犯了错误，这显示他不称职，领导者必须考虑失败是他本人。

7. 掌握详情，富有协作精神

成功的领导者需要掌握领导职位的详细情况，必须懂得合作的原则，并能劝导下属也去这样做，领导需要力量，力量需要合作。

8. 善于和员工沟通

所谓沟通是一个人向另一个人传递信息并获得理解的过程，领导为了与员工有效沟通，提高办事效率，必须注意以下几点：

（1）不要为了显示权威而进行争吵，而是要设法将自

己和员工的注意力，集中在必须面对的问题上。

（2）避免撒手不管的态度，要求员工认真地对待任务，并严格地遵循指令，要亲自把握那些重要事情，跟进流程。

（3）注意言辞，选择能清楚表达思想的言辞，并且注意说话的语调。

（4）鼓励员工提问题，并且解释这些问题，通过重复和演示来巩固员工的理解。

（5）一次不要发出太多的命令，命令要简明扼要，最好等员工完成一项命令后，再发布另一项命令。

（6）善于倾听，不要打岔，让人把话说完。对听到的事情不要急于回答，但当你感到员工正在漫不着边地说话时，可以用机智的提问，把话题引回到主题上来。当集体讨论陷入毫无意义的聊天时，你必须让话题回到主题上来。

（7）尽量不要当众批评人，要正面激励和赞扬员工。有时候冷酷会给下属一股威严感，但不一定能干好事。因为人是不高兴处于被动地位的，而正确的激励，既给下属面子又增强他们的自信心，让他们更加主动地完成好工作。

（8）敢于冒险。世上没有万无一失的成功之路，动态市场总是带有很大的随机性，常常变幻莫测，难以捉摸，要在波涛汹涌的商海中自由遨游，就非得有冒险的勇气不

可。所以，必须了解冒险的积极意义，并把它视作成功的重要条件。成功喜欢光顾勇敢的人，冒险是表现在人身上的一种勇气和魄力。

唯物辩证法告诉人们，冒险与收获常常是结伴而行的，险中有夷，险中有利。只有成功的欲望，又不敢冒险，怎能实现伟大的目标呢？希望成功又怕担风险，往往就会在关键时刻错失良机，因为风险总是与机遇联系在一起的。

从某种意义上说，风险有多大，成功的机遇就有多大。由贫穷走向富裕，需要把握机遇，而机遇是平等地铺展在人们面前的一条通路。具有过度安稳心理的人，常常会错失一次次机会。许多成功的人，并不一定是他比你会做，更重要的是他比你敢做。

与其担心失败而不尝试，不如尝试了再失败，不战而败如同竞赛的弃权，是一种怯懦的行为。当然，冒风险也并非铤而走险，敢冒风险的勇气和胆略，是建立在对客观现实的科学分析基础之上的，顺应客观规律，加上主观努力，力争在风险中获得收益，这就是人们常说的胆识。

（9）有创意。领导要有创意，要常常带给人新的观念、新的刺激，否则团队难以有进步和发展。意识或潜意识专注到某个程度，就可产生创意，创意不是浅薄的随意思考，而是深度的思考，是在困苦和磨难里得到的创新想法，不要以为那是一刹那的灵感涌现，其实它在你心中早

已酝酿良久。

（三）

在现实生活中，也有失败的领导人。了解领导人失败的主要错误和原因，是为了让我们知道，什么不能做和什么能做，都是同等重要的。失败的领导主要表现在以下几个方面：

1. 不能组织详细的资料

有效率的领导，有能力组织和掌握详细情况，如果领导总是说"太忙"，没有时间去做领导者应该做的事，当他承认自己太忙，不能改变他的计划，或不能花精力去应对紧急情况时，那他就已经承认了自己的无能。成功的领导者，必须掌握与他的职位相关的所有详细情况。当然，他还必须有把获得的详细情况移交给能干的副手的习惯。

2. 不愿放下架子

事实上，领导在需要的场合，应该愿意干他命令别人去干的劳动，"你们之中最伟大的人将是大家的仆人"，这就是所有领导都受尊重的原因。

3. 害怕来自下属的竞争

担心自己的手下取代自己的领导位置，实际上迟早会

使这种害怕变为现实。能干的领导懂得训练接班人，只有这样，领导者才能发挥自己更大的作用。他们知道，凭自己的能力促使别人去干获得的报酬，多于自己亲自去干获得的报酬，这是永恒的事实。一个有才干的领导，通过他的专业知识和吸引力，可以极大地提高他人的效率，诱导他人更加努力地工作。

4. 缺乏思维

如果缺乏思维，领导者就不能应对紧急情况，不能制定出有效的引导下属的计划。

5. 自私

领导者如果将下属取得的荣誉据为己有，肯定会招致下属的不满。优秀的领导者不会把任何荣誉据为己有，看到荣誉时将它归功给下属，因为他知道，大多数人为了得到表扬和认同愿意加倍工作。

6. 无节制

下属不会尊重一位生活上和工作上无节制的领导，任何形式的无节制都会毁掉一个领导者的前程。

7. 不忠实

也许这一点应该列在最前面，不守信用的领导，对上

级和下级不忠实的领导，不可能长久维持他的领导地位，缺乏忠诚是各行各业的人失败的重要原因。忠诚是一种高尚的人格，是一种伟大的品格，忠诚是一种责任，但凡有责任感的人都比较忠诚。

8. 注重头衔，强调领导的"权威"

称职的领导不要求任何头衔来使他得到下属的尊重，他不是靠对下属施加威压进行领导的，而是用自己的实际行动，用他的同情、公正、理解和能力等来证实自己的职位，他的工作方式不拘泥于形式或受风头主义影响。

以上这些是导致领导人失败的普遍因素，这些错误中的任何一个都可能造成失败，所以要训练自己成为出色的领袖人物。最后，请记住这样一个事实，一个真正的领导，其实就是一个将军，带领着他的部队去作战。

（四）

领导才能不是与生俱来的，是可以后天培养出来的，要做一个好领导，必须遵守以下原则：

（1）必须让下属独立地进行调查和研究，不要用行政手段干扰。让下属根据客观事实得出结论，才具有价值。

领导者决不能先提出一个结论，然后再要求下属调查，或引用什么"科学道理"来证明这一结论的正确性，

这实际上是自欺欺人。也就是说，要让部下去独立调查、分析、研究，为领导层的决策提供有价值的依据，不要看领导的脸色办事。

（2）应允许下属有反对意见，做到兼听则明。要知道，协助领导决策的智囊团完全不同于秘书班子，把智囊团视为秘书班子，是某些领导最容易犯的错误。秘书班子是以领会和贯彻领导意图的准确性、彻底性来评价他们工作的好坏，而智囊团则是以独立自主的科学研究为领导决策服务的。能提出多少真知，是评价他们工作优劣的标准。智囊团如果没有独到的见解，没有不同的看法或不敢直言，那绝不是一个好的智囊团。

智囊团的意见领导可以采纳，也可以不采纳。如果智囊团的意见有 1/3 被采纳，就可以认为这是个有用的智囊团，如果有一半的意见被采纳，就应该被认为是一个好的智囊团。如果百分之一百的意见都被采纳，那么不是智囊团越位，就是领导者没水平，这对于科学决策都是危险的。如果智囊团的意见百分之一百不被采纳，专家与领导者的想法总是背道而驰，虽然不一定是这个智囊团没有水平，但至少这是一个不适合这位领导的智囊团，应予以调换。

（3）作为领导者，永远不要忘记自己作为领导者的职责，不要为部下所左右，部下的水平也是参差不齐的。有敢于直言的，也有善于迎合领导意图的，即使是秉公直言

的意见有正确的，也有错误的。因此，完全依赖部下的领导者，实际上已经不再是领导者了，至少是领导者的一种失职。

为了防止被部下左右的最好办法，就是深入实践调查研究，广泛地听取意见。要重视那些敢于直言，尤其是当初建议未被采纳，而被实践证明是正确的部下们。

此外，要使下属忠心耿耿地为领导者的决策效劳，紧紧团结在领导者周围，其作用得到充分发挥，这里还涉及领导者用人的艺术问题。一般来说，领导者要处理好和下属的关系，要把握好以下几个方面：

（1）关心，尊重，培训下属

关心，尊重，培训下属，并为他们提供成长和发展的机会。对下属要进行长期的再加上短期突击性的培训。对部门负责人要求应更严格，他们才能成为企业不断前进的动力。要从下属中发现人才，量才使用，在使用中注意他们的实际工作能力。

人是企业中第一宝贵的财富，只有赢得了人心才能赢得企业的成功。由此可见，领导者关心尊重、理解下属，并为员工提供成长发展的机会，才能换来下属对你的赤诚。

（2）分工授权

所谓分工授权，即大权集中、小权分散，把职务、权力、责任、目标四位一体授给合适的各级负责人，这是用

人的要诀。用人之道就在于明其责、授其权。对能力比自己强的人，不要嫉妒，不要怕"功高盖主"，有的领导担心下属智慧比自己高，能力比自己强因而不敢用，这是愚蠢的想法。

（3）领导者要有宽容的胸怀

宽容首先表现在能容忍下属对自己的不满，因为矛盾无时不在，无处不有，即使你的领导才能再出色，再有成效，也永远会有令人不满意的地方。

你如果想有所作为，就要准备承受责难。假如你不相信这句话，那你就永远不可能成为一位真正的领导者。从积极的方面讲，责难和抱怨也能产生良好的影响，让下属讲话，即可以获得更多信息，又可以从中得知自己的不足便于改正，同时也利于你了解下属，并为自己所用。

领导者的宽容还表现在能容忍下属的缺点和错误。越是有能力的人，他们的个性就越是张扬，性格特点也就越突出。如果缺乏包容心，就很难接纳这些能人，更不敢用有争议的人才。

用人之道在于求其所长，而不在求其完美。特别是在竞争激烈的"经济战争"中，对于担有一定风险的经营决策，敢于开拓、勇于承担风险者，因对手过强，条件不足或因对方配合不够、不守信用而产生的错误和问题，都属于合理性的。至于知法犯法、怠工懒惰、莽撞胡来自然不在此列。

一些成功的企业家认为，如果下属在一年的任职期间不犯"合理性的错误"，则意味着此人缺乏创造性，竞争力平庸。心理素质和工作能力都成问题的不敢冒风险的经营者，他在竞争中丧失的机会要比捕捉到的机会多得多。风险越大往往希望越大，获得的利润也越高。这种鼓励进取、不惧怕失败的做法，与我们要求的尽善尽美、忽视个性特长的惯性思维是截然不同的。

在理性上，我们承认"失败是成功之母"，但在实践中，我们常常避讳失败，不容忍错误甚至苛求有过失的人。提倡合理的失败，在现代企业管理中有许多好处。

如果领导者允许合理的错误、失败存在，下属则容易视他为"大度"，容易建立起威望，同时营造一种宽松愉快的环境，下属的主动参与意识也会大大加强。

如果一旦出现失败，人们没有顾忌、不会隐瞒，更不会寻求庇护，可以很快找到失败的原因，有利于解决问题。人们正视错误、正视失败，乐于接受教训，而且往往一人有疾、众人会诊，把一个人的教训变成众人的财富。所以领导者要有容人之量，宽以待人，这是领导者处理好与下属关系不可缺少的品质。

（4）承认下属劳动的价值

人的一切行动很多都源于对利益的追求，下属也是社会中现实的人，他们有各种各样的需求，当然也包括物质的需求。当下属用智慧、用调查研究得来的科学数据为领

导者做出贡献时，领导者对于他的成绩应给予充分肯定和赞扬，同时给予合理的物质报酬。

现代领导者应有新的观念，那就是：不是你养活下属，而是下属、专家、员工用他们的辛勤劳动在为你创造财富。这里涉及一个观念的转变，所以，领导者能否充分调动下属的积极性，在于他能否给下属合理的报酬。

（5）运用幽默语言

提高自己的谈话技巧，善于运用幽默的语言融洽交流气氛。在人际交往中，幽默的谈吐常常讨人喜欢，并使别人乐意与你交往。作为一个领导者，只要稍微注意自己的谈话技巧，就能使自己在与下属的交往中保持轻松和谐的气氛，并大大地提高领导者的影响能力。此外，幽默的话语常常能调节人际交往中的一些小摩擦，化干戈为玉帛。

（五）

所有的领导人都能影响别人，但他们影响他人的方式不一样，这是由许多因素构成的。如领导人的个性、他所领导的机构性质、他个人的修养，以及某件事情的性质和发生的时机，等等。

实际上，唯一正确的领导方式是不存在的。领导的基本原则不变，但方式却是时常变化的。事实上，杰出的领导人会常常根据环境和他对下属的观察，来调整他的领导

方式。下面介绍五种领导方式：

（1）居高临下的领导方式

居高临下的领导者注意力集中在完成任务上，他是靠发布命令来完成任务的。只要能完成任务，达到目标就行，至于下属的反应和情绪他通常是不管的，只要求下属绝对服从。他们的交谈方式是单向的，领导者常常要操纵一切。

好的一面是，他们想做的事情通常能很快完成，而且是按他们的意思办。坏的一面是，下属渐渐讨厌他们，在他们的领导之下，整个团队的气氛令人提心吊胆，他的下属经常流失、换人。

虽然居高临下的领导方式不是好领导人应该经常采用的，更不能作为一贯的领导方式，但有时候，这种方式挺有效。例如在处理危机时，这种方式是必需的，这就是在军队中常采用这种方式的原因之一。士兵在战争中必须坚决执行命令，不能问为什么，因为那是危急时刻。

（2）与人商量的领导方式

有些领导人不喜欢与人商量，他们觉得"商量"这个词意味着妥协，意味他们要放弃不想失去的东西。但是与人商量的领导风格并不是一种失败的风格，而是一种自己成功又帮助别人成功的风格。他相信大家的智慧，采纳各家之长，从而制定更完美的计划。他希望他的团队、他的下属和他本人都获益。与人商量的领导方式是十分有效

的，他们往往共同走向成功。但如果一方不合作或能力有限就难以成功。

（3）耐心说服的领导方式

有时候，领导者明白什么对自己和下属都是最有利的，但下属并不认同他的观点，耐心说服者的领导风格在这时就能大显身手了。一个耐心说服的领导者，能运用积极的语言来使别人产生与他相似的感觉，他能举出充分的理由使下属改变自己，他能与人沟通，并能调动别人的积极性。但如果没有激发积极性因素，就什么也没有了。

（4）以身作则的领导方式

以身作则的领导方式能给部下巨大的影响，因为积极的榜样能促成积极的行动。所以以身作则可以成为领导者的一股强大力量，常常能与部下保持忠诚和亲密关系，但如果领导倒下，跟随者受打击更大。

（5）下放权力的领导

领导水平的最高境界是下放权力，下放权力的领导能跟下属建立良好的关系，能把自己的思想传达给下属并把他们动员起来，并且深信这个目标是可以实现的，再教给他们实现这个目标的方法。在执行过程中，他们以身作则并与下属建立起良好的伙伴关系。

平庸的领导者，把保住自己的权力作为第一大事，他们恋权，是因为他们把权力看作是不易补充的有限资源，这些人把权力囤积起来，不愿意失去特权带来的利益。

相反，下放权力的领导者获得权力后，就将权力分派给他的下属，他训练下属，使他们懂得运用权力和肩负的责任，然后再授权给他们干，于是，他们周围的人就能分享他的成功。他信任别人，而且有良好的自我形象，能挖掘人的潜力，有一颗服务众人的心，所以他往往会取得极大的成功。

其实，唯一正确的领导方式是不存在的，优秀的领导者在不同的时候，应根据具体情况使用不同的领导方式。

第七章　充满热忱

（一）

有一块牌子，上面写着这样的座右铭：

你有信仰就年轻

疑惑就年老

有自信就年轻

畏惧就年老

有希望就年轻

绝望就年老

岁月使你皮肤起皱

但是失去了热忱

就损伤了灵魂

这是对热忱最好的赞词，如果培养并发挥出热忱，就

等于在我们的人生中，加上了火花和趣味。

热忱能够鼓舞和激励人采取行动，不仅如此，它还具有感染力，对所有和它接触的人产生影响。热忱就好比是蒸汽机和火车头的关系，它是行动的推动力。如果一个人充满热忱，你就可以从他的眼神里、行动中，从他的全身活力中看出来，热忱可以改变他对人生、对工作的态度。

当你把热忱和工作混合在一起，你的工作将不会显得辛苦或单调，它会使你充满活力。

热忱会使你的整个身心充满活力，人如果没有了它，就像一个没有电的电池。热忱就是成功的源泉，你追求成功的热情越强，成功的概率就越大。一个人成功的因素有很多，而居于这些因素之首的就是热忱，热忱是内心的光辉。

（二）

如果个人、团队、企业能培养出热忱，其表现必然是积极的行动。增强热忱需做到以下几个步骤：

1. 深入了解每个问题

这个练习是帮助你建立对某个事物的热忱的关键，也就是说，要想对什么热忱，先要了解你目前尚不热忱的事，了解得越多，越容易培养出兴趣，只有加深理解，才

会激发出自己的兴趣。

2. 让自己充满热忱

你热不热忱或有没有兴趣，都会从你的行动上表现出来，无法隐瞒。你跟别人握手时，要紧紧握住对方的手说："很高兴认识您"或"很高兴见到您"，把你的热情传递给对方，如果用那种软绵绵的、漫不经心的握手方式，会使人感到死气沉沉、没有朝气。

微笑也要活泼一点，你的眼睛要配合你的微笑，当你对别人说"谢谢你"的时候，要真心实意地说。当你说"恭喜你"是不是出于真心呢？你说"你好"的语气，是不是让人高兴呢？当你说话时，如果能掺入真诚、热情，那你就非常引人注目了。

说话自信的人常常受到欢迎。当你说话很有活力时，自己也会感到有活力。你可以试着大声对自己说："我今天很愉快！"说完你是否感觉比先前更愉快一点了呢？注意，你必须保持热忱，才能让人感到热忱。

3. 要传递好消息

好消息除了引人注目，还可以引起别人的好感，引发大家的热情和干劲，甚至能帮助消化，使你胃口大开。经常散布坏消息的人，永远得不到别人的欢心。所以每天回家时尽量把好消息带给家人共享，告诉他们一天发生的好

事，尽量讨论有趣的事情，把不愉快的事情抛在脑后，也就是说尽量散布好消息。

把好消息告诉你的同事，要多多鼓励他们，每一个场合都要夸奖他们，把单位里正在进行的积极活动告诉他们，优秀的推销员会专门散布好消息，会每个月都去看他的顾客，把好消息带给他们。

4. 培养"他人很重要"的态度

每个人都有想成为重要人物的愿望。这种愿望是人类最强烈、最迫切的心愿，只要满足别人的这种心愿，让他觉得他自己很重要，你很快就会步入成功的坦途，可惜，懂得它的人却很少。人们往往忘记了别人的重要性，认为别人是个无足轻重的人，为什么"你不重要"的态度导致的后果这么严重？这是因为大部分的人在看到别人时，往往会想："你不能替我做什么，因此你很不重要"。但事实上，不管他的身份、地位如何，他对你都很重要，因为当他们认为自己重要后，就会更加努力地工作。所以培养"他人很重要"的态度吧，别人会因此而热忱许多。

5. 健康的身体是产生热忱的基础

优秀的推销员、教师、商界精英以及其他人，他们经常做体能活动。如柔软操、慢跑或骑自行车等，这样不但可以增进他们的健康，还可以提高他们一天的精力。

6. 鼓励自己，强迫自己采取热忱的行为

如果一个人的思想经常被消极和各种病态的心理占据着，那么热忱就会缺乏生存和生长的土壤。要想改变这种状态，就需要不断鼓励自己，常对自己说一些鼓励的话，如"我有幸运的每一天，我尽全力去争取每一次机会，我的努力将换来成功"。尝试着将热忱投入你的生活和工作中，要唤起自己对每一件事的热忱，学着对每件事、每个人都表现出热忱的样子，并学着热心地去做每一件事，让热忱贯穿自己的生活和工作，只有这样才能消除抑郁与自卑，才不会让沮丧和烦恼占据自己的心。

第八章　专心致志

专注是打开成功之门的神奇钥匙

这把神奇的钥匙有无法抗拒的力量

它将打开财富之门、荣誉之门、健康之门

它将打开所有潜能的宝库

在这把神奇钥匙的帮助下

我们已经打开伟大发明的秘密之门了

你会问："这把神奇的钥匙是什么？"

回答只有两个字———专心

　　自信心和欲望是构建专心行为的主要因素，没有这些因素，"神奇钥匙"也毫无用处。为什么只有少数的人能够成功使用这把钥匙，最主要的原因是大多数人缺乏自信心、没有欲望。只要你的需求合乎理性，并且十分强烈，那么"专心"这把神奇的钥匙，将会帮助你得到它。人类所创造的任何东西，最初都是通过欲望在想象中创造出来的，然后经由专心变成现实。

现在我们用这把"神奇钥匙"做一次实验。首先，你必须放弃怀疑与疑惑，对任何事情都抱着怀疑态度的人将无法使用这把"神奇钥匙"。所以你必须对将进行的实验抱着信任的态度，如果你想成为一个成功的作家，或是一位杰出的演说家，我们将演讲当作这次试验的主题，但要记住，你必须确实遵从指示。

取一张白纸，在纸上写下以下内容："我要成为一位演说家。我将在每天就寝前和起床后花上十分钟，把我的思想集中在这项愿望上，以决定我应该如何做才能把它变成现实。我相信自己能成为一位演说家，因此我决不允许任何事情阻碍我前进。"写完之后，签上自己的名字。然后按宣誓的内容去做，直到获得结果为止。

当你要专心致志地集中思想时，你就应该把眼光看向一年、三年、五年甚至十年之后，幻想你自己是那个时代杰出的演说家，想象你是一位极有影响力的人物，因为你是杰出的演说家。利用你的想象力清晰地描绘出上面的这种情景，它将很快转变成一幅美好而深刻的"愿望"情景，把这项"愿望"当作是你"专心"的主要目标，看看会发生什么结果。

现在你已经掌握了"神奇钥匙"的秘密，不要低估它的力量，真理往往是简单的，而且是容易被理解的。

一位朋友发现自己患了一般人说的"健忘症"，他变得心不在焉，记不住任何事情，现在引用他的话，让你明

白他是如何克服他的"健忘症"的：

我已经 50 岁了，10 多年来，我一直在这家大公司担任部门经理，我部门的年轻人已经表现出不同寻常的精力和能力，他们中至少有一位企图取代我的位置，像我这样年龄的人，大都希望过舒适的生活，而且我在公司已经工作很长时间了，我觉得自己可以轻轻松松地工作，安安稳稳地待下去，但这种心态几乎使我失掉自己的职位。

大约两年前我开始注意到，我专心工作的能力已经衰退了，10 多年来我都干着同样的工作，它令我心烦。我常常忘记处理文件，直到后来桌上的文件堆积如山，令我看了大吃一惊，各种报告已被我积压下来，我的部下对此大为不满。我人虽然坐在办公桌前，但脑子里却想着别的事情，我的心思并没有放在工作上。我的部下发现了我在工作中常犯严重的错误。当然，他们也设法让我的上司知道，这使我惊恐万分。

于是，我请了一星期的假，希望能好好想一想。我在度假期间严肃地反省了几天。我缺乏专心工作的力量，我的肉体和心变得散漫，我做事漫不经心、懒懒散散、粗心大意，这是因为我的思想未放在工作上的缘故。我找出我的毛病之后，就寻求补救之道。我需要培养出一套全新的工作习惯，我拿出纸笔写下我

一天的工作计划和流程。首先处理早上的文件，然后填写表格，口授信件，召集部属开会，处理各项工作，每天下班之前，先把办公室收拾干净，然后离开办公室。我在问自己，如何培养这些习惯呢？得到的答案是：重复这些工作。

我回去上班后，立即把我的这些计划付诸实施，我每天以同样的热忱从事相同的工作，并且尽可能地在每天的同一时段内进行相同的工作。当我发现自己的思想又开始想到别处时，我就立刻把它纠正回来，用我的自制力不断地培养专心的习惯。后来我发现，虽然我每天做同样的事情，但却感到很愉快。

这件事让我明白，专心本身并没有什么神奇之处，只是控制注意力而已。一个人只要集中注意力，凡事必能成功。

朋友，你是否有时会觉得你的大脑在旋转却无法集中你的注意力呢？你是否感到无法自控、困惑不安呢？你是否对某些事感到害怕或担心呢？如果你需要清晰的思路来帮助你取得你所期望的结果，你可以选择以下方法使你集中注意力，专心致志地思考问题。

（1）清除头脑中分散注意力的想法，让你的思维完全进入当前的工作状态，把你的注意力集中在事情上。只有这样才能集中精力清晰地、富有创造力地思考问题。

（2）在一天中，经常使大脑得到短暂的休息。一旦你感到大脑有点僵化，不能很好地思考问题和不能集中注意力时，请停下你手中的工作，让大脑得到片刻休息。

方法很简单，你可以站起来走一走，喝杯水，跟别人交谈几句，或坐在一张舒适的椅子上呼吸新鲜空气，或参加一项与你工作毫不相干的活动，让你的大脑完全沉浸在轻松有趣的活动中，这样做能阻断精神压力，缓解大脑的紧张程度。

如果你坐在办公桌前，那么就靠在椅背上闭上眼睛，慢慢地做几下深呼吸，放松肌肉就能缓解压力，当你的大脑变得冷静、清醒了，才开始下一项工作。

记住：一旦感到精神上有压力，你就要赶快采取一些措施，不要一直等到回家，更不要等到周末。

（3）听听轻音乐或听一些能使你放松的音乐，这样有助于你保持一种积极的心理状态，音量放小，这样做可以使人感到放松，并增加乐趣。

（4）安排时间进行安静的思考，这样你就会变得冷静、沉着、自制和积极。

（5）一次只做一件事，切勿分散精力。在军事上有一句话是："集中优势兵力，各个歼灭敌人"。一心一意地做一件事情，你就不会感到精疲力尽，注意力也不会转移到别的事情上去。注意选择最重要的事情先做，把其他的事放在一边。

第九章　合作精神

1. 合作就是力量

合作是企业振兴的关键。大雁在本能上就知道合作的价值，它们以 V 字形飞行，科学家曾在试验中发现，成群的大雁 V 字形地飞翔，比一只孤雁单独飞行能多飞 12% 的路程。人类也是这样，只要能和同伴合作而不是彼此争斗，往往能走得更远、更快。

一群人为了达到某一特定的目标，而把他们自己联合在一起，这种合作称为团结努力。团结努力的过程中最重要的三项是：专心、合作、协调。很显然，把人组织起来并不足以保证一定能获得成功，一个良好的团队应包含人才，而人才中的每个人，都要能提供这个团队其他成员所未拥有的特殊才能。

我们生存在一个合作的时代，几乎所有的企业都是在这种合作的形式下经营的。合作是企业振兴的关键。要想激发员工不断地贡献他们的智慧和劳力，这是很困难的，

只有最有能力的领袖才能做到。

各行各业的领导者都知道合作精神的重要性。这种精神可由自发式或强制的纪律获得。有人使用强迫的方法，有人使用说服的方法，有人则使用罚或赏的手段。在这种情况下，个人的思想将被融合成集体的思想，这表示个人的思想受到修正，彼此的思想合二为一。

世界上伟大的领袖都具有一种吸引他人思想的能力。拿破仑·波拿巴就是最明显的例子，他能够把与他接触的人的思想吸引过来，拿破仑手下的士兵能够为他慷慨牺牲，毫不畏缩。由此看来，任何一位领袖如果不能运用"合作"这个原则，他将无法强大和持久。

我们经常看到各种各样的企业和个人，因为缺乏合作造成冲突而告失败甚至毁灭，在处理纠纷的过程中，我们也看到无数家庭破裂的事例，很多是因为夫妻之间缺乏合作而造成的。

2. 集思广益是合作的原则

集思广益在当代社会已被广泛应用，它能填补个人头脑中的知识空缺，能互相激励、互相诱导并能增强创造力。集思广益能使一加一等于"八"、等于"十六"，甚至等于"一千六"。人类的潜能因此被激发，即使面对再大的挑战也无所畏惧，所以集思广益是人类最了不起的能力。

集思广益的一个基本形式就是沟通，如果有人跟我意见不同，那么对方的主张必定有我尚未理解的道理，需要了解，这就需要沟通。沟通可分不同的层次：

（1）低层次的沟通

由于双方信任度低，双方遣词用句主要着重于防卫或法律上站得住脚，力求无懈可击，但这不是有效的沟通方法，它只会使双方更坚持本身的立场。

（2）中间层次的沟通

这是彼此尊重的交流方式，唯有相当成熟的人才能办到，为了避免冲突，双方都保持着礼貌，但都不是一定为对方着想。即使掌握了对方的意向，因不了解背后的真正原因，双方也就不可能开诚布公地探讨。

（3）高层次的沟通

这意味着集思广益站在双方的利益上考虑问题，彼此收获更多。

可惜一般人讨论问题，花费太多的时间和精力在打击、批评、玩弄手段、文过饰非或是曲解他人上。无论是仗势欺人、损人利己，还是企图讨好他人或损己利人，都不能产生好的合作。

3. 尊重差异

在人际关系中最可贵的是接触不同的观点，尊重差异，了解不同的个体、不同的心理、不同的性格，以及从

不同的角度看问题。用人之长，不求其全，这样才能汲取丰富的知识和见解。

我们可以从著名的寓言故事《动物学校》中看出尊重差异的重要性。

一天，动物们决定设立学校，以教育下一代应对未来的挑战。学校规定的课程包括飞行、跑步、游泳及爬树等。为方便管理，学校规定所有动物一律要学完全部的课程。

鸭子游泳技术一流，飞行也不错，可一到跑步就显得无计可施。为了补救，鸭子只好在课余加强练习，甚至放弃游泳课来练习跑步，到最后磨破了脚掌，游泳成绩也变得平庸。可是校方宁肯接受平庸的成绩，只是鸭子倍感不值罢了。

兔子在跑步课上名列前茅，可是对游泳却一筹莫展，为了补救，只好加强练习，甚至放弃跑步课来练习游泳，但也无济于事，兔子终于精神崩溃了。

松鼠爬树最拿手，可是飞行课的老师一定要它从地面起飞，不准从树顶降落，弄得它神经紧张、肌肉抽搐，最后爬树得了第三名，跑步得了第四名。

校方认为老鹰藐视学校的规定，是一个问题学生，必须严加管教。在飞行课上它虽然第一个达到了顶峰，可它一直坚持用自己最拿手的方式飞行，不理

会老师的要求。

地鼠为抗议学校未把掘土打洞列为必修课而集体抵制，它们先把孩子交给獾做学徒，然后与土拨鼠合作另设学校，动物学校终于倒闭了。

这个寓言故事中的道理既浅显又深刻，它告诉我们要重视个性的差异的重要性。

前面我们谈了集思广益需要集中大家的意见，但是也要重视个人参与，因为个人的参与也能左右集体的成败，越是真诚地参与，锲而不舍地解决问题，越能发挥个人的创造力。

4. 如何获得合作

没有人喜欢被强迫或遵照命令行事，如果你想赢得他人的合作，就要注意以下事项：

（1）让他人觉得想法是他自己的

世界上没有多少人喜欢被迫遵守命令行事，如果你想赢得他人的合作，就得征询他的意愿，让他觉得是出于自愿，让他显得比你优秀、突出，让他人觉得这个想法是他自己的。

（2）善于从他人立场看待问题

我们要试着去了解别人，从他人的立场来看问题，这样能创造奇迹使你得到友谊。记住，也许他的观点是错

的，但他并不这样认为。因此不要责备他，要试着了解他，你可以问自己："如果我处在他的位置上，我会有什么感觉，有什么反应呢？"思考过后你就会减少苦恼并获得友谊与合作。

（3）化冲突为合作

强调差异就会发生冲突，降低差异可以将冲突转化成合作。下面介绍两种沟通的基本技巧：同化和转化，希望这些技巧能让你建立起互相信任的关系，由冲突转向合作。

到底是什么原因使有些人容易相处，有些人却难以相处呢？为什么你和甲相处融洽，和乙相处却起冲突呢？这是由人与人之间的差异造成的。如果大家共同点多，相处就容易，而差异多距离就远，冲突的产生是因为人们太强调人与人之间的差异了。结果两者之间的距离越来越远，于是就更加陷入差异的陷阱之中。

如果把焦点放在别人和自己的共同点上，则与人相处就容易多了。我们和朋友或是普通人都会发生冲突，但结果却不一样，差别在于和朋友的冲突，会因彼此共同的立场和观点而缓和。而与普通人发生冲突时，因彼此的差异多而导致矛盾激化。成功的沟通靠的是先找出共同的立场、观点以减少差异。

要减少差异就必须把同化和转化带过来。所谓"同化"是指为了减少我们之间的差异，需要先设身处地为别

人着想，先找到大家的共同点或共同的认知。同化所产生的结果是彼此的关系更加融洽，转化是利用融洽的关系来改变互动的轨道。

同化是一项基本的沟通技巧。当人们观点一致时就会彼此关心，要想加深关系，自然就会运用这个技巧。事实上，你稍加注意就会发现，同化是经常出现在生活中的。举例来说，你在和别人谈话的时候意外地发现，你们两个是在同一个地方长大的，是同乡，或者你们都毕业于一个学校，是同学。有了这样的发现，差异就减少了，彼此感到更加亲近，这就是同化的效果。

和自己喜欢的人或目标相同的人同化，是再顺利不过的事情，和你不喜欢的人甚至格格不入的人同化是困难的，这是可以理解的，不过，不能同化的结果却是相当严重的。因为，如果不消除彼此的差异，那么差异便会成为日后冲突的导火索。我们需要学习有效沟通的同化和转化的技巧：

第一，以身体语言和面部表情来同化

有的人喜欢打手势说话，有的人却只用语言来说话；有的人几乎对所有人都礼貌微笑，有的人则对每个人都皱眉头；还有的人高深莫测；有的人喜欢站着说话，有的人喜欢坐着说话；有的人弯腰驼背；有的人则昂首挺胸。这些不同的风格都可能会被人误解，进而产生联想和误会。

一般来说，打手势说话的男人常认为，只用嘴巴说话

的女人墨守成规；而只用嘴巴说话的女人则认为，男人说话时手舞足蹈根本是失去控制；喜欢微笑的人则认为，老是皱眉头的人令人讨厌；而喜欢皱眉头的人则认为，喜欢微笑的人不是"笑面虎"，就是"傻子"。

如果人们相处融洽，很自然彼此动作、表情、神韵都会很相似。如果你和一个跷着二郎腿的朋友相谈甚欢，过了一会儿，你也会同样跷起二郎腿来。要是这个朋友身体往前倾，过不了几分钟，你也会做出同样的动作。如果人们对你微笑，你也会报以微笑；如果他们用手势来表达，你也会做出同样的回应。

通常，非语言的同化大部分都是自然发生的，是在不知不觉中产生的。同化会使人之间产生信任与合作的气氛。反之，则容易有不信任或不合作的感觉。同化产生的信号是：我跟你是同一战线的，我们是朋友，我对你感兴趣。注意非语言的同化不可多到引起对方的注意，不可以让人觉得你是在学他们的动作或在模仿他。

非语言的同化通常是在与别人相处时自然产生的。有一种动作是你永远都不应该被同化的，那就是对你有敌意的动作，如果有人对你挥拳大叫："我觉得你是个大笨蛋！"你千万不要以相同的方式回应，处理内部矛盾不能以暴制暴，处理差异的方法是淡化它。

第二，以声音的音量和语速来同化

要想与人沟通成功，自然会在音量和语速上同化。说

话快的人讲究高效率，说话慢的人则享受自在感，安静的人不喜欢吵闹，爱热闹的人却喜欢大声说话。如果你不能在音量和语速上与人同化，最后可能会自说自话，或与人产生误会。

第三，学会倾听，从倾听中了解对方

善于沟通的人都会把倾听别人说话作为了解别人的重要途径，可惜在学校中却找不到训练倾听的课，而倾听无疑是沟通过程中最重要的技巧。

懂得倾听的人最有可能做对事，赢得上司的信任、获得友谊、不会错过机会。假如你能耐心地倾听和开诚布公地讨论，就会做对事，避免重复；假如你注意听别人告诉你的方向，就不大会走错路；如果你注意倾听顾客的需求，就可以避免浪费时间。以下是一些重要的倾听原则：

一，倾听时要保持高度的注意力。要专心，不要心不在焉，注意对方的期望和需求。

二，切勿多话。上天给我们两只耳朵，却只给我们一张嘴是有原因的，我们应该听的比说的多。

三，切勿咬文嚼字。这样会使别人对你胆怯或害羞，而变得自我保护。

四，对别人的谈话表示兴趣。我们有时在谈话或访问时，要诚心地赞美说话的人，这样就可以激发很多有意义的谈话。

五，不要过早下结论。你应该等别人完全讲完后才做

出反应，别人停下来并不表示他已经说完了想说的话。

六，听别人说话时注意力要集中，不要去思索你的下一个反应。在课堂上说话最多的学生，通常不是成绩最好的学生，这是因为经常发言的人，并没有好好地倾听老师的讲课，而是将所有时间花在思索下一步他将要说什么上面。

七，注意选择性的听。要忽略枝微末节和废话，专注重点。

八，让别人知道你在听。方法一是保持视线接触，方法二是答话，偶尔说"是""我了解""是这样吗"以表示你在听，也可以点头表示你对他的讲话很感兴趣。

九，无声的停顿。如果你在谈话中一直回答、点头，那么偶尔暂停一下，可以激发对方的注意，这是新闻记者采访时惯用的方式。因为许多人无法应付沉默或缺乏反应的场面，所以他们会马上发表意见以打破沉默。

十，注意非语言的表情，在倾听他人说话时要注意对方的表情，看看对方说的话是否与表情互相矛盾，以确定他的真实性，注意言外之意。

十一，记录你所听到的重点。当对方说话时，当面拿笔记录或录音可能会造成相反的效果。你可以事后记录下来。假如你要使用录音，可先征求对方许可后，然后尽量放在对方视线以外的地方，因为直接放在对方面前时，许多人会变得紧张，他们的讲话也会变得谨慎。

十二，复述重点。为准确无误地理解对方谈话内容，最好的方法就是把刚说过的重点复述一遍，你可以说："为了确定你要我做什么，我复述一下，你看对不?"

如果你掌握了以上这些倾听原则，你就掌握了沟通过程中最重要的技巧。

第十章　面对失败

1．失败的心理诊断

"失败乃成功之母"这句格言可能在很小的时候，你的父母或老师就是这样告诉你的，而且还列举了大量伟大的科学家、发明家、企业家、政治家，经过千磨百折才获得成功的例子作证明。于是，在你那幼小的心里，就让"失败只是有点让人伤心，但并不可怕"的种子扎下了根，并且随着岁月的沉淀和滋养发了芽。到了中学，老师又告诉你："失败是成功的踏脚石"，你无疑心中有了这样一种潜意识"失败是成功的先兆"。只有挫折才能带你走向成功，失败非但不是一件令人沮丧的事情，反倒是可喜可贺了，甚至你还对自己浪漫地说："风雨中方能显露我英雄本色。"。于是，你不畏失败，跌倒后再爬起来勇敢地奋进，而结果却是悲壮地屡战屡败，再屡败屡战，又屡战屡败……

这是为什么呢？是上天对你不公平？还是你命中注定

不能成功？其实都不是，只是在失败和成功的问题上，你早已潜移默化地形成了一个心理误区，存在一个心理症结。你扭曲了失败与成功在"失败乃成功之母"中的关系，认为由失败必然获得成功，而没有去深入想一想失败在这句话中的潜在意义。

失败是成功之母，但并非所有的失败都是成功之母，两者之间并没有必然的关系。如果失败后，你还是抱着一种无所谓的态度一点也不在意，认为只不过是从头再来，那么等待你的很可能还是失败。

为什么失败一个接一个，胜利却从未到来呢？其原因就是：没有好好反省自己，没有认真分析失败的原因，从而没能从以往的失败中吸取教训。之所以有很多人屡战屡败，除了他们没有认真反省，还有一个重要的原因，他们不知道失败往往是以一种"哑语"的形式告诉我们，如果你不去认真地对待它、解读它，你是不会理解的。所有历经失败和挫折后再获得成功的人，都是用他们的心读懂了这"哑语"的，他们的失败才引导他们走向成功。

因此，对于屡战屡败者的处方是：认真地对待你的每一次失败，找出失败的原因，在下一次奋进中引以为戒。反之，总有一天，你会因伤痕累累或失血过多而变得无力拼杀，只有扼腕叹息、悔恨终身。

2. 优秀者未必总能成功

你是一个优秀者，从小学、中学一直到大学都是班里

的尖子生，连年的三好学生、优秀学生干部，甚至还在各种各样的竞赛中获得过无数次的奖励，你是父母和老师的骄傲，被他们寄托了无限的希望，你自己也暗下决心将来一定要有所作为。但是现在的你却一再失败，你开始对自己的能力产生了怀疑。

如果你是一个公认的优秀者，但至今未能成功，可能是由于以下几个因素：

（1）你现在的失败只是暂时的挫折，是黎明前的黑暗，只需咬紧牙坚持下去光明就在眼前。

成功者不惧怕失败，但他们重视失败，他们能够从失败中得到宝贵教训和启迪，这帮助他们认清自己和所面对的形势，以便及时进行调整，从而一步步通向成功。相信如果是金子，它总是会发光的。

（2）你没有根据自己的特长，选定正确的目标，或者没有为这些目标付出应有的努力。

世界上从来都不存在、在各个领域都能出类拔萃的全才，因为每个人的能力、精力都是有限的。所谓优秀，只能是在某一方面的优秀，所谓天才，也只能是在某个领域内的天才。这就要求人们能够正确地认识自己的长处和短处，扬长避短，选择自己最擅长的、最有望成功的领域作为自己的奋斗目标，只有这样，才有可能先他人而获得成功。

假如你是一位优秀者但却没有成功，你有必要反省一

下你的奋斗目标是否合适，如果不合适，你就应立即加以改变。

如果反省后，发现你的特长与你的目标是相同的，你还要看看自己是否为目标付出了必要的努力。这一点是经常被一些失败的"优秀者"所忽视的。因为优秀者往往会因为自己优秀，而认为自己无需花费与他人同样的气力，就能获得比他人更多的成果。这对于学生时期的学习成绩来说可能是对的，但是对于需要你奋斗一生的事业来说，却是不成立的，除非你是这个领域的奇才，但是既然你现在仍未成功，那么你肯定就不是这个领域的奇才了。因此，你要想获得成功，就必须要付出比以前更多的努力。

（3）你孤芳自赏不能很好地处理好与合作者的关系。我们知道，合作产生力量，分裂就会退步，个人的能力是有限的。今天，仅靠个人的努力是不能成功的，它离不开合作。许多的"优秀者"往往因为自己优秀，而养成了一种居高临下、目中无人的习惯，这种习惯很容易让人厌恶。一旦伤害了别人，再想得到别人的帮助是很难的，别人不伺机进行报复，不设置各种障碍为难你就很不错了，要时刻提醒自己"得道多助，失道寡助"。

（4）你不善于创造机会、抓住机会。成功是一个能力、奋斗和机会的综合体，三者缺一不可。许多天赋比你高的人未成功，就是因为他们不能够主动地创造机遇，不善于及时抓住机会。你必须用心创造，努力寻求各种机

会，当你看到某一机会来临，并已经准备好了去接受这一挑战时，你其实已经创造了自己的命运。

总之，假如你确信自己是一个能够成功的优秀者，并且希望获得成功，那么你不要为你眼前的失败而气馁，你只需坚持下去，看看自己的目标是否合适自己，自己是否为这一目标付出了最大努力，自己是否是受合作者喜欢的人，自己是否能创造并抓住机遇。看看这些方面里哪些你存在着不足，并尽快改进。相信只要你这样做了，你就能成功。

（5）你的不诚实是导致你失败的原因。你是一个精明的人，从不干让自己吃亏的事情，总能把别人骗得团团转，经商似乎是最适合你的职业。你准备大干一番事业，利用你精明的头脑去大展宏图。但是，你失败了，你在商场上一再受挫，这是为什么呢？

其实原因很简单，因为你太过于精明了，因为你的不诚实，从而失去了别人对你的信任。你要记住：诚实是成功的先决条件，一旦失去了信誉，你也就失去了一切。因为，如果一个人不诚实，他将会失去朋友和客户，甚至会因为欺诈而被送入监狱。而诚实的人，虽然他暂时损失了一些物质利益，但也会因此使他享有了诚实的美誉，而这种美誉让他享受到应得的良好声誉，诚实将带给他更多的机会和财富。

成功的人大多总是谨慎而诚实的，因为他们不仅希望

正确对待别人，更希望别人公正地对待自己，他们知道，如果他们对别人采取了不公正的行为，会引发一连串的因果关系，不仅会给他们带来精神上的痛苦，也将破坏他们的名声，使他们不可能得到持久的成功。

假如你在从前的经营中爱耍小聪明，精于算计，不以诚待人，那么，你的不诚实就是导致你失败的原因。给你开的处方是用你的坦诚、真心来换取大家的信任。这样，你就会慢慢树立起你的信誉。有一天，你会发现，这种信誉会给你带来很多财富。

3. 如何反败为胜

成功是从一连串的奋斗获得的。

把每一个失败的人拿来跟平庸的人以及成功者相比，你会发现他们各方面都很相同，只有一个例外，就是对挫折的反应不同。

当失败者跌倒时，就无法爬起来了，他只会躺在地上骂个没完。

平庸者会跪在地上，准备伺机逃跑，以免再次受到打击。

成功者跌倒时会立即反弹起来，同时会汲取这个宝贵的经验，立即往前冲刺。

成功是从一连串的奋斗获得的。看看许多名人的生平就知道，那些功业彪炳千秋的伟人，都经历过一连串的打

击，只是因为他们能坚持到底，才最终获得辉煌的成绩。

千万不要把失败推给命运，要仔细研究失败的原因。如果你失败了，可能是因为你的能力还不足，那么继续学习吧。世上有无数人对自己平庸的解释不外是"运气不好""命运坎坷""好运未到"，这些人仍然像小孩一样幼稚。由于他们一直想不通这一点，才一直找不到成功的方法。

马上停止诅咒吧，因为诅咒命运的人，永远都得不到他想要的任何东西。

4. 毅力要与行动、目标相结合

下面的几个建议，或许能使你向成功走得更快一点。

（1）要拒绝"无能为力"的想法

每年有很多家新公司成立，可是五年以后，只有一小部分公司仍然继续运作。那些半路退出的人会这样说："竞争实在太激烈了，只好退出为妙。"事实上，导致他们退出的关键在于，他们遇到困难时只想到失败，所以才会失败。如果认为困难无法解决，你就会真的找不到出路，所以，你一定要拒绝无能为力的想法。

（2）先停下来总结一下，然后再重新开始

遇到困难时我们时常钻牛角尖，看不见解决方法。当我们遇到困难时，应先放下手上的工作，换换环境，不要只顾着匆忙地往前走，停下来总结一下，再前进。

世上从来没有一帆风顺的美事，我们所面临的最大问题到底是什么呢？如何在这些杂乱无章的现象后面找到规律，这就需要我们不断地反思：为什么会失败？除了外界原因，我们自己还有哪些需要改进的地方？

朋友，进步永远来自自我检讨和反思。当你再回过头来，重新面对原有的难题时，答案就会出现。

（3）学会专注

你见过攀登悬崖的人吗？攀登峭壁的人从不左顾右盼，更不会向脚下万丈深渊看，他们只会聚精会神地观察着眼前向上延伸的石壁，寻找下一个最牢固的支撑点，摸索通向巅峰的最佳路线。这一方法也许对你有所帮助，每逢做事情时，不要把注意力放在整个任务上，最好先拟定第一步要做什么，它必须是你确信自己能完成的。尔后再拟定第二步、第三步，如此各个击破，直至达到目标。

（4）要有必胜的信心

碰到困难时，人们往往花费很多的时间去设想最糟糕的结局，这等于在预演失败。就像一个球员，当他对自己说"不要把球击入水中"时，他脑子里就出现球掉进水里的影像。试想，这种心态打出的球会往哪里飞呢？

一位著名的击剑运动员，在一次比赛中输给了一个与自己水平不相上下的对手。第二次相遇，由于上次失败阴影的影响，这名运动员又输了，尽管他并非技术不如人。第三次比赛前，这名运动员做了充分的准备，每天他都要

将激励的录音听上几遍，大脑里出现胜利的影像，他的心理障碍消除了。在第三次比赛中，他轻松地击败了对手。

我们总能听到在体育比赛中，弱队战胜强队，或在商战中，实力弱的公司战胜实力强劲的公司的事例。在诸多因素之外，充满必胜的信心去迎接挑战，是取得成功的基础。

（5）决不能等待

在挫折面前耐心等待并不是一种待机，这时的等待只会浪费时间、错失良机，等待的结果会使你受制于外界的力量，从而使情况变得更加棘手。如果想解决问题，你必须负起责任，不要坐等别人拔刀相助，如果只期待别人帮你，那你会失望的，更糟糕的是你可能会变得愤世嫉俗而一事无成。

（6）把握问题的要点

遇到问题应冷静下来，想想是不是曾经有其他人，也遇到过类似的问题并克服了。问题的关键在哪里？只有找到问题的关键，才能解决好问题，俗语说："打蛇要打在七寸上"。"七寸"就是蛇的致命处，我们处理问题，也要抓住问题的"七寸"，才能把问题解决好。

（7）开口求助

遇到困难时，不要羞于开口而失去可能的帮助。拒绝或忽视帮助，也会导致失败。

应该积极地思考、如实地提出你的问题，倾听别人的

建议，广求提议，这样，你的问题也就能较顺利解决了。

（8）战胜自己

我们知道在成功的路上，我们不仅受到外界的压力，还会受到自身的挑战，自身是阻挡我们取得成功的最大敌人，需要靠我们自己去解决，因此要学会战胜自己。

首先，要学会在心理上战胜自己，有了必胜的信心才会有成功的可能。其次，应该对自己原有的成绩提出新的挑战，不要躺在成功的温床上。今天，我们要尽最大的努力去攀登今天的高峰；明天，我们要攀登比今天更高的高峰；后天，登的比前一天还要高。超越别人并不重要，超越自己才是最重要的。

那么，怎样帮助自己走出低谷呢？方法如下：

一是大哭一场。如果实在太伤心了，就不要压抑自己的情感，大哭一场可以使悲伤的情绪发泄出来，让你感到心情轻松许多。

二是找人倾吐。找一个可以倾吐的对象，当你向别人诉说自己的悲伤后，你会感到心情好了许多。

三是阅读。阅读正能量的书刊，尤其是教你自助、自疗的书籍能给予你启发。

四是写日记。许多人把遭到的不幸写下来，从中获得安慰，这种方法能产生自疗作用。

五是去运动或旅行。运动或旅行能使你抛开烦恼，大自然能让你忘记痛苦，因为改变了环境也就改变了心情。

其实，世界上没有真正的失败，因为万物都在不断变化着，失败只不过是不断变化过程中的一幕，在这个时期内或许算失败，可是等到另一个时期来到，又会是一片生机。所以不要懊恼、不要沮丧，更不要只看一时。把眼光放远，把视野放大，不要自叹自怨，更不要怨天尤人。世界著名诗人、哲学家泰戈尔曾经说过：你今天吃的苦、受的罪、吃的亏、担的责、扛的罪、忍的痛，到最后都会变成光，来照亮你的路。

第十一章　进取之心

1. 进取心是成功的要素

（1）主动去做应该做的事

拥有进取心，你才能成为杰出的人。什么叫有进取心的人，那就是主动去做事的人。次一等的人就是当别人告诉你怎么做时，就立刻去做；再次一等的人是只在被人从后面踢时，才会去做事，这种人大半辈子都在辛苦工作，却又抱怨运气不佳；最后还有更糟的一种人，这种人根本不去做事，即使有人跑过来向他示范怎么做，并留下来陪着他做，他也不会去做，这种人大部分时间都在失业中。

你属于哪一种人呢？如果你想成为一个有进取心的人，就要学会主动做事，必须克服懒惰的习惯，否则你将难以取得任何成就。

（2）学习不为报酬而工作的态度

我有一位朋友，当她还是一位普通女兵的时候，除了干完自己分内的工作，还干不属于自己工作的分外的事，

而且没有报酬，比如打扫公共场所的卫生等，后来因为表现优异被推荐上军医大学。在大学期间，她除了完成自己的学业外，还帮助其他同学学习。同学病了她常到床边问寒问暖，又端饭又帮着洗衣服。毕业后又以优异的成绩留校。在工作之余，她常帮着教授整理教学资料，不计报酬。可她得到的报酬却比那些斤斤计较、不肯付出的人更多。后来她成了一位医学博士，在出国留学期间，她的品德得到许多外国朋友的赞赏。现在，她已是一所部队大医院身居高位的负责人了。

不计报酬反而报酬更多，这样的事例比比皆是，所以不管你目前从事哪一种工作，你一定要做一些对他人有利、不计报酬的工作。你这样做的目的并不是为了获得报酬，无私的奉献能使你的心胸变得宽广，是培养进取心和爱心的一种方式，你必须先拥有这种无私奉献的精神，才能拓宽视野、拓宽思维，才能在事业中成为有智慧的杰出人物。

2. 要有敬业精神

（1）找出你喜爱的工作

任劳任怨、不计报酬是敬业精神的精髓，当一个人从事他所喜爱的工作，或是为他所爱的人工作时，这个人的工作效率最高，而且也将更迅速、更容易获得成功。

不管什么时候，只要当爱的情感进入他所从事的任何

工作，这项工作的质量将立即得到改善，效率也会大为增加，疲劳感将会大幅度降低，所以每个人都要去找他所热爱的工作，或去主动地爱工作。

（2）要做得多过报酬

如果你只从事自己分内的工作，那么你将无法得到人们对你的好评；当你愿意从事超过你报酬的工作时，你将获得赞扬；如果你做的工作比你所获得的报酬更多、更好，那么，你不仅表现了你的美德，还提高了自己的能力，随着能力的积攒变成力量，它能使你摆脱任何困境。

（3）勇于接受批评

我们之所以惧怕批评，是因为批评是真实的事实，越是真实我们就越害怕面对。然而批评之所以可贵，就在于它的真实性。如果我们能勇于改正自己的缺点，我们就不会对那些细节斤斤计较了，因为，批评正是揭发这些缺点的好方法，要让别人的批评成为自我完善的动力。

批评我们的人即使是我们的仇敌，或想侮辱我们以掩饰自己的弱点，那又何妨呢？无论批评的动机如何，我们总可以利用批评来改进自己。敌人的批评比朋友的批评更为可贵，即便是他心存不良，但批评的事实却是真实的。如果他的批评能使我们进步，反而对我们更有益。

在现实生活中许多人希望别人重视自己，希望得到别人的称赞，如果别人说了我们的错处，便觉得受了委屈，或怒气冲天，于是朋友们往往不敢再说我们的缺点。对我

们进行批评的，大半是那些不喜欢我们的人，或是想伤害我们的人。因为这个缘故，许多人不去理会这样的批评，但从另一个角度来看，如果我们是聪明的人，利用这种批评来改进自己，这不是一件很合算的事吗？

无论自己对不对，平庸的人总要设法替自己辩护，而成功者却是以客观的态度来衡量别人的批评，而不衡量究竟伤害自己到什么程度，或是别人批评的动机究竟如何。他们会利用别人的批评来看清自己，看清自己究竟是对还是错。

成功者难免也会受到不公正的批评以及恶意的诽谤。一个为大众做事的人，如果没受过批评、侮辱和诽谤，便算不上大人物，大人物所面对的批评要比一般人多得多。

3．坚持好问的态度

很多成功者之所以成功，是因为他们勤学好问。他们是从好问中得到成功的。一个时时产生疑问的人，可以从好问中，经过开悟解惑后得到知识积累。

许多人讨厌问别人，不喜欢承认别人比自己懂得多，这是一种极其愚昧的自傲心理在作怪。无论你所请教的人如何地位卑微，你的态度必须诚恳，要有一种求知的态度。想从别人身上得到知识的唯一秘诀，在于你能使别人感觉到，你确实认同和敬佩他们高深的知识。这种诚意能

打开别人的心门，而你也能得到收益。

要端正提问题时的态度，承认世上有许多事情都有待你去学习，假使你自以为比别人知道得多，假使你和他们交谈是要证明他们比你愚蠢，那你就走错方向了。

第十二章　时间利用

1. 时间就是金钱，效率就是生命

静心细想就会明白，人生是由我们在世上有限的时间构成的。我们都说生命可贵，然而又常常浪费构成生命的时间，为什么会这样呢？原因是：

（1）没有想到可以工作的时间太少

有人粗略统计过一个活到73岁的人，他的时间是这么花的：

睡觉21年	旅行6年	打电话2年
工作14年	排队5年	找东西1年
个人卫生7年	学习4年	其他3年
吃饭7年	开会3年	

让我们看看，如果我们要在工作时间内取得成功，我们的时间实在是太少了。

下面让我们看个小故事——《他是怎样虚度光阴的》：

深夜，一个危重病人迎来了他生命中的最后 5 分钟，死神如期来到了他的身边。

他对死神说："再给我 5 分钟好吗？"

死神问道："你要 5 分钟干什么？"

他说："我想利用这 5 分钟看一看天，看一看地。我想利用这 5 分钟，想想我的朋友和我的亲人。如果运气好的话，我还可以看一朵盛开的花。"

死神说："你的想法不错，但我不能答应。这一切我早已留了足够时间让你去欣赏，你却没有像现在这样去珍惜，你看一下这份账单：

在你 60 年的生命中，你有三分之一的时间在睡觉；

剩下的 40 多年里你经常拖延时间；

曾经叹息时间太慢的次数达到了一万次，平均每天一次；

上学时，你拖延完成家庭作业；

成人后，你抽烟、喝酒、看电视，虚度光阴。

我把你的时间明细账罗列如下：

做事拖延的时间，从青年到老年共耗去了 36500 小时，折合 1520 天。

做事有头无尾、马马虎虎，使得事情不断要重做，浪费了 300 多天。

因为无所事事你经常发呆；你经常埋怨、责怪别

人、找借口，找理由推脱责任，你利用工作时间和同事聊天，把工作丢在一边毫无顾忌；

工作时间呼呼大睡，你还和无聊的人煲电话粥，开会时懒散昏睡，使更多的人和你一样睡眠超标；

还有……说到这里，这个危重病人就断气了。

死神叹了口气说："如果你活着的时候能节约5分钟的话，你就能听完我给你记下来的账单了。唉，真可惜，世人怎么都是这样，还等不到我动手就死了。"

（2）没有意识到许多时间是被浪费掉的

许多人对每天要做的事情完全无所谓，他们无意义地闲聊，无目的地找东西。我们每个人每天都只有24小时，时间正从他们身边无意义地溜掉。

（3）没有计划时间

造成时间浪费最主要的原因是：没有计划，不能规划时间。比如，重复性工作，做了一遍又一遍，原地打圈浪费了时间。不知先做什么、后做什么或者让不重要的事情消耗时间和精力。

现代社会要求我们在时间运用上精心安排、珍惜时间、善用时间，只有这样才能在激烈的竞争中立于不败之地。

2. 合理安排时间

每一代的人都会哀叹他们那一代，是生活在历史上最困苦的环境中。他们只抱怨这个残酷的世界，却不注意解决眼下的问题。许多人在等待机会，希望将来出现对他们有利的光明时刻，甚至有的人希望时间能倒流，回到以前那种"美好"的古老时光中，他们太过于强调这个世界的黑暗面，仿佛这个世界越来越糟了。殊不知，所谓"美好时光"就是今天，这才是我们的生活，也是我们在世间唯一的真正时光。所以我们要抓住现在，不要沉湎于过去。

那么，如何抓住今天呢？我们要心存这样的信念：

就在今天，我要开始工作；

就在今天，我要拟订目标和计划；

就在今天，我要考虑只活今天；

就在今天，我要锻炼好身体；

就在今天，我要健全心理；

就在今天，我要让心休息；

就在今天，我要克服恐惧忧虑；

就在今天，我要让人喜欢；

就在今天，我要让她幸福；

就在今天，我要走向成功卓越。

3. 制订工作的先后顺序

让我们晕头转向的并不是工作的繁重，而是自己还没搞清有多少工作，该先做什么、后做什么。在复杂的矛盾中，没有分析出哪些是主要矛盾，哪些是次要矛盾，以及它们之间的因果关系，主要矛盾解决了，次要矛盾也自然会解决。

许多人有不按重要顺序办事的习惯，他们喜欢做令人愉快或方便的事，但是，没有其他方法比按重要性办事更能有效地利用时间了。

所有成功的人，都会为自己的待办事项制订顺序表。必须知道，你的日程表上的所有事项并非同样重要，这是很重要的一点。这也是许多人容易失误的地方。他们会列出日程表，但当他们开始进行表上的工作时，却未按照事情的轻重缓急来处理，而导致成效不明显。

把一天的工作安排好，这样你可以每时每刻集中精力处理要做的事。把一周、一月、一年的时间安排好也是同样重要的，这样做将给你一个整体方向，使你看到自己的宏图，有助于达到目标。

每个月开始都坐下来看本月的日历和主要任务表，然后把这些任务填入日历中，再定出一个进度表。这样，你就不会错过一个最后限期或忘记一项任务了。

4. 制作一份可行的待办计划表

在熄灯前写下第二天的工作计划是个很好的习惯。因为记下所有的工作后，你可以睡得安心。否则的话，可能整晚你的脑子里都想着："别忘了！别忘了！别忘了！"

记下工作后，你的脑子才有时间去思考问题，而不只是记住事情。如果能利用潜意识解决问题，你就会发现它的作用相当惊人。人脑就像平行的处理器，幕前幕后的工作可以同时进行。一旦你写下一些东西来，大脑就会将此事转移到幕后，然后在"不知不觉"中开始解决问题。

计划表应简单明了，如果你确定要做的事都要列在计划表上，而且每天检查计划表，你就绝不会遗忘任务。当你分配工作给部属时，你应该让他们将你所交代的事情记在计划表上，在之后的会议中，也要请他们带计划表来开会，并以此作为进度报告的依据。如此一来，你就可以确信你指派的任务不会被遗漏了。

计划表上的项目不要多，否则你可能会力不从心。你还要制订计划表上每一项任务完成的时间，如果你是领导，除了规划自己的计划表外，同时还要帮助部属制定日程表。

5. 多用脑就可以节省时间

"审慎思考，贯彻到底"是一个基本理念，但是却每

天都被大家忽视。在每次会议前，最好将会议大纲发给每个出席者，这个大纲包括会议目的、参考资料以及问题和措施。在会议前发送大纲，可以节省开会时间，因为事先看过大纲的出席者，可以很快就把问题想好。

6. 杜绝懒惰

善用时间就是善用自己的生命，许多人很难使自己每一天都朝着正确方向前进，有的人是积极性不高，有的人是对自己要求不严，而绝大多数是因为懒惰造成的，如果你有懒惰的习惯，下面有几个建议可以助你改进：

（1）用日程安排簿

如果你对何时应做何事心中无数，日程安排簿将有助于你把所有资料很有条理地记下来。

（2）在家居以外工作

如果你不容易调动自己的积极性，建议你不要在家里工作，因为家里使你分心的东西很多，如电话铃、门铃、家人或邻居干扰、电视机、家务活等等。

（3）及早开始工作

你会意识到，因为太迟动手而无法完成当天要做的事，最后干脆把整天的工作一笔勾销，什么也不干了。解决的办法是养成及早开始工作的习惯。

7. 工作不要时断时续

造成员工浪费时间最多的原因是工作的中断，不只是

停顿本身浪费时间，而且重新工作时又需要花时间在停顿的地方接上。能立刻接上原来思路的人并不多，所以手术医生在工作时不接电话，就是为了减少停顿。下面是避免或减少停顿的几种方法：

（1）雇一名秘书

防止干活时被人打断的最佳方法是安置一个人，由他来接听电话给你安排时间，控制别人在什么时候找你。

（2）学会在大段时间内工作

如果手头的工作需要高度集中精力，你就要学会在长达4~6小时里的大段时间工作。在大段时间内工作你会完成更多的任务。你必须找个僻静的地方，以便不受干扰。

（3）改变用电话的方式

现在，许多人成了手机的奴隶，而不是把它们作为工具来使用。

避免方法是：电话不应直接接入你的办公室，这样做的原因跟你不允许在干活时被人打断一样。在一天当中划出一段时间专门用于接打电话，一段时间则不用手机，如吃饭、睡觉和干重要的工作又不愿被打扰。如果你不论吃饭、睡觉，手机都开着，不仅影响健康又影响工作。

记住：手机是为方便你而设的，它是为你服务的。

（4）学会清早起来工作

效率专家发现：清晨工作时较少受干扰和被打断，如果能安排自己在清早工作，你会发现那一天干劲特别足，

而且用于工作的时间也延长了。

8. 学会如何组织、分层管理和监督

一个人是不能包打天下的，要想提高效率，莫过于他人的协助，解决的方法是把工作委托给别人，授权他们去干。

要委托别人你就必须懂得知人善任，清楚各人的长处和短处，把每个人分派到他们最能发挥水准的岗位上，授权给他们，同时也给他们完成任务所需要的条件，并分层管理，监督检查。

9. 学会挤时间

一个想提高效率的人，必须学会挤时间，其实许多小片小片的时间就在我们身边悄然溜走了，如果我们能把它找回来，有价值地利用，将是我们一笔很大的财富。

我们在工作、学习和休息的空当时间里，在等人、等车或飞机延误的等待中，浪费了许多小片小片的时间。为了避免这些情况的出现，唯一的方法就是预先安排工作。在外出旅行时，带着活去干，随时都可以开始工作，如写文章、修改报告、看文件、打电话、口授命令等等；乘坐交通工具时带上一本书、一个本子，即使遇上交通阻塞也不会浪费时间；还可以用手机接收信息或口授命令，这样你就可能把本来会失去的时间用上。很多成功人士是在别

人浪费掉的时间里取得成就的。

10. 学会存放东西的技巧

我们有很多时间流逝在找东西上面。经理找乱放的报告、信件；学生找乱放的书、作业；财务人员找乱放的收据、发票。他们沿路问每个人："有没有人看见我的报告？""有没有人看见我的书？""我的眼镜在哪儿？""看见我的钥匙了吗？""看见我的文件了吗？"等等。伴随这些小插曲而来的情绪压力，可能小至轻微的坐立不安，大到紧张甚至休克，如果你也像许多人一样老是在寻找乱放的东西，解决的方法是：

（1）物尽其所，物归原处

找一个放置眼镜、笔、钥匙、纪录簿的地方，约束自己每天必须把它们放回原处，把不用的东西扔掉，留下的分门别类按区域放好，资料分类归档，贴上标签。

（2）不要藏东西

如果东西藏放得太久、太隐蔽，以至于连自己都忘记藏在哪里了，就如同丢弃的东西一样。

（3）借助别人的记忆

告诉朋友你的档案、文书夹、书籍等东西放在哪里，以后可以提醒你，如果可能的话，所有文件都要备份，写好登记。

11. 运用提醒时间的暗示

学习运用提醒时间的暗示，不但节约时间，减轻你的压力，还可以加强你的社交技巧和彬彬有礼的形象。以下是一些有效的方式：

（1）时间限制暗示

告诉对方一个期限，他们可以事先知道你给他们多少时间。迫使对方切入主题，而不要浪费时间在不相关的细节上。

（2）肢体暗示

你可以开始收拾文件，好像要准备离开办公室一样，最明显的肢体语言就是站起来。

（3）停顿与沉默

持续拉长两次回答之间的沉默时间，暗示谈话快结束了，使你们的谈话打个句号。

（4）加速暗示

请助理在一定时间后进行打扰，助理会轻声地说：下一个约会时间已经到了，或是提醒马上要去参加下一个会议了。

（5）结束语

有的人不知道如何结束谈话，他们会说好几次再见，而且每次都说得有点困难。结束谈话的方式应快速而又有礼貌，如"好了，某某先生，我会再跟你联络，多谢了"，

然后你就离开。

在某些场合你必须知道如何脱身，如酒会、宴会这种可以自由走动的场合，你也许不希望一直跟一个人说话，怎么办呢？你可以说："很高兴跟你聊天，不过我必须跟他们打一下招呼，我们等一下再谈好吗？"然后微笑地离开。

第十三章　安排金钱

1．金钱对任何人都是有益的

金钱不是万恶之源，只有贪婪才是万恶之源。事实上，金钱对社会、对任何人都是很重要的。金钱是有益的，它使人们能够从事许多有意义的活动。个人在创造财富的同时，也在对他人和社会做着贡献。在现实生活中，每个人都承认，金钱不是万能的，但没有金钱却又是万万不行的。每个人都想有宽敞的房子、时髦的家具、现代化的电器、流行的服装、舒适的小车……。而这些都需要用金钱去购买，人们的消费是无止境的。

在现代社会中，金钱是交换的手段，金钱可用于干坏事也可以干好事，关键在于用之有道。现实生活告诉我们，随着一个人财富的增长，他的自信心也随之增强，金钱使他更充分地表现自我。

2．养成储蓄的习惯

对所有人来说，储蓄是成功的基本条件之一，养成储

蓄的习惯，不仅将把你所赚的钱有系统地保存下来，还将使你走上机会之途。

3. 债务使人变成奴隶

债务是个无情的主人，光是贫穷本身就足以破坏进取心、毁掉希望，如果再加上债务，那么失败的概率更高。只要头上顶着沉重的债务，任何人都无法生活得好，任何人都无法受到尊重，任何人都不可能实现目标。

查看一下你自己及家人是否欠了债，然后下定决心还债，否则债务就像流沙，会把你一步一步地拉进泥潭里。

4. 只有储蓄才能有备无患

一个人要是负了债，那么他必须采取两个步骤：第一，停止借钱购物的习惯；第二，立即或者逐步还清原有的债务。

在没有了债务的忧虑之后，养成把你的收入按固定比例存起来的习惯。这个习惯使你将获得储蓄的乐趣，从而取得财务上的独立。

一个人要想成功，储蓄存款是不可缺少的，如果没有存款，他将无法获得那些手边有现款的人才能获得的机会；如果手上没有存款，你将无法应对紧急情况。

5. 存款会增加成功的机会

机会提供给那些手中有余款的人，就是那些养成储蓄

的习惯、懂得运用金钱的人，因为他们在养成储蓄习惯的同时，还培养出了其他良好品德。

6. 经济独立才有真自由

如果你尚未养成储蓄的习惯，那么，你永远无法使自己获得任何赚钱的机会。因为所有的财富不管是大是小，它的真正起点就是养成储蓄的习惯，把这个基本原则牢固地树立在你的意识中，那么，你将走上经济独立之路。

生命中最重要的就是"自由"，如果没有相当程度的经济独立，一个人就不可能获得真正的自由。要自由，唯一的方法就是养成储蓄的习惯，然后永远保持这个习惯。

7. 借用他人的资金，达到致富的目的

不错，借用他人的资金达到自己的目的，这是一条致富之路，但借用他人资金的前提条件是，你的行为要合乎道德标准：诚实、正直和守信用。借用他人资金必须按期偿还全部的借款和利息。

缺乏信用是个人、团队失败的众多原因中重要的一个。诚实是一种美德，诚实比人的其他品质更能深刻地表达人的内心。诚实或不诚实自然而然地体现在一个人的言行甚至脸上。不诚实的人在他的说话中，在他面部的表情上或者在他待人接物中都可以显露出他的弱点。

8. 借用资金要注意还款时间

当你借用资金时，一定要计划好怎样才能向借款人或机构还清贷款。特别要注意还款时间，千万不能旧债未还，又负上新债。注意还款时间、按时还钱并不是一件小事，而是恪守信用的基本表现之一，怎么重视都不过分。

人无信不立，古往今来，虽然世事变迁，但不论是商场之中还是乡野之间，不能按时还钱，都往往是麻烦的开始。当今社会氛围更是强调法治和契约精神，逾期欠钱不能偿还，会留下信用污点、面临诉讼缠身，可能被法院限制出境，更有甚者还会有牢狱之灾。

有些投资者，今年还拥有财富，到了来年便丧失了财富，这是因为他的财富，往往是靠过度借贷、高负债的模式，靠加杠杆放大自己的收益，实现财富的快速增长。

但借钱总是要还的，一旦经营不善，如借款到期无力偿还，债务危机就会爆发。现实生活中，不论是普通投资人，还是企业或亿万富豪，因为资金链断裂而轰然跌倒的例子，实在是太多了。

记住，当你借用资金时，一定要制订好自己的还款计划，注意还款时间，按时还钱。有一句话说得很经典，成年人的麻烦，往往是从不能按时还钱开始的。

9. 借钱之道

向别人借钱时应该注意以下事项：

（1）最好不要向朋友借钱

俗话说：金钱是天使也是恶魔。因为金钱可使一个人的心变得善良，也可使他变得丑陋。好朋友之间一旦有了金钱关系，他们的友谊极有可能变质。欠债还钱是理所应当的事情，可是人们却经常发生借贷纠纷，因为贷方常常无法如期收回贷款，当借方无力偿还时，借贷双方关系就会恶化。当借方没有能力偿还时，彼此的友谊会因此而破裂，所以朋友之间最好不要有金钱来往。

好朋友之间有借贷关系，贷方的立场一定是居上风，借方处于下风，那两人之间的地位就不平等，友谊就会变质。当你向朋友借钱时，另一个敏感的问题就是控制权，误会很容易由此产生，许多借钱给你的人以为他们因此就有某种权威，至少在生意方面。好朋友为了金钱翻脸是最不值得的。

如果你真的需要金钱周转，应直接向银行借贷，银行本来就是办理借贷的机构。

（2）钱财要分明

大多数人认为朋友之间贵在相知，而耻于名利，在今天看来，这种说法是相当片面的。其实在人际交往中，无论是公共关系还是私人关系，只有遵守互惠互利的原则才能得以健康长久的发展。

在处理朋友之间的钱财关系时，除遵循互惠互利原则外，还应对具体对象分别对待，如双方关系一般，在物质

金钱方面就要彼此分清；至于朋友馈赠的礼物、礼金就不必时常盘算着如何报答对方，只要致以真诚的谢意即可；而亲朋知己则应以友谊为重，一方有难，另一方则尽力而为。

（3）因小得大

借钱有一个规律，就是每次都只借一小笔，这样只要对方有富余的钱都不会拒绝你，这是因为你借得少，他就不会担心你不还他（她）。即使你赖账，他也觉得损失无足轻重，却由此可以看透你这个人，下次不借给你就行了。

如果你一开口就要借一大笔钱，对方可能会基于种种顾虑，如借给你会影响到我的生活吗？你会不会赖账？你有没有偿还能力？等等。

由于你借得少，偿还的负担不重，还起来不会吃力。如果你借的少，还得及时，并且每次都如此，大家很快就会对你产生信任感。当你某一次真的急需一笔较大的借款时，人们也会毫不犹豫地向你伸出援助之手，但是也要警惕骗子利用这种"因小得大"术来骗人钱财。

10. 如何借钱

（1）看关系而定

如果是关系密切的人，而且他也了解你的经济情况，那不妨直截了当地表示自己急需借多少钱或什么东西；如

果与对方关系一般，那说话的态度则应委婉一些。

（2）要用商量的口气

向别人借东西时，语气不能生硬，更不能说些伤害对方的话。因为你是有求于人，要用商量的口气说话，让对方感到你有求于他而且尊重他，他才肯帮你。有的人却不懂这个道理，向别人借钱时却说："谁不知你有钱，借给我个把是小意思。"这样说话对方是很不愿听的。

（3）借不到时不要说气话

向别人借东西总有不能如愿的时候，如果借不到更要控制自己失望和不满情绪，不能说出不礼貌的话，更不能说刺伤对方的话。

（4）有借有还，再借不难

借钱一定要说明还钱的时间，而且要准时归还，若向对方借钱的时间拖得较长，应考虑到物价变动等因素，归还时可准备一点礼品。不管是钱还是物都应及时归还，如果你答应在某个时间还，但过了很长时间还不还，人家就会认为你不可靠。还给人家东西时应该保持完好无损，如果损坏了就应该买一件尽可能一样的物品还给人家，如果办不到就应该照价赔偿。

（5）尽量不向别人借东西

借人东西时双方都会带来心理负担，所以尽可能不向别人借东西，能够克服的尽量想办法克服。

11．如何讨债、催债

（1）以"婚娶葬祭"等大额开支，委婉地催人还钱

如"开学了，孩子要交学费"或"儿子要办喜事了，是否能把上次你借的钱还我？"或"我现在有急事，上次借的钱是不是可以还我？"等，用这样的话让对方立刻还钱，不会因钱财问题而伤彼此的和气。

（2）向借钱的人借同样数量的钱

对方借了你1000元未如期还款，你可以以同样1000元的数目向他借钱，比如我现在手头紧，能否借我1000元。

（3）还钱有讲究，主要有以下几点：

第一，还钱要及时。拖拉或漫不经心即使归还了，也会引人反感，再借也难。

第二，还的钱要干净、平整。还钱时要讲究票面相对色新、平展，莫凑小额面值的，用纸包好以示谢意和尊重，借款最好一次还清。

第三，还钱莫转手。无特殊情况应谁借谁还，托人"转手"既失礼又可能因交代不清而混淆，切不可说："某某借了我100元，我又欠了你100元，请你到他那里去要。"

第四，还钱莫遗忘。因工作调动、复员转业等离开时，对所借的公款、私款都要还清了再走，以免日后麻烦。

12. 成功者应有的赚钱素质

（1）懒惰使人畏缩

许多人能够在这个世界上功成名就，主要是因为他早年就被迫为生存而奋斗，许多做父母的因为不知道从奋斗中可以培养出进取心，所以他们会这样说："我年轻时太苦了，我一定要我的孩子能过上舒服的日子。"这种父母真是可怜又愚昧！且不知生活过得"舒服"，通常反而会害了孩子。在这个世界上被迫劳动、被迫工作，以及强迫自己作出最好的表现，可使你培养出节俭、自制、坚强的意志力，这些美德是懒惰的人永远得不到的。

（2）钱财像水一样，往低处流

越是谦虚的人越能赚到钱，金钱就像流水一样由高处往低处流，愈到下游，覆盖的面积愈大，土地也愈肥沃。赚钱的情形就是这样，采取低姿态、谦虚、满怀感恩之心的人，金钱会向他顺流而去。越是有涵养稳重的人就越谦虚；相反，毫无内涵的人态度就越骄傲。所以要想赚钱，你就要有谦虚的态度。

（3）不要有独占之心

有的人在还没有赚钱时，也许有这样的想法：等赚了钱，我一定要好好回报他们；要是赚了钱，我一定把其中几分之几拿出来分配给大家。可是一旦钱赚到手想法就完全变了。

（4）要节俭，不要浪费，不要摆阔气

越是富有的人，越不会铺张浪费，而钱少的人，则往往喜欢打肿脸充胖子来摆阔气。事实上，越是有钱的人，往往不在乎使用廉价物品，而没有钱的人，却生怕使用廉价物品会被人看不起。

（5）不要用金钱衡量人是否成功

衡量一位企业家，不能只以拥有多少金钱来衡量他的成功，还应以解决的就业人数和生产物品的质量来衡量。

但是很多人都相信，拥有许多金钱以及用金钱购买的东西，这些就代表了成就，包含了成功。他们有个错误的理论，以为他们只要比周围的人赚得多、买得多，就能赢得社会和别人的尊敬，而他们以为这个理论就是"真理"，他们对什么都不感兴趣，除了他们的钱。

历史上有许多人对人类文明做出了无价的贡献，但是他们仅仅得到一点点钱甚至没有钱。有许多伟大的哲学家、科学家、艺术家和音乐家一生都是贫穷的。贝多芬死的时候一文不名，但世界上没有谁能算得出这位伟大的音乐家对人类所作贡献的价值，他的伟绩并没有因为他的贫穷而减低，所以除了金钱，还有其他形式的富有。

第十四章　身心健康

　　一切的成就，一切的财富，都始于健康的身心，孤僻、易怒、固执、轻率、自卑、焦虑、嫉妒等异常心理，以及其他类型的不正常心理，在人们的日常生活中随处可见。这些不良心理严重影响了人际关系，也妨碍了工作、家庭和事业。

1．人格障碍

　　对一切有益于心理健康的事情，都作出积极反应的人便是心理健康的人。而有的人，他们不能适应社会环境，待人接物、为人处世、情感反应和行为都与正常人格格不入或不相协调，给人一种脾气古怪的感觉，心理学上称这类人患有人格障碍。

　　人格障碍亦称心理病态人格，是指无精神症状的人格缺陷。患者以固定的反应方式对环境刺激作出反应，在知觉与思维方面的适应能力缺陷，扩大自我的痛苦，组成对

自己、对社会都不被认可的不得体的行为模式。

所谓不伴有精神症状的适应缺陷，是指在没有认知障碍，或在没有智力障碍的情况下，出现的情绪反应以及动机和行为活动的异常。

例如，一个人的抽象思维过分或畸形发展，就会变得过分理智，缺乏人情味，显得僵化、死板。因此，人格障碍患者常常难以正确估计社会对自己的要求，以及自身应当采取的行动方式；难以对周围环境做出恰当的反应；难以正确地处理复杂的人际关系。他们常常和周围的人，甚至亲人发生冲突；对工作缺乏责任感，经常玩忽职守，甚至超越社会的伦理道德规范，做出违反法律或扰乱他人、危害社会的行为。

有的人把人格障碍看成是精神病，这种观点是错误的。严格意义上的人格障碍，是变态心理范围中一种介于精神疾病与正常人之间的行为特征，因而他既不是精神病人，也不算是正常人。

人格障碍的表现十分复杂，根据表现可分为三大类：

第一类，以行为怪癖、奇异为特点，包括偏执型、分裂型人格障碍；

第二类，以情感强烈、不稳定为特点，包括戏剧型、自恋型、反社会型、攻击型人格障碍；

第三类，以紧张、退缩为特点，包括回避型、依赖型人格障碍。

2. 基本特征

人格障碍的种类较多，表现各异，但各种类型都有一些共同的特征：

（1）一般始于青春期。人格是从小逐渐形成的，人格障碍也是如此。人格障碍的特征往往从儿童期就有所表现，到青春期开始显著。因为年龄越小，人格的可塑性就越大，因而在青春期以前是不能轻易诊断为人格障碍的。

（2）有紊乱不定的心理特点和难以相处的人际关系，这是各种类型的人格障碍最主要的行为特征，如偏执、自恋、反社会、攻击等，这些人常会给他人造成困扰，甚至带来祸害。

（3）常把自己的任何失败都归结于命运或别人，不会觉得自己有缺点需要改正，不会自我反省。这种人常把社会或外界的一切看作是荒谬的。

（4）认为自己对别人无任何责任。如对不道德行为没有罪恶感，伤害别人而不觉得后悔，并对自己的所作所为都能做出自以为是的辩护，他们总把自己放在首位，不管别人的心情和状态如何。

（5）不论到哪里，都把自己的猜疑、仇视和固有的看法带到哪里，不受新环境和气氛的影响。

（6）其行为后果常伤害和刺痛他人，使得左邻右舍鸡犬不宁，而自己却泰然自若。

（7）总是通过别人的投诉或埋怨，才知道他们的怪癖或不良行为，而很少反省自己，也很少求助于别人。

人格障碍的程度各有不同，轻者完全过着正常生活，只有与他紧密接近的人，如亲属或同事才会领教他的怪癖，觉得他无事生非，难以相处；严重者则违抗社会习俗并积极表现在外，这样就使他很难适应正常的社会生活。

造成人格障碍有多方面的原因，综合来看主要是压力，压力造成了人格障碍。人格一旦形成，往往具有一定的稳定性，要想改变并非易事，但是，只有加强自我调节并进行各种治疗，才能舒缓压力，纠正人格障碍。

由于人格障碍主要是自我评价的障碍、选择行为方式的障碍和情绪控制的障碍。这三方面集中表现为对社会环境适应不良，即不能根据外界环境及时调整自己的行为。

因此，人格障碍的治疗应以心理治疗为主，包括对适应环境能力的训练、选择职业的建议、改善行为的指导和人际关系的调整，以及优点与特长的发挥，等等。

3. 消除心理压力

（1）什么是压力？一般来说，任何加于身体的负荷，不论是源于心理方面（如不愉快事件），还是物理因素（如环境污染），都是压力的来源，我们称为"压力源"。事实上，只要人们在生活中必须扮演某种角色，而且又有许多自己不愿扮演的角色存在，那么都会产生压力。

有一项民意测验列举了43种生活事件给人们造成的压力，其中包括贫困、失恋、失业、离异、丧偶、疾病等等，它们主要来自事业和感情生活两方面，尤其表现在事业上。由于中青年人是社会的中流砥柱，是社会财富的直接创造者，他们有可能面对更多的压力。

具体说来，青年人的压力主要有：

一是择业的压力。如学历要求较高和就业机会率较低带来的压力。

二是各种时尚、潮流等外部环境对年轻人的诱惑而构成的压力。如各种时尚潮流诱惑着青年人，然而条件所限，并非人人都能如愿，这也对青年人造成了压力。

中年人可能遇到的压力有：

一是追求事业上尽善尽美与现实差距形成的压力。一般来说，中年人都会认为自己从事的事业应开花结果了，然而现实是并非所有人都能在事业上春风得意，这种理想与现实的差距便形成了压力。

二是自我的愿望与客观工作环境之间的差距形成的压力。

三是感情生活、婚姻生活不顺带来的压力。包括离异、丧偶、夫妻感情不和等。

四是望子成龙的心理带来的压力。所有家长都希望自己的孩子能够出类拔萃，但实际上大多数孩子都不免平凡，这种"恨铁不成钢"的心理往往造成了极大的压力。

五是心理与生理差异的压力。人到中年，身体状况可能出现这样或那样的问题，从而影响心理而造成压力等等。

　　心理学还将压力的发展分为三个阶段，即初始警戒反应阶段、抗拒阶段、衰竭阶段。

　　第一，初始警戒反应阶段。这是由交感神经系统与副交感神经系统共同产生的一种反应，由交感神经刺激肾上腺素，同时由丘脑下部启动脑下垂体产生一种激素，肾上腺便会利用这种激素调整身体，做出适应性的防御措施。如皮肤的破损处只限于到小局部范围，那么伤口就表现发炎，免疫系统就会治愈受损的组织。

　　第二，抗拒阶段。如果威胁到更大范围，便会动员身体做最大的生理反应，在这一阶段，有些人对压力源的心理反应犹如"斗士"，他们立刻将这种不良情绪压力排除；而另一些人，他们将压力局限于体内某一处，那就会产生头痛、背痛、消化不良或更严重的身心疾病；另外还有一些人，他们以忧愁、焦虑、消沉或紧张来表现他们对于压力的抗拒。

　　第三，衰竭阶段。显然，前两个阶段会使身体受损伤，往往还会导致第三阶段，就是衰竭阶段。如果疲劳的人得不到充分休息以恢复体内平衡，那么，压力便会使人产生一系列人格障碍，逐渐损毁身体和情绪，造成身心崩溃。

面对压力，一些人认为它有益，另一些人则认为它有害。认为它有害的人，感觉压力不堪重负，长此以往，就会逐渐形成一种不健康的心理，表现出人格障碍，它会逐渐侵蚀身体和情绪，造成不可挽回的损失。认为它有利的人，坚信承受过压力的生命会越来越坚强。经过苦其心智、劳其筋骨、饿其体肤，才能增加我们的能力，故而增益其所不能。

（2）压力管理学。身心疾病无疑影响着人们的一言一行，而身心疾病又与压力密切相关。在现实生活中，身心疾病不胜枚举，几乎每种疾病都有其情绪诱因，而所有的情绪诱因，都或多或少地起源于外界压力，即社会环境形成的压力，可见压力与身心健康有着密切的关系。我们应当怎样化解压力，克服压力，保持身心健康呢？这里就要涉及一门学问，即压力管理学。

我们可能看到两位同时从一个公司出来的失业人，一位因不堪重负、灰心丧气而得了重病；另一位却因开朗乐观，终于在别的岗位实现了自身价值。这种结果固然与两人的机遇、性情不同有关，但有一点不容置疑，就是与两人对挫折和压力的不同态度有关。

现代心理医学的研究证明，在心理、社会因素的关系效应中，外来压力并未直接导致疾病，但是外来压力常常影响和恶化一个人的情绪，从而导致疾病。其中，自我的评价和对应方式，对外来刺激产生的结果有很大影响。

正确的评价与对应方式，可以弱化外来不良刺激的强度，错误的评价与对应方式则可能会强化不良后果。要想减轻外界压力对自我心身两方面造成的不良影响，防止心身疾病，就要对压力管理这门学问有明确的理解。现代压力管理学中，对压力管理有以下要求：

第一，对压力应采取正确的评价态度。个体作为被压力威胁的对象，应对外界压力有正确的认识（即评价），并采取乐观开朗的态度正确对待。可以这样认为，大多数有成就的人，在成功之前无一不受到过如身体健康、心理等方面压力的困扰，各种压力无不为他们的奋斗生涯增添了光彩。

既然一个人在生活中总不免要遭受各种各样的压力，那么评价压力、了解压力，就是要分析它们可能对我们自身健康造成的危害，从而尽量避免接踵而来的压力，对自己造成的不良后果。比如，一个下属在和老板吵架前可以想一想，如果吵下去的结局是被"炒鱿鱼"（被辞退），那么究竟是被辞退后自己的生活和心灵上的压力大，还是现在隐忍不满所感受到的心理压力大？两害权衡取其轻，就能得出理智的解决方法。

第二，对压力应采取积极的对应方式。压力管理学对此提出了两条有效的途径：

一，身体方面的途径

强调持之以恒地运动，特别是做有氧运动。例如，游

泳、跳绳、踩单车、慢跑、急步行走和爬山等。这些运动不仅能够让血液循环系统运作更有效率，还能够强化我们的心脏与肺功能，直接地增强肾上腺素的分泌，让整个身体的抵抗力强大起来，从而有更强的体质，去应对生活中随时可能出现的各种压力。

事实上，身体肌肉的运动能够让全身心得到松弛，并让我们的大脑有一个恰当的休息机会。强健的身体才是成功的本钱。

二，心理方面的途径

心理学家根据个人的情况，给予的个别指导和心理治疗，仍然是个人学习应对压力的最佳方法。他们也赞成利用有效的自助法来排除压力，例如循序式肌肉放松法、静坐、自我催眠和练习呼吸等。

总之，压力管理是一种积极应对外来刺激的方式，它包括对压力的了解、评价，从而达到缓解和避免压力的目的。

4．要有一个健康的身体

（1）健全的心灵，源于健康的身体。"健全的心灵，寓于健康的身体"这句格言可追溯到古罗马时代，而且历久弥新，到今天仍然适用。如果你想成功，想成为一名领导者，你一定要注意保持身体健康，不能因自己身体情况不佳，而影响到所做的决定。

健康欠佳会减弱你的决策能力，因为要达到一个目标，需要较多的体力与耐力，你可能就因此放弃；事实上，若健康因素可能影响决策力时，领导人就该辞去原来的职务。为了健全的心灵，为了达到成功的彼岸，请尽力保持身体健康吧！

（2）如何锻炼身体。众所周知，体育运动能锻炼身体，提高人体的能量水平。身体忍受的训练强度越大，它的耐力也就越强。身体只有通过锻炼才能健壮，体力、活力、能量就是这样增强的。身体和心理的休息也是恢复体力和精力的过程，如果不让身体有一个休息的机会，它就可能受到严重的损害，甚至死亡。

（3）注意给你的身心充电。当你的能量水平很低时，你的健康和你的优良性格就可能会被消极的情绪所压制，就如同蓄电池的电用完了，机器就无法正常运转一样。当你的能量水平是零时，你就会死去。怎样解决能量问题呢？答案只有一个，就是给自己充电，让自己松弛、运动、休息和睡眠。

下面所列的 8 种情况可以帮助你判断自己的能量是否处于低水平，是否需要充电了：

过分嗜睡，过分疲倦；

不机智、不友好、好猜疑；

容易发脾气、好侮辱人、对人怀有敌意；

容易受刺激、爱挖苦人、吝啬；

神经过敏、易于激动、歇斯底里；

容易烦恼、恐惧、嫉妒；

性情急躁、残酷无情、过分自私；

容易感觉受到挫折、情绪激动、沮丧。

（4）积极心态需要有良好的能量。当人疲劳时，你的情绪、思想和行动就会变得消极，当你休息好了或身体健康时，你就会向积极的方面转变。当你给自己"充了电"，你的能量水平上升了，你就会用积极的心态思考问题和行动。

如果你的情绪和行动被消极的思想所代替，那就是该给你"充电"的时候了。

为了维持你的身体和心理两方面的能量水平，你的身体和心理都需要营养，你可以从食物中摄取营养，以帮助你维持身体健康；你可以从激励书籍中吸取心灵和精神的养分，以保持你精神上的活力。

（5）营养是身体和心理所必需的养分。居住在海边的村民往往比山区的村民身体强壮、精力充沛，他们的差别来自饮食上。住在山区的人没有摄取足够的蛋白质，而住在海边的人，则从他们所吃的海鲜中获得了大量的蛋白质。

你的身体能接受和吸收物质营养，你的心灵也会同样地接受和吸收精神养分。你可以在许多励志书上找到精神养分，从那里获得巨大的能量，这种能量又能转变成身体

的活力。

与肉体一样，精神也会因为过度操劳而感觉倦怠。倘若精神倦怠就会无法很好地思考，因此，我们必须经常寻求适时的寂静。在寂静中我们得以安宁。当我们安宁下来我们才能好好地思考，而思考正是一切成就的奥秘。力量是通过休息得以恢复的，请不要忘记让你的精神也休息一下，否则欲速则不达。

5. 相信你自己能够长寿

（1）积极的心态帮助你健康长寿。各行各业的成功者健康长寿的人比比皆是，这些人是怎样做到事业成功又健康长寿呢？这个问题值得我们花点时间去探讨，为什么事业的成功常常和健康长寿相辅相成呢？

因为积极的心态会促进你的心理健康和身体健康，延长寿命。而消极的心态会破坏你的心理健康和身体健康，缩短你的寿命。有些人由于运用了积极的心态，从而拯救了许多人的生命，这些人之所以得救，是因为接近他们的人，具有强烈的积极心态。首先你应当认识到积极的心态会吸引成功和健康，然后才能得到成功和健康。

（2）不要饮酒过度。大家知道酒精能改变脑电波，酒精对脑神经细胞的破坏最大，它能引起脑血管硬化，使人的思维能力和自我控制能力下降。由于酒精对脑细胞的影响，有意识心理的控制作用被降低了，处在这种状态的人，就会

无约束地放纵潜意识心理的种种活动，当有意识这个控制器的活动减弱时，潜意识就会疯狂地运转起来，人就可能做出不合逻辑的行径，做出愚蠢的和令人不满的行为。

医治酒精中毒的方法有很多，首先他必须接受外人的劝阻，直到他能控制自己。

（3）不要猜疑你的健康。实际上，你的健康可能受到许多内部因素的影响，这些因素中有一些可能是心理方面的。

积极的心态，能让我们获得心理和身体的健康，那么如何做才能获得和保持积极的心态？答案是：有正确的目标、清晰的思考、创造性的想象力、勇敢的行动、长期的坚持等，再和你的热情与信心结合起来，就能取得并保持积极的心态。

当你走向你的目标时，你要把什么东西放在首位呢？要把幸福放在首位。

如果你现在是幸福的，你就要保持和增加幸福；如果你现在并不幸福，你就要学会怎样才能得到幸福。

建议你运用以下方法提高你的能量水平：

反复提醒自己：健康有益成功，成功依赖健康；

反复提醒自己：健康把握在自己手中；

反复提醒自己：要有开阔的胸襟；

反复提醒自己：我觉得健康，我觉得愉快，我觉得大有作为。

6. 正确的饮食之道有利于身心健康

今天很多人都谈"压力"，但每个人每天都会不断地给身体带来三次以上的"压力"。他们不正确的吃东西的方式，替自己的胃与整个消化器官带来夜以继日的巨大压力。我们的胃是身体最辛劳的器官，它的构造只能每天工作八小时，但现代人的饮食方式却强迫它长年累月地超额工作，难怪今天的人绝大部分的病都是由饮食引起的。

与旺盛的生命活力紧密相关的，还必须有正确的饮食之道。现代科学指出，营养是抗衡都市压力的一个重要元素，营养直接从饮食中得来。当我们应对压力时，就需要从饮食中摄取养料，因而要增强身体抵抗压力，就必须有正确的饮食观。人们只有在生活中注意饮食方法，并根据自身的需要，选择适当的食物进行补给，才能有效地发挥并维持生命活力，提高新陈代谢的能力，保持身心健康。具体地说，饮食具有补充营养、预防疾病、治疗疾病、延缓衰老的作用。

人们要想健康，就要从饮食中获得营养，饮食就要节制，不能随心所欲，要讲究吃的科学方法。饮食过量，在短时间内突然吃进大量食物，势必加重胃肠负担，使食物滞留于肠胃，不能及时消化，就影响了营养的吸收和疏通，脾胃功能也会因承受过重而受到损伤。

如果你想身体健康，只能吃七分饱。现代许多医学实

验都证明要想延长寿命，最好的方法就是减少食物的摄入量。

那么，如何才能养成这种饮食有节，即瘦身饮食的习惯呢？营养师给我们提出了以下建议：

（1）每天摄取热量2000～3000卡路里左右的食物，并且固定补充矿物质与维生素，以维持身体的健康。

（2）改变用餐时的顺序。先喝汤，再吃蔬菜类的食物，肉类食品和米饭最后再吃。

（3）每餐只吃七分饱，不要吃到撑了还不停口，最好采取少食多餐的饮食习惯。

（4）吃完饭后，不要急着躺下来休息，稍微活动一下，可以让脂肪在尚未储存前就先消耗掉。

（5）减少油脂的使用量。油类中含有大量脂肪，而脂肪所含的热量，可能是蛋白质和糖类的两倍以上。

（6）口渴时，只喝白开水。饮料中热量太高尽量避免饮用，而多喝开水还可以促进新陈代谢，帮助热量的消耗。

（7）富含高热量的食品，如巧克力、蛋糕、油炸食物等，不要接受它们的诱惑。

只要针对食物的不同特性，远离油脂类的高热量食物，多吃含有丰富纤维质或低热量的食物，就可以不用忍受饥饿之苦，并且维持身材苗条，要想享受轻松一下的感觉，就从今天开始吧。

食用富含水分的食物。药丸是不能治疗体内毒素的，然而，多喝水却可以将毒素排出。因而，我们除每天定量补充一定的水分（如茶、牛奶）外，还必须吃一些新鲜的水果和蔬菜，以及它们榨取出来的新鲜汁液等。

风行欧美的"天然卫生法"强调："饮食正确为健康之本""肠胃健康乃身体强壮之本"，同时也认为：人类的一切疾病皆由体内的毒素引起。事实上，这些毒素的来源，就是不正确的饮食方法、空气的污染、压力造成的内分泌失调及不正确心态引起的荷尔蒙紊乱，因而，清扫我们体内循环系统的最佳方法，就是每天多吃一些天然的富含水分的食物。植物中有很多富含水分的食物，如水果、蔬菜、芽苗等，它们都能提供我们丰富的水分和维生素。

7. 健全的心理有助于身体健康

（1）健全的心理有利于身体健康。我们常常会听到别人说"我烦得要死"，这是很常说的话，用以表达极度的忧虑烦恼，一个人过分地烦恼，很容易生病。有位医生曾经说，他的病人中50%的人有忧烦的症状，可以说，忧烦是极大的现代"瘟疫"。

愤恨是引起身体疾病的因素，有位医生说，他有一名病人就是因为长期心怀愤恨而死。医生或许不能把这种病立为正式的死亡原因，但是他描述病人的肤色怎样变得灰

暗，眼睛失去光彩，器官功能日益减退，吐气带有臭味，整个身体状况恶化，变得缺乏抵抗力很容易患病，于是这个人就去世了。

成千上万的人生活乏味，没精打采，昏昏欲睡，不是这里痛就是那里痛，缺少活力，主要就是因为情绪和精神状况不健康。心理不健康妨碍了身体机能因而门户大开，让疾病长驱直入，当然并不是说所有的疾病都是情绪引发的，但是情绪的压抑在所有疾病中都是一个重要的诱因。可见，如果有不健康的想法，你就容易变成不健康的人，你要身体健康、充满活力和朝气，就必须克服不健康的想法。

抵抗入侵病菌最坚固的堡垒是内部防御——我们体内自然的力量，这力量可以抵抗向我们身体入侵的病菌和病毒，有一种综合性治疗称作"精神治疗"，它把身体和心理看成一体，而且相互有关联。

科学上已经得到证据：情绪的紧张、情绪的压抑可以产生长期的精神消沉和疲劳，同时降低身体抵抗疾病的能力。长期的忧虑和烦心，没有控制的感情和脾气，现代生活的高度压力和快节奏，都可以使得心脏、肾脏、肝脏和其他重要器官功能减退，并且带来高血压和动脉硬化等。愤恨和恐惧像有毒的化学物品一样，毒害着我们的身体。

成千上万的人自己使自己病倒，并且以消极的情绪再次引发其他的疾病，因此解决的办法就是相信自己的自愈

能力，排除紧张，抛弃所有的怨恨，重视爱。在这个世界上最有治疗效力的就是爱的信念，去爱人们，对每一个人都从好的方面去想，抛开所有的消极心态，让积极的心态填入我们的心中，消除所有自卑的想法。健康的心态使人身体健康，具有活力和朝气，修身养性才能活在喜悦中，才能体验到生命的甜美。

记住：为了得到爱，你必须先付出爱给别人，为了获得喜悦，你必须怀有感恩的心态。如果你在生活中感到烦恼，这时请停下你的思维，想想你现在拥有的一切美好的东西，并表达心中的感谢之情。

当你的感恩心门打开的时候，你会发现，你的烦恼会慢慢离你而去．你的心情开始喜悦，你的身体健康和整个人都充满活力和朝气，一切的一切都会变得更加的美好。

（2）幽默和童心使人既健康又幸福。所谓幽默，是对人生的自我解嘲。有的人已经发现了保持年轻的秘诀，他透过孩子的眼睛来看这个世界。他鼓励我们所有的人，找出藏在我们身体里的童心。

只要我们能够以一个孩子的眼睛来观看这个世界上美好的事物，那么，我们就永远不会感到衰老。

只要我们能够以一个小孩的眼睛来看自己，我们就已经掌握了适应力。变化是不可避免的，我们知道，明天一定是一个新的惊奇，一项新的挑战，一个新的喜悦。

（3）快乐使人健康长寿。人们都是自己想要怎样快

乐，就能怎样快乐。为自己寻找快乐的方法是，奉献自己的快乐使别人快乐。快乐是一种难以捉摸而短暂的感觉，刻意去找它，它会逃之夭夭，但你如果把快乐带给别人，它就会自动跑来。

世界最快乐的人，长在"快乐谷"里面，他的富有在于他拥有永恒的价值，在于他拥有永远不会失去的东西，即那些给他满足、健康、心灵的平静和灵魂的和谐的东西。

以下就是他拥有的财富和他获得财富的方法：

我帮助别人寻求快乐，因而自己也得到了快乐。

我的生活很节制，因而获得健康。

我不恨人，不嫉妒人，却爱护、尊敬所有的人。

我从事爱心活动、慷慨地付出，因此很少疲倦。

我不要求任何人的恩惠，只要求一个特权——让所有喜欢我幸福的人跟我分享。

我与自己的良心交好友，因此它正确地引导我做每一件事情。

我的物质财富超过我的需要，因为我不贪求，我只渴望那些在我活着的时候，让我活得有意义的东西。

第十五章　良好习惯

1.　好习惯、坏习惯都有巨大的力量

经常反复做一件事就会形成习惯，人类既然有能力养成习惯，当然也有能力去除习惯。很多人都说，养成好习惯较难，而养成坏习惯很容易。事实上，习惯就是习惯，并没有合理的推论来说明，养成好习惯就比养成坏习惯要难。

一个有准时习惯的人，对他有很大的好处，不管是赴约会、还钱或实现任何方面的诺言，守时是一项特别有价值的资产，常言道："时间就是金钱"，这话永远都是正确的。现代企业的步调更是一日千里，分秒必争，因为他们负担不起生产时间的浪费，就像负担不起生产线上的耽搁一样。

节俭是另一种可以养成的习惯，而它可以说是使任何事业成功的因素。

一旦事业开始，对节约的人而言，成功机会就比其他

人要多。在今天高度竞争的市场里，即使在小东西方面去节约，聚少成多，也是很可观的，甚至造成赚钱和赔钱的区别。除此之外，对一个有节俭习惯的人而言，他似乎永远有一笔积蓄，以防不时之用，甚至可使他渡过难关，或使他有扩张和改进的机会，而不必去借钱。

聪明的人都知道，能做到准时和节俭，对自己有很大的帮助。在生活中如果你能经常准时和节俭，直到成为你的习惯，你就会在事业上，收到这些习惯为你带来的好处。

还有一个最有价值的习惯，就是在行动前，先把要办的事情在大脑里演绎一遍，想想可能会出现的问题以及解决的办法，就可以减少失败。这有点像京剧演员所要养成的默戏习惯，虽然他们可能对所扮演的角色已经熟透了，但是在表演之前，仍要在安静的房子里，闭目默默地在自己的脑海把戏过一遍。这就是我们老祖宗发明的方法，它不仅可以用在表演上，也可以用于办事。即在做事前先想一想，把自己将要做的事，在大脑里演示一遍，想想可能会遇见的问题，便于及早准备和处理。

这种在行动前的最后检查，也许只需要几分钟甚至几秒钟，但收获却非常大。一个想成功的人，必须明白习惯的力量如何强大，也必须了解养成好习惯一定要实地去做，他必须去除那些坏习惯，尽快养成好习惯。

2. 良好的习惯是成功的钥匙

事实上，失败的人和成功的人唯一的不同，在于他们有不同的习惯。良好的习惯是成功的钥匙；坏的习惯是向失败敞开的大门。因此，我们要养成良好的习惯，并全心全力去实行。在你过去的行为当中，你的行动受俗念、情感、偏见、贪婪、恐惧、环境、习惯支配。因此，如果决定要全心全力服从习惯，那一定要服从良好的习惯，必须将坏习惯全部摧毁。

3. 凡事变成习惯就容易做了

任何事情只要练习都会熟能生巧，难的也变得容易了。由于经常反复地练习而变成容易的时候，你就会喜欢去做，你一旦喜欢去做，就愿意时常去做，这是人的天性。当你反复去做的时候，它就变成了你的一种习惯，凡是变成习惯就容易做了。

在生活和工作中，习惯对人的影响很大，习惯有很多种，有好的也有坏的，有美的也有丑的，我们要培养好的、美的习惯。

4. 首先要养成放松的习惯

这里要首先讨论疲劳的问题，为什么要讲如何防止疲劳的问题呢？很简单，因为疲劳容易使人产生忧虑，所以

防止疲劳也就可以防止忧虑。

心理学认为："任何一种精神和情绪上的紧张状态，完全放松之后就不存在了。"这也就是说，如果你能放松紧张情绪就不会再继续忧虑下去了。所以要防止疲劳和忧虑，首先要做到休息充足，在你感到疲倦之前就休息。你应该先放松你的肌肉。

下面是放松的七项建议：

（1）工作时采取舒服的姿势。要记住，身体的紧张会产生肩膀的疼痛和精神上的疲劳。检查一下有没有用一些和工作毫无关系的肌肉？其实，许多导致疲劳的原因并不是因工作所致，而是因为我们做事的方法不对。

（2）当感到紧张时，你可以默念，也可以对自己说："我要放松，我要放松，放松、放松、再放松"，或用呼吸调节法，如深深地吸一口气，再慢慢地吐出来。

（3）当你神经紧张或疲劳时，可以向你的朋友、亲人倾诉你的烦恼，也可以用写日记的方式写下你的感想，均可以达到放松的目的。写上自己喜欢的，可以鼓舞你的诗或名人的格言。往后，如果你感到精神颓丧时，就可以在那里找到治疗的药方。

（4）要对你周围的人友善，对人不要防范心太重，这样你会失去很多快乐。不要为别人的缺点太操心，也许在看过他所有的优点之后，你会发现他正是你希望遇到的那种人。

（5）如果你觉得疲倦了，随时可以躺下。你可以平躺在地板上，尽量把身体挺直。如果你不能躺下，就坐在一张椅子上，也可以得到同样的效果。如果你想要活动身体，就去活动。

（6）慢慢地把你的10只脚趾头蜷曲起来，然后让它们放松；收紧你的腿部肌肉，然后让它们放松；慢慢地向上运动各部位的肌肉，最后一直到你的颈部。然后让你的头向四周转动着，好像你的头是一个足球，要不断地对你的肌肉暗示"放松、放松"。

（7）松开你紧皱的眉头，不要闭紧嘴巴，用慢而稳定的深呼吸来平定你的神经，深深地吸一口气，再慢慢地吐出来。这种规律的呼吸是安抚神经紧张最好的方法。

5. 培养良好的工作习惯

我们要养成四种良好的工作习惯。

第一种工作习惯是：清除你桌上所有的文件和纸张，只留下现在马上处理的事情的文件。

光是看见桌上堆满了还没有回的信、报告和文件，就足以让人产生混乱、紧张和忧虑的情绪。更坏的是，经常让你想到：有很多事情待做，可是没有时间去做，这样不但会使你忧虑得感到紧张和疲倦，还会使你患高血压、心脏病和胃溃疡。若能把你的桌子清理干净，只留下手边正待处理的文件，你就会发现能更快地完成工作，这是提高

工作效率的第一步。

第二种工作习惯是：按事情的重要程度来做事，按计划做事。

著名诗人波浦曾写过一句话："次序，是天国的第一法则。"当然，次序也应该是成功的第一法则。按事情的重要程度来决定做事的先后顺序，按计划做事，绝对比随心所欲去做事好得多。

第三种工作习惯是：当你碰到问题时，如果必须马上作决定，就当场决定，不要拖延。

第四种工作习惯是：学会如何组织、分层负责和监督。很多人不懂得怎样把责任分摊给其他人，其结果使自己陷入枝枝节节的小事造成混乱，导致忧虑、焦急和紧张，所以要学会分工负责。作为一个领导，如果想要避免忧虑、紧张和疲劳，提高工作效率，就非要这样做不可。

6. 培养良好的睡眠习惯

无论有多强的意志力，大自然都会强迫一个人入睡。大自然会让我们可以长久不吃东西、不喝水，却不会让我们长久不睡觉。所以，要想不为失眠症而忧虑，建议按下面的五条规则行事：

（1）如果你睡不着，就起来工作或看书，直到你打瞌睡为止。

（2）不要害怕失眠，从来没有人因为缺乏睡眠而死

亡，为失眠而担忧对你的损害会比失眠本身更厉害。

（3）多运动，使身体因运动肌肉疲倦，而使大脑皮层无法过度兴奋。肌肉疲倦了，精神就随之而得到休息。当你烦恼时，可以多用肌肉、少用脑，多进行体育运动，比如跑步或是徒步远足，或是打沙包、打球，不管是什么运动都可以。烦恼的最佳"解毒剂"就是运动，这种方法极为有效，当开始运动时，烦恼就消失了。

（4）中医讲："先睡心，再睡觉"。睡觉前一个小时，不要想太多的问题，更不要想不愉快的事情，保持心境安宁，不要看刺激的影视剧，更不要听广播，因为听比看更容易导致失眠。

（5）睡觉前给自己一个良好的暗示，如"我今天一定能睡一个好觉"，千万不要想"我今天可能又要失眠了"。

7. 培养从容不迫的习惯

在任何场合，如果能够保持从容不迫的态度，那么任何事情都能应付自如。

一些伟大的人物都是自我镇静的高手，面对突然变故仍然镇定自若，因为他们懂得不能慌，慌则无法思考应对，如果他们慌了，那周围的人就更没有主见了，那就慌作一团了。因此，他们会大喝一声："慌什么！"这一半是对别人说的，别一半则是自我暗示。

如果你感到慌张，你的大脑就失去了正常的思考能

力，你就会丢三落四，语无伦次，失去了重要的东西，或者说漏了嘴。这种时候，你要有意地放慢你的动作，越慢越好，并在心里对自己说："不要慌，千万不要慌！"放慢动作和语言的暗示会使你镇静起来，你的大脑才能恢复正常的思考，以应付周围发生的情况，这一点面对考试的学生尤其重要。

我们每一个人都有美好的愿望，每一个人都只有一次在世界上生存的机会，因此无论是谁都不愿虚度年华，碌碌无为，枉过一生；无论是谁都希望自己的一生能结出果实，既造福个人，造福家庭，又造福他人，造福社会。

第十六章　性格分析

假如，我们能够了解自己，知道为什么我们对事情有如此的反应，知道我们的优点及如何利用，知道我们的缺点及如何克服，我们将更接近成功。

性格分析，将教我们如何自我检讨，怎样扬长避短。

知道自己是什么性格，开始真正了解"真我"，改善性格，并学会如何与他人相处，这并不是要模仿别人。相反，我们会竭尽所能去利用现有的本质，理解别人并认识到别人的不同之处，并不意味他们是错的。

这样，我们可以跟活泼型的人玩得开心，因为他们总是流露出对生活的积极态度。我们也能严肃地和完美型的人相处，因为他们对一切都要求完美。我们将和天生为领袖的力量型的人一起冲锋。我们将和对生活安于现状的和平型的人，无拘无束地轻松相处。

不管我们是哪种性格类型，都可以从每种性格类型中学到一些东西。通过性格分析，一定会使你的婚姻、事业走向成功！

（一）

哦！这个世界多么需要活泼型，

遇到麻烦时带来欢笑，

身心疲乏时让您轻松，

聪明的主意令您卸下重负，

幽默的话语使您心情舒畅，

希望之星驱散愁云，

热情和精力无穷无尽，

创意和魅力为平凡涂上色彩，

童真帮您摆脱困境。

让我们一起来了解活泼型的特点：

1. 外向乐观，活泼开朗，有乐趣

活泼型的人，情感外露，热情奔放，他们懂得把工作变成乐趣，而且乐于与人交往。他们能从任何事情中发掘出乐趣，然后在绘声绘色地描述中尽情回味其中的欢乐。

活泼型的人，既外向又乐观，他们具有的才干可能比不上其他性格类型的人，经历的事情也比不上其他类型的人多，但他们似乎总能找到乐趣，活泼开朗的性格和魅力很惹人喜欢，并不断吸引周围的人。

他们会成为拉拉队的队长，在校园的文艺队里担任主角，甚至会被人们认为是最有前途的人士，在办公室里他们照样吸引别人的注意。他们喜欢举办晚会，布置节日装饰。生活枯燥时，他们还可以自娱自乐，制造气氛。

2. 善于言谈

如何发现活泼型的人，有一个最容易不过的方法：在一组人里面，细心聆听，找出说话最多的人便是，他们天生希望成为人们注意的焦点，这种性格特点使他们有机会参加晚会，并成为晚会上活跃的中心。

希望你发掘一下身边活泼型的人，邀请两位以上这种类型的人参加你的晚会，不要让他们两人坐在一起互相娱乐，把他们安排在桌子的两端相对而坐，否则其他人会感到被冷落了。

3. 虽记不住姓名、日期、地点，但可以借助丰富的联想记忆

活泼型的人并不是天生记忆力不好，他们只是对枯燥的东西缺乏记忆兴趣，对有趣东西和生活片段才有记忆兴趣。

他们的性格特征导致他们通常记不住名字、日期、地点、数字，但他们有自己的独特的能力记住多姿多彩的有趣生活。

他们可能会忘记演讲者的讲演内容，但他们都会发现讲师穿了一件紫色的衣服，胸前插了根孔雀毛。他们可能会忘记他们究竟是在大剧院还是礼堂，但他们会绘声绘色地向你描述，某某人忘记了歌词，某某人唱歌走了调。他们通常记不住别人的名字，但可以借助丰富的联想，比如别人的职业、特征等来记住别人。

4. 感情外露，喜欢肢体接触，善于吸引别人注意力

活泼型的人热情直率，他们习惯于拥抱、亲吻、拍打和抚摸他们的朋友，他们认为这种接触非常自然，当他们张开双手时，甚至没有意识到，完美型的人正一步一步退到墙角去了。

活泼型的人不仅直率，他们还经常想紧紧吸引着别人的注意力，还没说到精彩之处便失去听众，是令活泼型的人最难受不过的。

只要学会识别各种性格特点，你就会懂得在生活的任何一个领域里好好利用这些特点，正确运用这些知识，会避免很多误会，并且能给每一个人正确"定位"。

活泼型的人，天生具有表演天赋，像磁铁一样吸引观众，越是冷场的时候，他们越能尽情发挥，制造兴奋点。活泼型的性格特点造就了许多迎宾者、主持人、接待员和俱乐部主席，他们能制造气氛，能激发最沉闷的人的

热情。

只有活泼型的人才会总是睁大眼睛，表现得天真烂漫。活泼型的人有时很天真，到年迈的时候也会表现出孩子般的单纯，他们并非比其他性格的人单纯，只是表面上是这样罢了，千万不要上他的当，不要被他们迷惑了。

他们总希望像孩子一样，原因之一是他们以前都是很惹人喜欢的孩子，他们被父母和老师宠爱，所以他们不想离开这种"焦点人物"的生活。

另一个原因是他们根本不想长大，其他性格的人总希望快点度过童年，快点长大。然而活泼型的人却喜欢幻想世界：女孩，都是白雪公主；男孩，都是白马王子。在故事里，王子从来不干活，他们只是骑着白马看日落，不必去找工作。

但是年龄带来责任，而活泼型的人天生不喜欢自己成熟，总之越迟越好。

5. 热心，思维跳跃，好奇，容易转移注意力

活泼型的人热情、开朗，几乎对任何事情都表现出乐观和热心，无论你提议干什么，他们都想干，无论你提议去哪里，他们都想去。他们来回走动，扭动身躯。

活泼型的人好奇心很重，他们不想错过任何事情，一群人在一块时，如果一个活泼型的人正在和别人说话，突然听到房子里有人喊他的名字，他会毫不犹豫地停下来，

转向那个声音。

活泼型的人常常像一台正在调频的电视机，一会儿这个台，一会儿那个节目。他们的思维飞快地从一个话题跳到另一个话题，活泼型的人想知道任何他们不知道的事情，秘密会使他们疯狂。

6. 喜欢参与，是事情的发起者，但往往不是完成者

活泼型的人总希望自己事事都能帮上一把，受大家欢迎。因此，他们事事自告奋勇，不计后果。比如我的朋友小王，需要请一位保姆，活泼型的小张自告奋勇地说："别操心，这事包在我身上。"时间过去很多天了，仍不见小张的消息，小王打电话去追问，那时她才发现，小张去旅游了，早把这个事忘了。

请不要与活泼型的人过分计较，因为他们可能忘记了自己曾毛遂自荐过。活泼型的人精力充沛，热情奔放，善于吸引和启发别人，他们出主意，然后让别人付诸行动。

只要活泼型的人了解自己的特点，他们就会认识到自己是"发动者"，他们很需要朋友充当"完成者"。活泼型的领导能激发员工的信心，并让他们施展工作天赋。真正聪明的活泼型的人能够让人们不计报酬地为他工作。

7. 善交朋友

活泼型的人很容易跟别人交朋友，说一声"您好"，

他们就成了你的朋友。在陌生人和陌生的环境中，他们常找话题和身边的人聊起来。活泼型的人对人、对事总是充满热情，他们的生活比别人显得更为刺激，不是因为他们所做的事与众不同，而是他们对事件的复述使事件本身增色不少。活泼型的人干什么事都很兴奋，让其他人羡慕，实际上他们比那些羡慕他们的人真正的经历可能还要少，活泼型的人有能力把简单的事情变成大新闻。

（二）

哦！世界多么需要完美型，
他有洞悉人类心灵的敏锐目光，
欣赏世界之美的艺术品味，
创作惊世作品之才华，
思维缜密，有始终如一的处事目标，
任何事都做得有条不紊，圆满成功。

如果这个世界少了完美型，就会少了很多文学、哲学和艺术作品，世界可能少了很多工程师、发明家、科学家。完美型是人类的灵魂、智慧、精神的核心。

让我们了解一下完美型的特点：

1. 文静，随和，喜欢独处

他们自始至终认真依照计划办事，嘈吵和混乱会使他

们心烦意乱，环境改变或计划被打乱将使他们无所适从。完美型的人是思想家，他们对目标严肃认真，强调做事的前后次序和组织性，崇尚美感和才智，不会一时冲动寻找刺激。

2. 有深度，善于分析

活泼型属外向型，那么完美型就属内向型。活泼型的人喜欢说话，带着玫瑰色眼镜看世界，而完美型却天生悲观，总是预料将来要面对的问题。活泼型好谈话，力量型重实干，和平型爱旁观，完美型爱思考、筹划、创造、发明。完美型的孩子能坐在钢琴前练几个小时的基本功，力求技术完美，而活泼型的孩子可能仅弹完两遍练习曲，便盖上琴盖玩去了。

完美型善于分析，但这些特点极端了，又会令他过于计较细节，没完没了地评价别人的表现。

3. 严肃认真，目标明确

完美型是严肃的人，他们有长远的目标。有人说，所有天才都有完美型的特点。作家、艺术家和音乐家通常都是完美型的，他们天资聪慧，潜能若被激发并得到正确发挥，便能成就大事。

4. 有天赋，有创造力

完美型是最有天赋、最具创造力的，他们可能有音

乐、哲学、文学等多方面才华，他们识英雄、颂英雄，为感情挥泪，为伟人壮士而动容，为大自然的奇迹而惊叹。他们沉醉于交响乐，完美要求的程度越高，越需要更多的立体声设备。

5. 喜欢清单、表格、图示和数据

完美型的人把清单、表格、图示和数据，看做是生命的重要部分，他们注重条理，而活泼型注重的是人，完美型从全局看问题，而活泼型只看一个局部。

6. 注意细节

完美型对细节特别留神，所以是活泼型的最佳旅游伴侣，他们能保管好车票、行李，记住从第几号门进出。

完美型是企业的财富，因为他们能提出活泼型看不出的问题，如你能为这个项目付足够的钱吗？租会场要多少钱？人工材料费是多少？你能得多少钱？如果没有完美型的人，很多单位就会因为热情高涨而忽视成本，最后导致失败。

7. 有组织，有秩序

活泼型喜欢寻找乐趣，而完美型则追求有条不紊。活泼型的人在乱七八糟的房间和桌子上也能工作，但完美型什么都要井井有条，否则不能工作。

一个活泼型女孩子告诉我：她收拾家时，完美型的妈妈说，圆的盒子放去污粉，方的盒子放洗玻璃水，三角形的盒子放洗衣粉，当你把东西收拾得井井有条，以后就容易寻找了。

对不属于完美型性格的人来说，很有必要知道一下组织和顺序对事情重要性及对我们自己的有益之处。

8. 干净整洁

完美型通常穿着整齐，男士穿着得体，女士把每一簇头发梳得恰到好处，他们总希望周围环境整洁。完美型的小孩就表现得很突出，他们小心翼翼地玩玩具，睡觉前问是否把小卡车排好，总是把小被子叠得好好的，有时甚至起棱角，把绒毛玩具靠枕头放好，如果有人碰过他一定知道。

一个完美型小伙子告诉我：他曾和一个活泼型姑娘约会，他准时到她的公司接她，小伙子惊愕地发现，这姑娘的桌子是乱糟糟的，而她正忙于工作，连他们的约会都忘了。

他发现旁边的桌子很整洁，办事记录清楚，一支支铅笔笔尖向上排好，这时桌子的主人——一个女孩子回来了。小伙子开始跟她谈话，她穿着很得体，小伙子突然醒悟到，原来他找错人了，从那天起他们开始约会了。

9. 高标准

完美型的座右铭是：如果做，就要做得好。如果一件事由完美型的人负责，你便知道这件事情会做得很好，而且准时完成。

10. 节俭

完美型的人从不浪费，他们喜欢讨价还价。讲价时最好带上完美型，他们大多是很节俭的。我认识一个完美型的女士，她常把线头放好、塑料袋收好以便日后使用。

11. 关心和同情他人

完美型的人对别人关心体贴、热心助人，活泼型的人总希望成为大家注意的焦点，而完美型的人却在观察别人，对别人的困难很关心。旅游时完美型会被英雄纪念碑深深打动，想起为祖国捐躯的英雄们，不禁感慨良多，而活泼型则左顾右盼，想找个熟人好好聚聚。

完美型的人是做律师的好苗子，他们善解人意，愿意聆听别人的困难，分析找出有效的解决方法；活泼型则耐不住性子听完别人的倾诉，不愿卷入任何纷争，但完美型的人却感情真诚、乐于助人。

12. 寻找理想的伴侣

完美型的人是完美主义者，他们要求完美的配偶，一

定要找理想的爱人，不会放弃原则。他们交友谨慎，宁愿只有几个知己，而不愿像活泼型那样有太多熟人，完美型是理想化、有组织和目标明确的人。

<h1 style="text-align:center">（三）</h1>

哦！这个世界多么需要力量型，

当别人失去控制时，他有着坚定的控制力，

当别人正在迷惘时，他有着决断力，

他的领导才能会带领我们走向美好。

在充满疑虑的前景下，他仍然愿意把握每一个机会。

面对嘲笑，他会满怀信心地坚持真理，

面对批评，他会仍然坚守自己的立场，

当我们误入迷途时，他会指明前进的航向，

面对困难，他必定顽强对抗，不胜不休。

让我们一起来了解力量型的特点：

1. 天生的领袖

力量型和活泼型的人相似之处是，他们都外向而且乐观。力量型的人能坦诚地与人交流，他比其他气质类型的人能完成更多的工作，而且他会让你清楚地知道他的立场。力量型是重目标的人，再加上与生俱来的领导才能，

所以，往往能在自己所选择的职业中获得成功。

大部分具有政治影响的领袖基本上都是力量型的。有篇关于评价英国前首相玛格丽特·撒切尔夫人的文章，使用了许多与力量型有关的词语：她拥有着铁一般的意志和无可比拟的惊人的自信，出类拔萃、主宰、有才华、有能力、女王般的风度、果断、强烈的竞争力、抗拒建议、更强硬、更直接、更富于挑战，从这些词里很容易看出，撒切尔夫人是一个力量型的人。人们说她的衣着充满色彩，言谈充满说服力，她是一个充满动力、洋溢着信心和充满控制力的女人。

2. 迫切地需要改革（是改革家）

力量型的人是自发型的改革家，会改变任何在他们看来不合适的东西，并且喜欢纠正别人身上的错误，而不管别人需要不需要、高兴不高兴。

力量型的人会为信念挺身而出，坚持真理。他们从不冷漠无情，而是充满动力和自信，一个企业的负责人如果没有这个特点是不行的。

3. 坚强的意志和决策能力

所有单位、机构和家庭，都需要有力量型的人去帮助他们作出决定，因为力量型的人具有与生俱来的意志力和工作能力。在别人举棋不定时，力量型的人能及时做出决

定。尽管不是每个人都欣赏他们的决策能力，但他们确实能解决问题，并且提高效率。

力量型的人在生活中有一个难以扮演的角色，他们知道做什么，并能够迅速作出决定，也会帮助其他的人，但是，他们却很少会受到欢迎。因为他们的自信和主张会让别人产生压力，使别人感到不安。

通过性格分析，力量型的人应该调整自己的行为达到适中，让别人不会讨厌他们。

4. 喜欢纠正别人的错误

力量型的人天生具备管理能力，对力量型的人，最困难的而又不得不解决的难题就是，阻止自己纠正别人的错误。这个难题对其他性格类型的人来说比较容易解决，可惜对力量型的人就不是了。

5. 不达目标决不罢休，在阻力下勇往直前

力量型的人对达到目标比取悦他人更有兴趣，在人际关系和达到目标之间，力量型的人往往会舍掉人际关系，这既是优点也是缺点。

力量型的人总能把工作做得很好，但他们常常成为独行者，往往会使别人感到自己是他前进路上的障碍。我认识一位厂长，他为自己制订了一个目标，他激励他的员工并密切监督每一个人的工作进度，最后他的工厂获得的奖

比任何单位都多，但他最后告诉我，他在厂里连一个朋友都没有。

力量型的人最大的财富是他的组织能力，所以他能完成比别人更多的工作。当他审视每项工作时，他很快就看出应如何处理，他会根据每个人的特点和能力，分门别类地分派工作，他不会忘记把任务分配给无所事事的旁观者，因为他希望每个人都有所表现，不被闲置。

有些力量型的人，非常急切地想牢牢掌握控制权，于是他们仅分派不重要、单调、乏味的工作给别人，而将重要的工作留给自己。这种极力掌握控制权的心态，反而阻碍他们完成工作，因为这种心态使得他们不懂得与人相处，从而阻碍了更智慧地分派工作。

力量型的人不仅喜欢达到目标，还能在阻力下勇往直前。如果活泼型的人着手准备完成一项任务前，听到有人说不可能做到，他们会深深地感谢此人并放弃工作；完美型的人，会为花时间去定计划和分析情况而后悔；和平型的人，则对此事不可能做到而感到高兴，因为一开始听起来已经觉得辛苦了，更不用说付诸行动；但是如果你告诉力量型的人这件事情办不到，那只能更刺激他们的想要做到的欲望。

许多力量型的人会成为优秀的运动员，原因之一是他们喜欢来自对手的挑战。力量型的人在争斗的热潮中会更加兴奋。不论男女，力量型的人有击倒他人的本性和排除

万难的行动力，他们不会因批评而泄气，也不会因别人的冷漠而沮丧，他们的眼睛只盯着目标，并能在阻力下努力获得成功。

6. 不太热衷交朋友

当活泼型的人需要朋友作为听众，和平型的人需要朋友来支持，完美型的人需要朋友理解，而力量型的人则不需要有朋友在身边，他有自己的目标，能自我安慰，而且认为社交是浪费时间的，会耽误他完成工作。但当别人的价值观与他一致时，力量型的人会积极地为集体工作，他们会乐意参加或组织社团活动。

7. 坦率发表自己的观点，而且他们通常是对的

力量型的人当他确定自己是正确的时候，会坦诚、直率地发表自己的观点，虽然这一特点是个优点、虽然他们通常也是对的，但与力量型打交道的人并不欣赏这个优点。

8. 在紧急情况下胜过他人

力量型的人非常喜欢紧急情况，这样才能显示他们的英雄本色，并引领出新的方向。

在第二次世界大战爆发之初，英国处于危急之中，在德国法西斯猛烈攻击下，法国投降于德国的铁锤之下，美

国还在袖手旁观，苏联还被蒙在鼓里。纳粹德国占领法国后，希特勒便着手对付英国，准备对英国进行登陆作战，从而一举占领英国。

这次作战，首先要歼灭英国的空中力量，即英国皇家空军，以保障登陆行动的顺利。因此纳粹德国空军于 1940 年 8 月 12 日对英国发动了大规模空袭，这次战役也是第二次世界大战中规模最大的空战。英国不得不孤军作战，整个英国甚至整个世界都笼罩在德国不可战胜的阴影中。前任和平型首相张伯伦被迫辞职，丘吉尔被英王紧急召见，受命组阁。丘吉尔在这种危机情况下，向全国发表了广播演讲。让我们看看一个力量型的首相——丘吉尔的演讲《决战时刻到了》是怎样的：

摆在我们面前的是一场极为痛苦的考验，你问，我们的政策是什么？我说，我们的政策是用我们全部的能力，用上帝赐予我们的全部力量，我们将在陆地上、海洋上、天空中与他们战斗，上帝保佑我们，直到我们胜利。

你问，我们的目标是什么，我可以用一个词来回答：胜利！不惜一切代价去赢得胜利，无论多么可怕，也要赢得胜利，无论道路多么遥远和艰难，也要赢得胜利，因为，没有胜利就不能生存，没有胜利，就没有英国的存在。

当我挑起这个担子的时候，我有的是热血、辛劳、眼泪和汗水，我的心情愉快，满怀希望，我相信你们不会听任我们的国家遭受失败。此时此刻，我觉得我有权利要求大家支持我，我要说："来吧，让我们同心协力，消灭法西斯！英国万岁！"

这次演讲体现了丘吉尔作为政治家和军事家的气魄，鼓舞了英国人民参加反法西斯斗争的决心。

德国轰炸机袭击英国的空军基地和雷达站，对英国的城市进行轰炸，造成大量平民伤亡。英国皇家空军开始对德军进行反击，在英国本土及英吉利海峡上空，与德国空军展开作战，并接连轰炸了德国首都柏林。在这次空战中，英国皇家空军以少胜多，战胜了比自己强大两倍的敌人。德军无法夺取制空权，无法实行登陆英国的作战计划。战争经过一年多的时间，最后以德国的失败告终，英国最后赢得了胜利。

（四）

如果我们理解性格，我们就知道，为什么不同类型的人会相互吸引。不同性格和特点能提供不同的活动和乐趣，我们会感觉到生活多姿多彩。

上天没有让我们都成为活泼型，要不就没有完成者

了。上天不会使我们全都成为力量型的领袖，若真是那样，就没有跟随者了。上天不想让我们都成为完美型的人，因为如果出现了差错，他就会变得抑郁。上天特别创造了和平型的人，他是其他三种的情感缓冲剂，提供人的稳定和平衡。

和平型，缓和着色彩斑斓的活泼型。

哦！这个世界多么需要和平型，

他稳定地坚持原则。

当别人说话时，他会聆听，

有天生的协调能力，把相反的力量融合，

为达到和平而不惜任何代价，

有安慰受伤者的同情心，

当周围所有的人都惶恐不安时，他保持头脑冷静，

充满着决心去生活，甚至连他的敌人都找不到他的把柄。

和平型可能会拒绝力量型的决定，和平型对完美型复杂的计划不过分认真。当每种性格正确地发挥作用时，各人都能处于合适的位置，从而就构成一种振奋人心而平衡的气氛。

让我们看一下和平型的特点：

1. 面面俱到

在各种性格类型当中，和平型的人算是最容易相处的，他避免冲突，不侵犯他人，不主动吸引别人的注意力，安静地做着应该做的事而不求赞赏。和平型的人凭借与他人融洽相处的超凡能力，将自己的事业升至顶峰。他往往会等别人要求了才开始工作，而且从不催促他人。他们总是平静，不轻易发怒，在压力下仍然控制自己不冲动。他们可靠、忠诚而且有耐心，从不为他人订立目标，从不强迫他人刻意改善性格。

和平型的人是一流的父母，尽管他们纪律性较差，但他们随和的态度令孩子们快乐而又满足。

和平型的人是一流的老板，人们喜欢为他工作，由于没有压力或批评，员工们似乎乐于多付出一点点。在这种环境中工作，员工自信心提高了，生产力也增加了。

由于他们有冷静而不感情用事的特点，所以他们能仅用几句轻声细语，便会化解紧张的局面。

和平型的女性具备令活泼型羡慕与欣赏的泰然自若，具备安静而又淑女的风度，她们温顺而安静的性格令人如沐春风。

2. 性格低调

和平型的人令人愉快而无侵犯性，而且友善随和，他

们从不狂妄自大，而是保持低调，为其他性格类型的人提供可供学习之处。

3. 随和，不制造麻烦

和平型的人不愿意给他人制造麻烦。他们宁愿平静地接受现状。

4. 冷静，镇定

和平型的人最令人欣赏的特点是，在风暴之中仍能保持冷静。当活泼型在尖叫，力量型在攻击，完美型在消沉时，和平型则处事冷静，他先后退一步等一等，然后再前进。他不会被感情冲昏头脑，对愤怒也无动于衷。

5. 有耐心

对和平型的人来说，在大多数情况下，即使受了刺激，他们仍能保持沉默和耐心。

6. 乐天知足

和平型的人对生活没有很高的期望和要求，因此很容易安于现状，虽然他们的本性带有消极，但并不像完美型那样情绪低落，因为他很少激动。

7. 具备管理能力

人们只看见力量型的管理人员，而往往忽视了和平型

的人。和平型的人的管理能力是基于他能与人好好相处，不制造事端，不干涉他人。军官常为和平型的人，因为他们能听从命令，在压力下不受惊，不需要有巨大的创造性或极端的主见。

有一份统计说，被解雇的人80%不是因为不能胜任工作，而是缺乏与人相处的能力，记住这一点就能知道，为什么和平型的人要比其他性格类型的人更胜一筹。

8．缓解纠纷

在生活中，总会有一些冲突，如父母与子女之间，老师与学生之间，老板与员工之间，朋友与朋友之间，等等。当其他三种性格类型的人关系紧张彼此争斗时，和平型的人会在不同性格的人中间保持平和，缓和纠纷。

人们赞扬谈判代表时说他们冷静、慎言、面无表情、有交际手腕、不出风头、有风度、低调、轻声细语、镇静，是处理谈判、控制大局的理想人选，因为他们从不生气，而且能缓和紧张的关系。

许多力量型的人报怨，他们完成了许多有创新性的工作，并做出了成绩，但却因树敌太多，到了提拔干部的时候，往往选的是别人从不注意的和平型的人，而不选他们。这是因为人们需要好相处的人，自己好过关的"老好人"，这往往使很多力量型的人大为恼火。

9. 容易相处，朋友众多

由于容易相处，和平型的人有许多朋友，他们的天赋造就了良好的人际关系，他们性格随和、冷静、耐心、和平，不干预、不侵犯他人，因而使人心情愉快。

和平型的人总是有时间留给你，当你去探望一个力量型的女友时，她一边干活一边和你说话，使你感到她的时间如此宝贵，不能只花在你一人身上。而和平型的朋友，会放下手中的一切，坐下来与你一起轻松地聊天。

10. 善于倾听，是个好听众

和平型的人朋友众多的另一个原因是，他们是很好的聆听者，在团队中，和平型的人最愿意听而不是讲，他们保持安静不插一句话地倾听，并且微笑地点头表示同情。其他性格的人都喜欢与和平型的人做朋友，并向他们敞开心扉。

（五）

乐天开朗的活泼型和深沉、善于分析的完美型，这是两种截然不同的性格，但他们有一点是相同的，他们都感情丰富，易受环境影响。活泼型和完美型的人的情感分析如下：

活泼型凭感觉生活，其生活变幻无常，起伏不定。一

个典型的活泼型的人，在半天时间里，可能会动情地哭六次、笑三次，任何事情不是好就是坏，没有中间过渡。如果你想替活泼型的人的感情画一幅画，他们是起伏不定的山丘。

完美型的人认识不到自己也是感情丰富的，只是高点更高，低点更低，整个图形被拉长了，活泼型的人在一分钟内起落，而完美型的人则在一个月里起落，每个人都认为别人感情用事。

完美型的人认为，活泼型的人神经过敏，活泼型的人则认为，完美型的人只因为一点小事就情绪低落，真是难以想象。

现在他们开始了解他们的感情模式，他们发现双方有许多共同点，就是他们都很情绪化，但步伐不一致，当他们能把问题公开的时候，紧张的气氛就舒缓了。活泼型的人能帮助完美型的人减轻日常生活中的不悦情绪，而活泼型的人只要计划周全一点、理智一点完美型的人就会高兴。

对于力量型的人来说，只要按他的意思去做，立刻行动，一切就会风平浪静。当别人犯错时，力量型的人性格暴躁，但事后一切如常，他认为一切都过去了，情绪又平静下来。

和平型的人，在解决不了问题时会陷入一时的情绪低谷，即使他已经决意走出低谷，你也察觉不到。和平型的

人为自己的稳定性情绪而自豪地说：我从不让别人察觉我在想什么。和平型的人平易近人、性情随和、面面俱到，希望与其他三种性格类型的人和平共处，避免争论和冲突。

根据活泼型的人的情绪起伏你便知道他在想什么了。正如电灯随开关一开一关那样。

看看完美型的人有没有把乌云带进房间，你便可以知道他的情绪状态。

力量型的人总是情绪高涨，脾气暴躁。

和平型的人总是一种状态：平静、低调。

乐天的活泼型常被深沉的完美型所吸引，反过来内向的完美型，同样被外向的活泼型所吸引。力量型的领袖喜欢和平型的部下，和平型不善决定的性格，很需要力量型为他作出决定。所以活泼型与完美型可以相互补充，力量型与和平型也可以相互补充。

接下来我们继续研究这四种性格类型时，你便会明白我的意思。

每个人都有好坏两个方面，我们既有优点也有惹人反感的一面。

活泼型的人最大的优点是他们能带来愉快的交谈，这是令其他人羡慕的，但是过了头的话，就是独霸整个谈话，他们经常打断别人的话，并常常信口开河。

完美型的人充满分析的思考是其天生的优点，但过分

了就容易钻牛角尖，情绪低落。

力量型的人有雷厉风行的领导才能，在现代社会中被广泛需要，但过分了也会表现出独断专横，喜欢操纵一切。

和平型的人在任何群体中都受欢迎，但过分了就会表现得做什么事都毫不在乎、漫不经心、毫无主见。

当我们用以上这些个性来审视自己时，应该注意到自己的哪些方面得到别人的欢迎，哪些方面做得过分冒犯了别人，要下决心加以改正。

（六）

我们每个人的血管里都流着英雄的血，能发现自己的潜能并加以应用，我们每个人都有致命的缺点，若对其置之不理就会导致失败。我们每个人都需要实事求是地审视自己，找出自己的缺点并加以改进。

1. 活泼型的缺点及改进措施

缺点一：说得太多。

改进方法一：说话减半。

对活泼型的人，最好的建议是说话减半，不要让别人因你独占整个谈话而感到窒息，人们常常对拖长细节的故事感到厌倦。

改进方法二：注意沉闷的信号。

另外三种性格的人无须被告知什么是"沉闷的信号"，但活泼型的人察觉不到他们是使人厌烦的，所以他们需要别人给他们明确的提示：当别人对你不集中注意力，即对你的故事失去了兴趣；当你的听众踮起脚尖，在人群中东张西望，这表明他分心了；当他们去厕所后一去不返，你就应该提醒自己，要结束谈话了。这些的信号其实并不难注意。

改进方法三：切莫言过其实。

只有活泼型的人，才能详细描述一场他从未参加的旅行或一艘他从未上过的船，我们常常听到有人说：某某人的话，水分很大，只能信一半。

切记：言过其实便成了谎话，形容过分了便是说谎。

缺点二：以自我为中心。

改进方法一：关注他人的兴趣，学会聆听。

活泼型的人不太关注他人，因为他们只看到自己，对自己的故事津津乐道，却没有留意到他人的变化。他们可以大谈大家毫无兴趣的东西，而很少注意别人的需要。活泼型的人不会是好的辅导员，因为他们只说不听。

改进方法二：关注别人，可以从听和看做起，要训练自己静静地听别人说话，直到掌握了全部内容才加入谈话。

活泼型的人不去聆听并不是因为他们有什么先天缺

陷，而是因为他们只关心自己。听，在沟通中是很重要的，但活泼型的人却没有足够的耐心，强迫自己对别人感兴趣。从现在开始，活泼型的人应学着关心别人，对别人多听多看。

缺点三：不注意记忆。

改进方法一：注意记住别人的名字。

活泼型的人记不住别人名字的原因，正如前面所述，他们不听也不关心别人，刚开始与他们相处也许感到有趣，但几分钟后，当他们不能记住别人时，人们便觉察到他对别人不关心。

有一首歌曲，歌词大意是："我没忘记你，你忘记我，连名字你都说错，分明你一切都是在骗我，把我的爱情还给我。"

世上最美的声音是别人叫出自己的名字的那一刻，活泼型的人并不比其他性格人笨，他们只愿记住自己感兴趣的事。

力量型的人知道叫人名字是多么重要；完美型的人对细节感觉敏锐；和平型的人喜欢看和听，但活泼型的人在这方面就明显不足，他们不重细节，他们宁说不听，他们还有希望吗？

改进方法二：注意记录。

活泼型的人对精彩情节的记忆非常出色，但他们对名字、日期及地点的记忆却几乎不存在。

活泼型的人常带着玫瑰般的色彩看世界，所以他们对多彩的幻想比对冷酷的现实更感兴趣。完美型的人喜欢细节，记得住生活中最平凡的东西，所以两者是最好的搭档。完美型的人将事情办妥，活泼型的人将事情变得有趣。

因为活泼型的人记忆力差，所以他们必须将要做的事情列一份清单，必须将别人的名字记在纸上，并在见这些人之前复习一遍。

改进方法三：注意别遗失东西和孩子。

许多把孩子遗忘在百货公司、汽车上的父母大部分是活泼型的人，所以要特别留意停车和放孩子的地方。

缺点四：情绪变化无常和容易忘记朋友。

改进方法：研究友谊要素，将他人的需要放在心中。活泼型的人令生活丰富多彩，拥有许多朋友，但他们常常不是"好朋友"，高兴时和你一起玩，当你一旦碰到麻烦或需要帮助时，他们就消失得无影无踪，被人称为"晴天朋友"。所以要多关注他人、帮助他人，把别人的需求放在心中。

缺点五：爱打断别人的谈话，并为别人回答问题。

改进方法：当对性格有更多的了解后，你会注意到，活泼型的人为别人回答问题时，是何等地敏捷，快得连他们自己都不知道。记住：打断别人说话并为别人回答问题，是不礼貌的表现，会令你不受欢迎。

缺点六：办事无条理，不成熟。

改进方法一：控制自己，扎实做事。

虽然活泼型的人常常被大家看着像"最有可能成功的人"，但许多人通常并不会成功。他们有主意、有个性、有创造力，但他们不能在同一时间里，将这些能力有条理地组织起来。

许多活泼型的人，一年内跳好几次槽，甚至转行，他们一旦觉得这个"王国"里的桂冠难摘，就会另谋高就，不再坚持。

许多活泼型的人做事雷声大、雨点小，不能发挥自己的潜力，他们只想享乐，不想工作。

活泼型的人有最大的潜能，可以达到事业的顶峰，但是必须从今天开始学会如何做事，如何从一点一滴做起。

改进方法二：使自己成熟起来。

莎士比亚了解人的性格，所以在写活泼型的人物时指出：他们最大的缺点是永远不想长大，他们希望像超人一样飞到永恒岛上去生活，不用面对残酷的现实。

一个人如果拒绝长大，那么生意、事业、婚姻将永远不会成功。成熟不在于年龄，而在于我们是否敢于担当，是否有勇气面对义务和责任。

给活泼型的人的忠告，请记住：要管住自己的舌头；控制自我表现的欲望；对自己的评价不要过高；培养记忆力，控制自己，扎实做事；关心自己，也关心别人，使自

己成熟起来；留意别人，少看自己，考虑每件事的代价。

2. 完美型的缺点及改进措施

缺点一：容易抑郁。

改进方法一：认识到没有人喜欢阴沉的人。

完美型的人，他们绝大部分的生活是严肃的，虽然完美型的人讨厌粗声粗气、喜欢操纵人的力量型的人，但他不知道他自己也在通过情绪控制他人。当人们知道什么会令他情绪低落时，就会小心翼翼地避免，要明白，维持这种一触即发的紧张关系是十分累心的，所以人们在尽可能的情况下，都尽量不去理会这种人。

一旦完美型的人认识到自己也在感情用事，就要改善自己，就如活泼型的人要强迫自己有条理一样，也要强迫自己快乐些。可能有的完美型的人会说："我并不觉得快乐啊。"是的，你无须觉得快乐，只要表现出来就行。要明白没有人喜欢阴沉的人，即使你有一万条理由去上吊，也没有人愿意听。

完美型的人老了以后会变得更忧郁，他们觉得没人再喜欢他们，并有意证明自己的判断是正确的。例如，一个小寡妇孤独地坐着，一个刚从教堂里出来的好心妇人问她："你今天好吗？"这个严肃的完美型的小寡妇告诉好心妇人，这个月她碰到的每一个麻烦，她对这些伤心的琐事喋喋不休，最后她说，从来没有人来看过我。好心的妇人

走了，也决定以后再不来看望她了。小寡妇把好心妇人的名字列入再也不会来的名单中，然后对自己的悲观理论更确信不疑了。

完美型的人如果能认识到，没有人喜欢忧虑沮丧的人，没有人喜欢当你的"垃圾桶"，那么，他们对生活就不会那么悲观了。

改进方法二：别自找麻烦。

完美型的人总将事情私人化，常自找麻烦。一位女士告诉我，她完美型的丈夫常常消极地看待每一件事，"如果我们看了一场差的电影，他会不停地对我发牢骚，好像这部电影是我拍的一样。"

完美型的人与活泼型的人及力量型的人有时最难相处，因为活泼型的人和力量型的人想什么说什么，不顾及后果，而完美型的人对别人的每句话都预先想好了再说，并认为别人也会这样。所以他相信，别人每句随意的话都暗藏深意。

当完美型的人了解了性格的差异后，就会轻松起来，当你认识到活泼型的人、力量型的人不是冲着你来的，他们没有花太多的时间去猜度你、去谋算你，你会从新的角度看待别人，对他们有新的评价，你会对路过的每一个人回以微笑，不再自寻烦恼。

完美型的人常常觉得自己被人遗忘了，为什么呢？因为他们常常给别人带来阴天，常常给别人和自己带来消

极，使自己和别人都渐渐地变得沮丧和忧郁。

完美型的人应将注意力放在积极方面，一旦发觉自己在消极时，就必须将这种想法赶出脑海去。

改进方法三：别这么容易受伤害。

完美型的人实际上容易被伤害，而这个问题是因为他们的视线老是集中在自己身上，于是更加顾影自怜。如果在他的生日里，别人忘了送上蛋糕，他会说，现在我可以证实，我是如何被忽略了。许多完美型的人经常用这样的方式，使自己感到委屈，感到被抛弃和被冷落。一粒砂子就扎到了心上，从而活在痛苦中。

改进方法四：用正面的积极心态去看事物。

完美型的人很注意收集批评，如果听到屋里有人说自己的名字，就断定是有人说他的坏话。相反，活泼型的人听到有人谈论他，就认为一定是好事。

当完美型的人决定凡事从好的方面去想，而不是预感到阴云盖顶时，许多事情都可以被改变，试试看人们好的一面，多想积极的一面，抛弃消极的一面。

缺点二：自我评价低。

改进方法：找出自卑的原因。

由于天生的消极倾向，完美型的人对自己的评价十分苛刻，在社交场合常常感到不安，所以他们通常喜欢与活泼型的人作伴，因为活泼型的人能代替他们与人交谈。完美型的人过低的自我评价，往往来自小时候家长和老师对

他们的批评，完美型的人充满了消极的情绪，越是因批评而动摇的人，就越会被批评弄得体无完肤，而那些不理会批评的人，则不受抨击的影响。

每个人做一个自我形象评价表，对自己的头发、体重、眼睛、才能、精神及个人素质进行评价，也许母亲说她的头发很差，父亲说她并不聪明，我们看看这些评价是仍然有效，还是已经过时了。如果仍有效，我们则需定一个改进的计划；如果过时了，就要将这些观念从脑子里赶走。

记住：完美型的人有最大潜力取得成功，别让自己阻碍自己前进。

缺点三：办事拖拉。

改进方法：不要花太多时间做计划。

一位女士要完美型的丈夫做书架，她丈夫用了几个月的时间来画草图、准备工具，却迟迟不动手。

记住：完美型的人不要把全部时间花在计划上，世上的事没有那么完美。如果要求太高，许多事情就无法做了。

缺点四：对别人要求过高，不切实际。

改进方法一：放宽标准。

完美型的人要求的标准高，他们对每件事都要做到最好，但若将这些标准强加给别人，这就是性格缺陷了。

一位完美型的女士告诉我，她和她丈夫都是完美型的

人，他们什么事都井井有条，她将杂志整齐放好，每本杂志都放得刚好能露出下面一本杂志的名字，按时间顺序排列。一天，她那 10 岁的儿子走进客厅，将所有的杂志推倒在地，然后抓起一本，撕下封面，揉成一团扔在她的脚下，她被这种不正常的行为气病了。她给儿子找了一个儿童心理医生，医生告诉她，完美型的人认为每件事只能这样才是正确的，这种压力足以使一个活泼型的孩子发病，他不能再忍受这种木偶般的家庭生活了。了解性格对自己与他人相处很有帮助，这位妇女的高标准，对完美型的人来说很好，但让活泼型的人同样遵守是不可能的。

改进方法二：了解性格差异。

研究不同的性格类型特点对完美型的人来说有很大的价值，他们开始认识到，为何别人的行为和反应与自己不一样，于是就能开始从积极的方面处理与家人、朋友的关系。许多完美型的人总觉得自己有问题，因为他们看起来不像其他人那么轻松和愉快，当他们知道不是自己有问题，而是四种性格中的某种特点时，使他们如释重负。

有一位朋友说："性格分析的价值，对我来说简直难以用文字表达，我到今天才第一次认识到我是个完美型，性格分析解决了我思想上的很多问题。以前，我被朋友伤害的次数数不胜数，现在我看出，我大部分朋友是活泼型，他们并非有意伤害我，只是我太敏感了。以前，我总怀疑自己有很严重的情绪问题，我认为自己没有朋友，甚

至没有亲人。我现在了解到，完美型只是四种基本性格中的一种之后，感觉好像心头的负担全部卸下来一般。"

记住：世事难以尽善尽美，放松些。

3．力量型的缺点及改进措施

完美型的人认为他们是没有希望的、可悲的，可力量型的人则不认为自己有什么地方令人讨厌，他们总认为自己是对的，世界是错的。他们总是能够对不是我的错，错在他人作出合理的解释。

一旦力量型的人意识到他们的性格缺点时，就会很快地改正，因为他是目标主导型，只要他下定决心，就能征服一切。

缺点一：强迫性工作者。

改进方法一：学会放松。

力量型的人是出色的工作者，他比任何性格的人都能干，但同时也意味着，他不会自我放松和减压。力量型的人常对休息感到内疚，他们认为：只要工作还没做完，就不能坐下来休息。正如力量型的朋友说，当我休息的时候，也在计划着醒来后如何立刻工作。而和平型的人说：而我正相反，当我工作时总想着休息。他们之间有多大的差异呀，和平型的人喜欢休息，而力量型的人却喜欢工作。

力量型的人必须认识到他们易患心脏病，因为他们许

多人是 A 型性格的人，所以他们必须学会休息，强迫自己休息。

力量型的人从不懒惰，但必须认识到，自己不必整日不停地工作，不必为自己因为休息和旅行而内疚，不必使自己像工作狂。

改进方法二：减低对别人的压力。

力量型的人工作能力是他们的财富。追求进步和成功使他们成为成功路上的王者。不论男女，力量型的人很少为目标而长时间地苦干，因为他们比其他性格的人更能迅速地取得成功。

活泼型的人要力量型的人督促他们把工作完成；完美型的人要力量型的人强迫他们分析现实的处境；旁观多于动手的和平型的人，需要力量型的人给他设立目标，并监督执行。这些成功的驱动力都预先包装在力量型的领导身上。力量型的人是目标导向，他们不允许有任何东西阻挡他的前进，正是这种驱动力使他们获得成功。

但力量型的人也必须认识到，成功的迫切感会对周围的人产生可怕的压力，会使别人感到不安。

力量型的人一定要避免自己成为工作狂，那样，众人才愿意和他们在一起，而不会因为紧张而逃避。

改进方法三：安排休闲娱乐活动。

力量型的人热爱工作，他们自设障碍不让自己轻松，对娱乐感到内疚，我们要帮助他们打破这些障碍。对工作

狂的研究表明，他们不像其他性格的人一样需要变换，他们热爱工作，他们没有心理问题。对每个人来说：如果他的工作是体力劳动，安排一定的休息是重要的，如果他的工作是安静的，运动对他则很重要，力量型的人需要安排悠闲的娱乐活动。记住，你可以放松，而不必感到内疚。

缺点二：力量型的人必须受约制，学会与别人合作。

改进方法一：响应他人号召，学会与别人合作。

对于极端的力量型的人，我们发现，他们只有处于控制人的地位时，才感到舒服。力量型的人必须学会，让别人有发挥领导才能和组织活动的机会，学会与别人合作。

改进方法二：不要小看别人。

力量型的人有一个很大的缺点就是他们太固执，总认为自己是对的，要用他的方法去完成工作，并指使别人也这么做，若别人不响应就是别人的错，这种优越感会在心理上对他人造成伤害。因为力量型的人重视自身的优点，所以他对别人的缺点缺乏宽容，这是力量型的人最大的缺点。他不了解为什么周围的人不喜欢他，他不了解他这么优秀为什么别人不听他的指挥。

当力量型的人了解各种性格特点后，他会改变自己的领导方式，使之适合每个不同的人。

改进方法三：停止支配别人。

力量型的人有惊人的能力去指使别人工作，而不理会别人是否反对。我们知道，活泼型的人有魅力，力量型的

人有控制力，活泼型和力量型的混合者有魔力一般的控制能力，既有魅力又有控制力。要想和朋友、同事长期相处，力量型的人必须停止控制他人的行为，学会与人平等相处。

如果力量型的人能认识到，控制他人的行为是一种不受欢迎的性格时，他们会有所改变。

记住：停止支配别人，不要把别人当"傻瓜"。

缺点三：不知如何处理人际关系。

改进方法一：要有耐心。

力量型的人天生缺乏耐心，但是他一定要明白，耐心会给他创造机会，只要他认识到这个问题，这个弱点可以被克服。

由于力量型的人比其他性格的人能更快地完成任务，因此他们难以理解为什么别人不能与他同步。他们认为沉默的人是愚蠢的，不好胜的人是弱者，从他们的自身优点判定别人低人一等，这是非常片面的。

从对各种性格研究中，力量型的人得到的最有价值的东西是：影响他们完成任务、达到目标的最大阻力是人际关系这个大障碍。因为没有人喜欢独断专行，无耐心的人。如果力量型的人能放松自己，使自己休息片刻，并反思自己是否侵犯了他人，他就会迅速改正自己的行为，真正地成为一个受人欢迎的好领导。

改进方法二：保留观点，不问不言。

力量型的人喜欢去纠正别人的错误，他们感到应像领导一样给需要帮助的人"发号施令"，不管他们是否要求帮助。

改进方法三：用缓和的方式处理事情。

力量型的人思维敏捷，判断力强，注重完成任务，所以他快言快语，不顾及他人感受，他们认为自己的建议对完成任务有帮助，但其他人则认为他们是专横的。

改进方法四：停止争论，别惹麻烦。

力量型的人喜欢争辩，即使是开玩笑也是严肃的，这种捣乱的行为是极差的性格。记住，没有人喜欢无耐心、专横的捣乱鬼。

缺点四：缺乏自我反省，所以不受欢迎。

改进方法一：注意自我反省。

劝告力量型的人很困难，因为他总能证明为什么他是对的，所以他不会错。通常这种不可辩驳的理论，使得人们不喜欢力量型的人。

改进方法二：学会道歉，承认自己的缺点。

因为力量型的人坚信自己永远是对的，世界是错的，所以难以想象他会道歉。与一个力量型的人讲道理很困难，因为他们总认为一切问题都出在别人身上。

由于力量型的人有成为领导人的巨大潜力去创造一番事业，如果他能从研究各种性格中获得收益，他应发扬做事迅速、决策果断的优点，根除自负、无耐心的缺点。自

我反省，勇于承认错误，学会向别人道歉，别人也会原谅你。

力量型的人最大的敌人是自己，他将优点归于自己，将缺点归于别人，拒绝看到自己任何缺点，这使力量型的人不能再进步。莎士比亚笔下许多英雄人物，都是悲惨地毁灭于自己的性格缺点上，而他们的悲剧性缺点，就是不能看到自己的短处。在目标和人际关系之间，他们更注重目标，当他们一旦站稳立场，便不再具有任何弹性。

记住：只要力量型的人放开胸怀，自我检讨，承认缺点，他将成为一个完美的人。

4. 和平型的缺点及改进措施

每种性格类型都各有长短。和平型的人比较低调，所以有低调的弱点，力量型的优点一眼即可看出，而他们的缺点也显而易见。可和平型的人的优缺点都深藏不露。和平型的人最大的优点是没有明显的缺点，相反，也没有明显的优点。他们没有脾气，不会让自己的情绪低落或招惹麻烦，他们只是缺少热情、无主见，他们的缺点看起来无伤大雅。

缺点一：不容易兴奋。

改进方法：给自己注入激情和活力。

和平型的人令人懊恼的特点是他对任何事情都没有热情。

一次，我问一位和平型的朋友，他是否曾为什么事情而感到兴奋，他沉默片刻之后说，我不记得有什么事情令我兴奋。虽然这种特点算不上什么缺点，但对和平型的人来说，他们对于伙伴或朋友的成就，一点也不感到兴奋，实在使人气馁。当你满脑子装着各种美好计划，兴奋地告诉他时，和平型的人却冷淡地说：没有多大兴趣，我宁愿待在家里，这样会将伙伴的热情一扫而光。

力量型的女子会被和平型的男子所吸引，因为他外表冷静、温和；力量型的男子常会选择和平型的女子，因为她温柔、安静、听话。

缺点二：比较懒惰。

改进方法一：让自己勤快起来。

和平型的人最主要的表现是：非常懒惰，得过且过回避一切。拖延工作，得过且过，这几乎是和平型的通病，完美型的人推迟工作的原因是一定要找到合适的工具或条件才动手工作。但和平型的人推迟工作，是因为他们懒惰不愿去做，最后往往因为拖延而放弃工作。

改进方法二：激发你自己。

和平型的人需要别人的推动，但他们却厌恶被推动，这一矛盾使无数家庭产生冲突，因为和平型的人不愿干日常琐事，而力量型的人要指挥他去做，而他又不喜欢被催促。

记住：要激励自己承担责任，并接受督促。

缺点三：沉默而倔强。

改进方法：学会说出你的感受。

和平型的人容易与人相处，当我们深入了解他时会惊讶地发现，在他温和的外表下面，隐藏着固执、倔强。通常和平型的人决定了的事情，你很难使他回心转意。问他们对婚姻有何抱怨，他们讲一切正常，他们的伴侣有可能在发疯甚至要自杀，但和平型的人却不知问题的所在，但又不与人沟通。他们的婚姻可能勉强维持几年，直到和平型的人感到，他一直在和一个蠢女人生活时，他决定离去，但不会和对方大吵大闹，只是一走了之，当和平型的人要走时，没人能留得住他。

一位和平型的男士说，我用了 20 年的时间来鼓足勇气，下此决心，我是不会再改变主意的了！

这种倔强性格的根源在于，和平型的人不愿意与人沟通，由于他尽量避免对抗和争吵，他常把自己的感受憋在心里，很少与他人坦诚说出。虽然当时他们减少了冲突，暂时避免了许多麻烦，但是，老是隐藏自己的感情，不和别人进行沟通，使他扼杀了许多本可以挽救回来的美好的关系。

记住：多进行沟通，不要隐藏自己的意见和感受。

缺点四：做事马虎，随便，无主见，不愿承担责任。

改进方法一：要有主见。

和平型的人最大的缺点是没有主见，力量型的人提着

一壶热水急切地问，"你要咖啡还是茶？"和平型的人回答说，"随便"，他认为他的回答是令人满意的，可他怎么也搞不清，为什么力量型的人会把热水浇到他的头上。

和平型的人应该训练自己有主见，愿意承担责任。当和平型的人挺起腰杆有主见时，他的朋友、同事和伴侣都会为他感到高兴。

改进方法二：要学会拒绝。

和平型的人从来不愿意伤害他人，他们宁愿买下不想要的东西，也不愿拒绝别人。

记住：学会拒绝，因为你不可能兑现很多事，要有主见，这样才能使大家更喜欢你。

（七）

我们要找出自己的优点和缺点，我们应该大声对自己说：

我是个有魅力的活泼型，但说话喋喋不休；

我是个敏感的完美型，但我很容易抑郁；

我是个精力充沛的力量型，但我霸道、缺乏耐心；

我是个随和的和平型，但我缺少热情和主见。

明白了彼此的基本性格特点后，就解除了我们在人际关系方面的压力，可以积极看待各自的差异，而不会试图使每个人都像自己一样。

如活泼型的人，可以咬着自己的舌头，直到他少说一半话为止，同时使自己的工作、生活有条理。

如果你是一个完美型的人，由于你的情绪的起伏，别人往往不敢说否定的话，以免令你抑郁，他们宁愿容忍你的毛病，也不愿冒险说出来，换来你一脸消极哀伤的表情。

完美型的人要停止说一些消极的话，降低要求，学会在逆境中微笑，在风雨中歌唱。

好斗的力量型可以迫使自己去听取他人的意见。

和平型的人，可以让自己热衷于每一件事，直到成为自然为止。改变是痛苦的，但是没有改变就没有进步。

下面我们看看性格组合的分析：

我们每一个人都是一个独特的组合，在我们身上，某

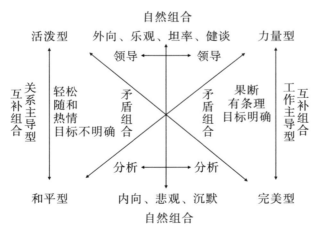

图 16 - 1　性格组合图

些性格突出，某些性格就显得次要一些，并且还夹有一些零碎性格。

1. 自然组合

正如图 16-1 所见，活泼型和力量型是一种自然组合，他们外向、乐观、坦率和健谈。活泼型的人说话是为了开心，而力量型的人是为了工作，但他们都健谈。如果你能有这种混合性格，你就是最有领导潜力的人；如果你能将这两种优点结合起来，就既能指挥别人并使其乐于工作，就拥有了既懂得享受情趣，又能达到目标的个性：既有推动力和决断力，但不会为目标而强迫自己。这种混合型性格的人，对工作和娱乐都很投入，这使他们有良好前途。从不好的方面看，这种组合会使人变得蛮横，意识不到自己在说什么，使人变得任性和固执或没耐心，爱打断别人说话，只顾自己一个劲地说话。

另一种自然组合是完美型与和平型。他们都属于内向、悲观和沉默一类，他们处事比较认真，会将问题看得透彻，不愿成为焦点人物。他们温和地说话，并事事小心，和平型的人使完美型的人轻松下来，而完美型的人使和平型的人不再懒散，这样的性格组合创造了最伟大的教育家。因为完美型的人对学习和研究都热爱，能与和平型的人所具有的耐心善于待人接物相结合，那就会十分出色。相反，他们作出决定都比较迟缓，会耽搁事情。

最理想的组合是：既有和平型的冷静，又没有完美型的抑郁，以完美型对完美的追求来促使和平型付出行动。

活泼型和力量型、完美型和和平型都属于自然组合，两者是同胞兄弟。

2. 互补组合

力量型和完美型、活泼型与和平型是一个能取长补短的组合，力量完美型是最佳商业人才，将力量型领导的才能、欲望、目标与完美型的善于分析、重细节、有条理结合起来，会使他所向无敌。对力量完美型来说，没有什么事情是做不到的，他们会坚持下去，直到出现完美的结果为止。力量完美型的性格表现是果断、有条理、目标明确，所以，这类人有强烈的欲望和决心，当朝着正确方向发展时，力量完美型的人总是最容易获得成功的，但如果走向反面，那就会变得专横、傲慢、疑心和斤斤计较。

另一对互补组合是活泼型与和平型，是以活泼型的幽默与和平型的随和的双重组合，这种组合会使他们成为别人最好的朋友，他们热情、轻松的天性很吸引人，这种组合是与人交往的最好的组合，因为他们善于处理人际关系。

如果走向反面，活泼型与和平型都懒惰，不肯追求完美，而且缺乏理财能力。

可见每种性格的组合都有优点和相应的弱点。

3. 矛盾组合

活泼型和完美型、力量型与和平型的组合，是性格的矛盾组合，明显地会产生内在的矛盾。如内向和外向的天性，乐观和悲观的态度同时表现在一个人身上，当我们对这些矛盾性格的人做了彻底的调查后，发现在这类性格中，总有一种是对以往受挫折的反应，我们把这个叫作"生存面具"。

出现这种情况的完美型的小孩，他们为了引起父母的注意而戴上活泼型的面具。"只要我表现好，爸爸才不会打我，妈妈才不会骂我。"这些有问题的家庭，使孩子形成假面具，他们不知道如何处理问题，便只好向着能使他们生存的方式转变。成年后他们表现出多重性格，即力量和平型的矛盾性格。和平型的一面能轻松地对待事情，而力量型的一面则对无所作为产生内疚感。他们将生活分为两部分来解决，上班时非常努力，而在家里则万事不理放松自己，这种矛盾性格的人没有意识到，童年的阴影仍在影响着他成年的生活。

父母常吵架、打架的力量型的孩子，父母亲常用暴力对待他们，他们很快就会明白，对他们来讲最好就是，将他们想反抗的欲望隐藏起来保持沉默。他们会想：我现在先保持沉默，一旦离开这儿，就没有人管我了，这样就令力量型的孩子戴上和平型的假面具。长大以后，他们会在

控制和妥协之间周旋。

　　和平型的孩子为什么会戴上力量型的假面具，藏起低调的本能而担起强者的角色呢？也许他是老大，不得不担负起保护弟弟妹妹的责任。成年后，他会在必要时发号施令，平时又变得低调，如果你有这种矛盾性格，请你仔细想想你童年的经历。这不是让你找抱怨的话题，而是为了让你找到了解自我的方法。

（八）

　　让我们一起看看怎样与不同类型的人相处。

1. 怎样与活泼型的人相处

　　（1）认识到他们完成工作的困难。我们希望每个活泼型的人都有很大的进步，但这种想法是不切实际的。活泼型的人喜欢新思想、新设计，却很难持续地完成一件事，完美型的人很难明白这一点，因为他们做事有始有终。

　　活泼型的人需要别人监督，看看分配给他们的工作有没有做好，因为他们容易分心。许多母亲感到，让活泼型的孩子干活不如自己干，然而却助长了活泼型孩子的弱点。对活泼型的人必须要清楚地提供指导，并一步步跟进，直到你确信他已经完成任务为止。雇用活泼型的人最

好给他一些出头露面的工作，而不能分配需要准时而又精细的工作。

（2）理解他们说话不会三思。完美型的人不明白，为什么有人还没弄清楚就开口，活泼型的人往往先开口，才知道自己说了些什么，有口无心。所以保密的工作不能给他们做。

（3）知道他们喜欢变化和富有弹性的工作。活泼型的人总想事物不断更新，在充满乐趣的气氛下他们会有最佳的表现，让他们干有规律的、枯燥的工作则不能尽其所能。

活泼型的女人需要漂亮的衣服、金钱、舞会和不甘于平淡的朋友。

活泼型的男人对新工作充满热情，在新鲜感褪色前他会干得很出色。

如果你要找一个办事有规律、有安全感稳重的丈夫，尽量别考虑活泼型的人。

如果你要刺激、要丰富多彩的人生，活泼型的人是最佳人选。

（4）别指望他们守时。尽管我们希望活泼型的人生活有条理和守时，但别期望过高，就算他们准时到了，也会回去拿遗忘的东西，活泼型的人很难一下子将事情全部弄清。

（5）经常赞扬和激励，他们才能完成任务。活泼型的

人完成一件任务相当困难，所以他们需要经常的赞扬才能坚持下去。表扬是活泼型的人的精神食粮，没有了表扬，他们就不能坚持，所以要经常给他们赞扬和鼓励。

（6）记住他们是最容易受外界环境影响的人。和其他性格类型相比，活泼型的人容易被环境所操纵，他们的情绪随环境起落变化快，当你认识到这一点，你就不会对他们的一会儿哭一会儿笑紧张了。

（7）原谅他们无心把别人的尴尬当作娱乐。与活泼型的人相处，要理解活泼型的人并非想诚心捉弄别人，他们会把别人尴尬的事当作新闻、当作有趣的事来说，他们只想娱乐别人，而没有想到别人的尴尬，当你了解了他们的特点，就会减少很多冲突。

2. 怎样与完美型的人相处

（1）要知道他们非常敏感和容易受伤。了解性格特点的最大好处是，知道了别人这样反应的原因，对说话不经细想的活泼型、力量型的人来说，懂得完美型的人非常敏感和容易受伤害是很重要的。正是这种敏感性格赋予完美型的人丰富、深沉和情绪化的特征。但走到极端的话则容易令他们受伤害。

如果你遇到一个完美型性格的人，就要注意你的表情、措辞和音量，以免令他沮丧。如发现气氛紧张，要解释你说话无心。

（2）认识到他们是天生悲观的。除非你理解完美型的人，否则你就不会明白，他天生对生活感到悲观。这种性格也有积极意义，因为他们可以预见到别人没注意的问题，但若是消极的一面为主导就永远不会有快乐。

（3）学会处理忧郁的情绪。如果你正与一个深陷忧郁的完美型的人生活的话，要注意观察忧郁的迹象，如对生活失去兴趣，感到沮丧和绝望，离群、暴食、厌食、失眠、嗜睡、谈论自杀……如果你的关怀和开导都遭到拒绝，那就试试找一个他信任的人谈谈。

活泼型、力量型的人把忧郁看作一按开关就可以关掉的东西，他们回答是："开心起来，把烦恼抛开。"如果对方没有反应他们就不管了。要知道完美型的人需要花时间倾吐他的感受，和别人一起分析事情的原因，并找出可能的解决的办法。

（4）诚恳、亲切地称赞他们。因为完美型的人对别人缺乏信任，所以他们总是对所受的赞扬带有疑惑。活泼型的人连取笑也当作赞美，而完美型的人却将赞美当作取笑，原因是他们对每件事都细究，对每一个人都怀疑，他们觉得赞扬的背后一定有隐藏的动机。知道这一点可以帮你对他们作出诚恳、真实、亲切的称赞，而不会为"那是什么意思"而感到不快。

（5）接受他们喜欢安静、独处的特点。如果你是活泼型的人，可能不知道完美型的人真的喜欢安静，他们喜欢

仰望长空，吸一口新鲜空气，喜欢在月光下沉思。如果你明白这一点，就会得到完美型的人的感激。

（6）要学着订一个合理的时间表。对完美型的人来说，生活中最重要的部分是他的时间表。他们认为没有计划的一天是混乱不堪的，一旦你接受这个，你就能通过有序的安排与完美型的人融洽相处。不要试图将完美型的人拉到你邋遢的生活方式中，而要向他们学习他们好的地方。

尽量将东西放整齐，不要让完美型的人陷入忧郁。

（7）帮助他们不要成为家庭的"奴隶"。因为完美型的人追求完美，所以难以接受不合他们标准的事，完美型的母亲会包揽所有的工作，成为家庭的"奴隶"，孩子可能会故作低能，刺激母亲说："我不让你再做了，你们做还不如我自己做！"那他们将满意地微笑走出去玩耍。一旦放任，孩子就不懂如何做家务，将来会对生活和工作缺乏责任感。所以应鼓励你的妻子去训练孩子帮忙做家务，降低家长的标准，让孩子做力所能及的事情。

3. 怎样与力量型的人相处

（1）承认他们是天生的领导者。与力量型的人相处，第一件要知道的事就是，他们有天生的领导才能，他们的天性促使他们去占据领导者的位置。他们不像完美型的人，他们制订计划并立刻行动。他们也不像活泼型的人，

他们想到就做到，绝不拖延。他们天生就有指挥欲和领导欲。

了解他们的性格特征，就会减少很多冲突，当他们指挥你时，你就不会觉得惊奇而感到受辱了。力量型的人表现得这样强而有力，那么和他们相处的人，必须以同样的力量回应。力量型的人并非想强迫其他人按其方法行事，他们只是想能很快看清结果是对还是错，并以为你也想知道答案。只要你了解他们，你就要坚定立场，他们会为你的做法而敬佩你。如果你任由力量型的人摆布，他们就一直使唤下去了。

（2）坚持双方交流的原则。力量型的人操纵人的天性，使对方难以申明自己的看法，所以必须要"坚持双方交流的原则"。坚持，是一个强硬的词，它是与力量型的人对话所必须具备的，如果你说得清楚、道得明白、态度坚定而友善，通常会引起他们的注意。

（3）要明白他们并不想伤人。力量型的人想说就说，不会考虑别人的感受，所以他们时常会伤别人的心。如果我们认识到力量型的人本无此意伤人，只不过说话直率了些，那么我们就能接受他们的话，而不会感到伤心。

（4）要划分责任范围。力量型的人通常很勤快，并且不怕做事，但是责任范围不清就有可能引发冲突。所以，要分清哪些是他的范围，哪些是别人的范围，这一点很重要。

（5）认识到他们崇拜强者，对弱者缺乏同情。力量型的人重实际和结果，他们不习惯对弱者表示同情，如花时间去看望病人，他们不是吝啬钱和时间或者残忍，他们只是对受伤的人缺乏同情心而已，他们是那么强而有力，所以他们对弱者缺乏同情。当然力量型的人应改进使自己富有同情心，但你在这方面要求不要高了，这样就可以和他们很好相处。

（6）要知道他们经常是对的。令人惊奇的是，力量型的人有一种天赋，能使他作出正确的判断。当你不知所措时，请听力量型的人指点，请为你有一个"总是正确"的力量型的领导而庆幸吧！

4. 怎样与和平型的人相处

（1）要懂得他们需要直接的推动力。和平型的人悠闲、随和，他们需要动力，需要别人帮他们设立目标。当我们了解和平型的性格后，就知道他们需要直接的推动力，所以我们应用表扬、鼓励引导他们，而不应小看他们、批评和压抑他们。

（2）不要期望他们有热情。活泼型和力量型的人希望别人对自己说的话有热切的反应，而和平型的人却表现得不感兴趣，这往往令他们伤心。一旦我们了解了和平型的天性不易兴奋，我们就容易理解他们，了解性格特点的最大好处是，可以消除对别人的过高期望。

（3）迫使他们作决定。和平型的人常常让别人替他们选择，如做什么和往哪里去，为了避免引发冲突，他们宁愿不争论。在社会关系中，这种中间路线的做法并不让人讨厌，也许是受欢迎的，然而在现实工作和生活中，和平型的人应该作出一部分决定才对，这样，力量型的人才能让权给和平型的人。

（4）不要让他们当替罪羊。和平型的人沉默不争辩，所以他们很容易成为别人推卸责任的目标。我们常常看到这样的情况，力量型的人草率作决定带来灾害性的后果，于是他们把后果推在愿意受气的和平型的人身上。看看你是否把错误推到和平型的人身上了。尽管和平型的人可能会逆来顺受，但这种做法却损害了他的自尊，他从此对你敬而远之，并让他再不敢担负责任。

（5）鼓励他们承担责任。和平型的人总爱逃避责任，即使他们有管理能力，而且人际关系不错，由于他们能制造和平气氛，所以应鼓励他们去承担责任。他们是出色的行政人员，他们是调解纠纷最好的人选。请欣赏他们温和的气质吧！

性格分析可以调节人的感情、情绪、思想和行为，可以教你力争上游，开发心理潜能，达到人生目标。

以下为四种性格的特点、缺点以及改进方法的简单列表，望对您有所帮助。

表 16-1　活泼型的特点、缺点及改进一览表

特点	缺点	改进
外向乐观，活泼开朗，有趣味，健谈。感情丰富外露，喜欢肢体接触，天真烂漫，善交际，富有表演才能	说话喋喋不休，以自我为中心，不关注别人	说话减半，注意沉闷的信号，切忌言过其实。关注他人，从听和看做起，学会聆听，直到掌握了全部内容才加入谈话。控制自我表现欲望，留意别人少看自己
热心，思维跳跃，好奇，容易转移注意力，喜欢多姿多彩的生活	注意力不集中	培养记忆力
善于吸引别人注意力，善于交谈	爱打断别人的谈话，替别人回答问题，常常信口开河	咬住自己的舌头，训练自己静静地听别人说话，直到掌握了全部内容才加入谈话，学会对别人感兴趣
对乏味的姓名、日期、地点记不住，具备独特联想记忆	对不感兴趣的事不注意记忆，只愿意记住自己感兴趣的事	别丢失东西或孩子，注意记住别人的名字，注意记录，强迫自己对别人感兴趣
喜欢参与，是事情的发起者，但往往不是完成者	办事无条理，不成熟，缺乏毅力	控制自己，扎实做事，使自己工作生活有条理。让自己不断成长进步

表 16 - 2　完美型的特点、缺点及改进一览表

特点	缺点	改进
有深度，善分析，关心和同情他人	敏感，容易抑郁，情绪受环境影响，喜欢自找麻烦，不自信，自我评价低，容易钻牛角尖，内向，悲观，沉默，疑心，计较	认识到没有人喜欢忧虑沮丧的人，没有人喜欢当你的"垃圾桶"。抛弃消极一面，多想积极一面，别自找麻烦。从积极的方面看人，要有自信
爱思考、筹划、创新发明，精通清单、表格、图示、数据，做事有组织、有秩序、有创造力、有天赋	办事拖拉	不要花太多时间做计划
干净整洁节俭，注意细节，寻找理想的伴侣	对别人要求过高、不切实际，过于计较细节	放宽标准，了解性格差异
严肃认真，目标明确	要求尽善尽美	不要要求尽善尽美
文静随和，喜欢独处		

表16-3 力量型的特点、缺点及改进一览表

特点	缺点	改进
天生富有雷厉风行的领导才能，精力充沛，不达目标决不罢休，在阻力下勇往直前。迫切地需要改革，喜欢纠正别人的错误，改变自己认为不对的事情，喜欢独断专横，操纵一切	是强迫性的工作者，容易给自己和别人增加压力	学会放松，减轻对自己和别人的压力，为自己安排休闲娱乐活动，制定责任范围
紧急情况下胜过他人，坚强的意志和决策能力	不会与别人合作，崇拜强者，缺乏同情心	不要小看别人，学会与别人合作，停止支配别人，不要把别人当傻瓜
精力充沛，不注意人际关系，不热衷交朋友，不懂得与别人合作	霸道，缺乏耐心，不知如何处理人际关系	要有耐心，保留观点，不问不言，用缓和的方法处理事情，停止争论，别惹麻烦
有很强的控制全局的能力，坚持真理，为信念挺身而出，坦率发表自己的观点，而且他们通常是对的，完成任务快	缺乏自我反省，脾气暴躁，不受欢迎	学会道歉，学会自我检讨

表 16 - 4　和平型的特点、缺点及改进一览表

特点	缺点	改进
乐天知足、性格低调，随和，不制造麻烦，缓和纠纷	缺乏活力，内向，悲观，沉默，不追求完美	注入激情和活力
具有管理能力	办事拖拉、懒惰，拖延工作，得过且过。做事漫不经心，毫无主见，不善于作决定	让自己勤快起来，激励自己承担责任，并接受督促
冷静和镇定、耐心	外表温和，内在固执，性格倔强，学会说出你的感受，与人多进行沟通，不要隐藏自己的意见和感受	
容易与人相处，朋友众多。善于倾听，是个好听众	做事马虎、随便，缺乏热情，无主见，不愿承担责任	要有主见，学会拒绝

第十七章　演讲能力

演讲是通向成功的重要基石。一个优秀的领导者，他应该也是一个优秀的演讲家，因为他有责任向人们演讲政策，并鼓励人们为之奋斗。同时演讲也是你与别人交流思想、联络感情的有效方法，演讲能力可以使你在现代社会的竞争中更快地走向成功。

（一）演讲准备

1. 演讲内容要具体化

大多数人走上讲台，要么羞怯难言，要么滔滔不绝，或者在台上神情激昂地胡扯一通，听众根本不明白他究竟讲的是什么。所以演讲内容要具体化，这样有助于听众抓住重点，有的放矢，对于这一点，一定要把它深深地刻印在脑海中，希望你永远记住。

2. 限制题材

题目一旦选好，第一步就要划定自己的演说范围，并在此范围内组织内容，千万不要想着包罗万象，什么都有。所以必须将题材加以限制和选择，把题目缩小至某一范围，以便适合自己使用。

某些演讲者总是想包罗万象，想通过一次演讲就解决所有的问题，这是极不明智的做法。在短短的不超过五分钟的演讲里，只能说明一两个问题，在 30 分钟的演讲中，也只能说明三四个问题。演讲者若想包含四个或四个以上的重要问题，很少能成功。

3. 充分的准备

准备是指我们决定好要谈的题目后，脑子里要对它进行推敲完善。充分准备效果的好与坏，取决于我们准备时间的长短。充分准备是演讲成功的一大法宝，经过千锤百炼，你的演讲自会闪耀着智慧之光，把经过长时间锤炼的语言，浓缩在短短的几分钟或几十分钟里，它所产生的魅力将无穷无尽，所以成功的演讲家是一个会准备的人。

4. 善举例子

一次成功的演讲，不仅需要慷慨激昂的语言，恰到好处的手势，以及演讲前各种精心的准备，而且它还包含生

动丰富的例子。

（1）要人性化。当你演讲的时候，如果老是谈事情或观念问题，很可能会使听众厌烦，但当你谈的是人的问题时便可以吸引人的注意。

请记住，世上最有趣的事莫过于精练雅致、妙语生辉的名人轶事。它告诉你为什么他成功了，而另一个失败了，大家会很高兴地听。所举的例子最好是关于奋斗，以及经过奋斗而获得胜利的故事。还有听众对演讲者所经历的亲身故事也是兴趣极大的。亲身经验是抓住听众注意力最稳当、最可靠的方法，千万不可忽视。

（2）引用名言、警句。引用名言、警句可以使听众感到真实，产生激励效果。但一定要注意，引用原文时，一定要查对原文防止出错，要全面领会全文不要把意思搞反，还要证明原文是谁写的，不要张冠李戴。

（3）戏剧化。戏剧化的效果一定要跟内容紧密相连，不能运用于所有的演讲中，比如：你要讲的内容是一个感人的英雄故事，演讲的气氛应该是庄严肃穆的，如果你搞得很戏剧化冲淡了主题，会让人觉得滑稽可笑，那你的演讲一定糟糕透顶。但是，在某些场合不妨戏剧化，如表现幽默的主题、讥讽的主题或轻松愉快的主题时，这时你不妨试一试。

（4）视觉化。视觉化是指针对演讲内容展示实物、图像，使听众直接看到，以加强真实效果。心理学家告诉我

们，80%以上的知识是经过视觉吸收的，当众说话也是一种听和视的艺术。

5. 具有生命力、活力和热情

生命力、活力和热情，这三样是演讲者首先应具备的条件。人们总是喜欢群集在生龙活虎的演讲者四周，因为他能带给他们快乐与兴奋，为什么会吸引观众而大受欢迎呢？这与演讲者保持旺盛的精力有关。

许多优秀的演讲家，在每次演讲前必须做一番准备，如：外表仪容、面部表情等，要始终给人一种精力充沛的感觉，只有这样才能带给听众以振奋。

那么如何才能做到这种虎虎生风的演讲，以维持听众的注意力呢？请注意下面两个方面，它将帮助你把热情带入演讲中。

（1）讲自己最熟悉的话题。几乎所有的演讲者都会担心，自己选择的题目是否能引起听众的兴趣。有一个方法保证让听众感兴趣，这就是要点燃自己对题目的激情，要能做到这一点就能掌握人们的兴趣了。首先要着重强调演讲者对题目的深切感受，这一点极为重要。如果你对演讲的题目有过亲身的经历与感受，对它充满了热忱，或你对题目曾做过深入的研究，或有着个人的深刻感触，等等，才能满怀激情。历来雄辩的最大吸引力都出于一个人深切的信念和感受。

（2）不要抑制自己真实的情感，要表现出你的热情。当一个人当众说话时，他会依照自己谈话的热心程度，而表现出自己的热忱和兴趣，这时，我们的真情常会从内心里流露出来，这是一种自然地流露，也是一种容易感染他人的流露。所有的演讲者都不要抑制自己真诚的情感，要让听众看到，你是多么热忱、多么富有情感。注意，以自己的热烈情绪来打动听众，让他们感受到你的热烈。

当你走上讲台要对大家演讲时，应该是满怀信心的，而不是要上绞架的样子。轻快的脚步、轻松的表情最初也许是装出来的，可是却为你创造了奇迹。

在演讲前先做几次深呼吸，不要靠着讲台，头抬高，下颌仰起，若能把声音传到课堂的最后一排效果会更好。一旦开始做起手势就更能振奋自己和听众。

记住：你表现得热烈，听众便会感到热烈。

6. 注意听众的反应

听众的反应决定了演讲的成败，所以一个成功者在演讲时，必须考虑听众的兴趣，不但对听众的反应给予真心的赞扬，还要与听众化为一体，使听众有一种强烈的认同感和亲切感。适当时候让听众参与演讲，让会场气氛更为活跃。该采取低姿态的时候一定要采取，在演讲中谦虚也是一种美德。

要使听众感兴趣，就要保证你的谈话内容与他们有

关，与他们的兴趣有关，与他们的问题有关，与他们的思考有关，这种与听众感兴趣的联系，也就是与听众本身的联系，它将吸引听众的注意力。

许多人无法成为一名谈话的好手，主要原因是他们只会谈些他们自己感兴趣的事情，而这些事情却令其他人感到无聊，把这种过程扭转过来吧，引导他人谈论他的兴趣、他的事业、他的成就，如果是母亲的话就谈谈他的孩子们。

专注地聆听对方说话，你将给对方乐趣，最后你将被认为是一位很好的谈话者，即使你说得很少。

另外，还有法子可以使听众的注意力保持在巅峰状态，那就是采用代词"你"，而不是用"他们"，这种方式可以使听众维持在自我感觉的状态中。同时要尽可能地记住别人的名字。

有一位优秀教师在课堂上，经常提到班上学生的名字，并让他们把学习经验讲出来，让大家互相学习，他这一招收到了奇效，不仅使被提到名字的学生感到荣幸，而且提高了全班同学的积极性，大家的进步更快了。

（二）演讲艺术

1. 要克服羞怯不安

羞怯不安其实是一种心理因素，当你上台时，你不要

产生一种自己是在"万人之前",所有的目光都盯着你的心态,就像你平时和朋友聊天一样,把你要表达的东西表达出来就可以了。

2. 勇敢地表达自己,不要去模仿他人

人们都很羡慕那些演说家,他们能在演讲中加入适当的表演技术,能够毫无畏惧地表达自己。世界上没有两个人是一样的,每一个新生命,都是太阳底下的一件新事物,应该培养出这种观念,应该寻求独特的个性,使自己与众不同,并且发掘出自己的价值,精心锻造自己的词句和富有魅力的语言再加上充满个性的表达。

3. 演讲态度要真实、热情

在演讲中做到真实、热忱。当一个人受到自己的感觉影响时,他真正的自我就会浮现出来,他的热情将一切障碍"烧毁",他的行为、举止将处于自然,他的谈话也将处于自然,他的表情也很自然,归根结底,就是全身心地投入演讲。

4. 演讲的声音有力、富有魅力

练习,反复练习!唯有练习才能使你获得一切,下面介绍几个注意事项:

(1)强调要点。不重要的跳过去,不要唠叨那些无关

紧要的事情，适度地对你演说的重点进行强调，可以诱导听众的思维，使他们知道你表达的主题。在重点前后停顿一下，成功的演说家都是善用停顿符号的人，恰到好处的停顿，能使听众明白你表达的重点。

（2）掌握口语表达的技巧。演讲是通过声音发出信息的，好的声音能声声入耳、娓娓动听，使听众心潮激荡、如醉如痴完全陶醉于演讲中。

在现实生活中，我们看到这样的情况，有的演讲者讲稿并不十分理想，或者根本没有讲稿，只因具备训练有素的口语表达能力，说起话来有声有色令人鼓掌喝彩。

第一，正确使用发音器官。一个成功的演讲者使用的口语必须清楚、圆润、有力而富有变化。要达到理想的标准，就要正确使用发音器官。发音器官是一个有机的整体，在发音的过程中，要相互协调配合，才能形成正确清楚的语音。当然声音能否清亮圆润，不仅受制于发音器官的先天条件，而且取决于训练有素的后天条件。

许多伟大的演讲家都在这方面经过刻苦的训练。他们为了克服演讲发音不清的毛病，经常口含石子发奋苦练，他们的演讲能力达到了炉火纯青的境地，至今被人们传为佳话。

第二，注意会场空间的大小和扩音器的使用。演讲者一定要会根据会场的空间大小控制自己的声音，使用扩音器也要注意保持适度距离，离话筒太近声音刺耳，太远声

音微弱，这些都会破坏演讲的效果。其次还要注意声音的流向，不要把声音只输送给一部分听众，而忽视了另一部分。

第三，演讲者的声音要富有变化。如内容庄重的演讲就应用严肃的声音，内容平和的演讲就应用舒缓的声音。演讲者一定要克服喃喃自语的演讲习惯。在演讲的时候要有力度，让人受到鼓舞和振奋，声音还需要持久，有的演讲者刚开始演讲的声音还可以，比较有力量，慢慢地越讲越没劲了。这种有始无终的声音，将大大地削弱整个演讲效果。

一个成功的演讲家，要做到读音轻重有层次、有主次，能互相映衬、高低起伏、自然和谐，做到重音不是喊叫，轻音悦耳动听。在词语之间、句子之间、段落层次之间要停顿一下，通过停顿，可以使听众听清和理解所讲的内容，可以获得换气、润嗓、调整演讲气氛的时机。停顿时间的长短，主要取决于语句结构、段落层次、情感和某些特殊需要。

演讲的速度要做到快而不乱、慢而不拖、以声传情。总之，根据演讲者自己的优势，适当地注意技巧，不要模仿他人，要勇敢地表达出你的热情，能做到这些，成功就在不远处了。

5. 对演讲使用的词语要求

我们的言谈随时会被别人当成判断人品的根据，我们

说的话，显示我们的修养程度，它是受教育和文化程度的证明，因此，演讲中正确地使用词语，将给我们带来意想不到的好处。

在这个世界上全新的事情实在太少了，即使是伟大的演说家，也要借助阅读的灵感和来自书本的资料。要想增加和扩大文字储存量，必须经常让自己的头脑接受文学的洗礼。下面对于如何正确使用词语提供几点建议：

（1）基本词要正确。不要寻求偏字、偏句，其实完善你的表达，构建你语言魅力的是常用词汇，不要用超出人们接触范围的词汇来表达自己的观点。一个有常识性的演讲者，是一个能准确运用基本词汇的人，善用基本词汇也一样能构建你的语言魅力，而陌生的词只能给你增加一点小小的光环。

（2）不要大量运用方言或乡村土话。也许在某一地区里的演讲，使用彼此耳熟的方言，能增加演讲者和听者之间的亲切感，或在一个比较大型的演讲中，一两句土话会勾起听众的微笑，但更多的时候它们的作用不会那么明显。因为方言和乡村土话的地方性特点，局限了它们不能在更广的范围内得到认同，它们的粗劣性也决定了其生命力的短暂。

（3）增加你的词汇量。扩大你的词汇储备，尽量让同一种意思能用不同的语言来表达。言辞要多变，不刻板，善于用不同的语言来说明一个问题，这样你将会成为一个

能说会道的演讲家。

通过大量的阅读、记笔记，反复听读，词汇就像流水一样源源不断地涌进我们的脑海中，而我们要做的工作就是把它说出来。

6. 影响演讲的因素

（1）演讲前的准备及休息。保持精力充沛是激情和生动的基础，如果你希望在演讲中把自己的优势发挥到很高的水平，那你预先一定要充分休息。一位疲倦的演说者是没有吸引力的，因为人在疲倦的时候最不容易集中精力，而演讲需要精力充沛，注意力高度集中。

千万不要犯下最常见的错误，那就是你的准备工作一直拖延到最后，然后再匆匆上台。如果你处于这样糟糕的境地，将会对你的身体造成损坏，引起你大脑疲倦，使你在演讲中打不起精神，影响你表达能力的发挥，让你的演讲苍白无力。

（2）衣着和仪态。演讲者的衣着对听众有什么样的影响呢？许多人对这一方面不够重视，虽然凭衣着很难估计和了解一个人，但我们必须承认一个事实，一个时常保持自己的衣着整洁的人，会给自己带来信心，使他在演讲中对自己充满自信。人们往往发现，当他们外表显得成功时，他们的思想也随之成功起来。衣着展示一个人的个性和风度，人们常从一个人的着装看出他的性格，了解他一

些内在的东西。

如果演讲者是一个不修边幅的男士，穿着变形的外衣和鞋子，或者一张报纸把口袋装得满满的，人们一定会对他失望。如果是一位女士，带着一个丑陋的大包，不穿衬裙或衬裙不小心露在外面，人们一定会对她失去信心。如此对自己不加修饰，本身就是对听众的不负责任，有谁还会在意她在台上演讲呢？听众岂不会这样想：这位老师的头脑一定是乱七八糟的，就如同她那乱七八糟的头发，未经擦拭的皮鞋。人们面对这样的演讲者自然十分失望，即使你的演讲很精彩，听众对你的评价也会大打折扣。

如果我们对听众有兴趣，听众也会对我们有兴趣，如果我们不喜欢台下的听众，他们也不会喜欢我们。有时我们甚至尚未开口，听众就已开始评价我们的好坏了。因此，我们必须事先确定好我们的态度，以引起听众热烈的反应。

穿着增加你魅力的服装，跨着轻快的步子走上台，对听众友好地微笑，再以热烈的言辞欢迎来到现场的朋友，这时听众不仅感兴趣，而且对你充满信心。

（3）演讲的场所和环境。每一个演讲的人都会遇到各种各样的场合，大的场合数百人甚至上千人，小的场合几十人，对于前者，我们当然精神振奋信心百倍，可是对于后者，特别是稀稀拉拉地坐在大厅内的听众我们怎么办呢？不要忽视他们，照样信心百倍地把你的观点传达给他

们，并且鼓励起他们的热情。有效的方法是：让那些坐得很分散的观众聚拢过来，或让坐在后面的观众坐到前排来，坐在靠近你的位置上，你一定要坚持让他们坐近才开始进行你的演讲。因为谁都明白，当听众分散开来时，他们不容易受到感动，世界上恐怕再也没有比空旷的空间，以及那些空椅子更能熄灭听众的热情了。

如果听众确实很多，挤满一屋，你就要站在讲台上去。或者你要走下台，走到听众中间去，和他们靠近，和听众打成一片，直接对着他们演讲。这种做法效果非常明显，演讲者与听者的距离一下子缩短了，演讲者的观念能更有效地传达到听者的头脑里。

保持空气新鲜也十分重要，不论你进行的是如何动人的演说，如果听众置身于恶劣空气中，则无法保持头脑清醒，因此在演讲前或休息时，请听众站起来休息几分钟，同时把窗户全部打开，吸一吸新鲜空气，让新鲜的空气涌入会场，让听众在清新的空气中接受我们的观念。

（4）光线。演讲的时候，要尽量让室内的光线充足，充足的光线可以让听众集中注意力。如果在半明半暗的房间里演讲，很难激发听众的热情。

（5）讲台的布置。一个演讲者应注意演说的背景，一般来说，讲台是不设家具的，在演讲者的背后和两边，不应该放置任何足以分散听众注意力的东西。除了挂一幅天鹅绒布幕之外，什么东西也不要放。所有的这些布置都只

为一个目的，即突出演讲者，让他在观众面前具有足够的吸引力。不要认为这些只不过是一般细节问题，不值得重视，它们有时能给你带来意想不到的效果，而善于安排这些细节的人，无疑是一个努力达到目标的人。

（6）表情和姿态。在演讲中，除通过口头语言来传达和表达自己的思想、情感和观点外，还可以借助面部表情、手势、姿态等来辅助口头语言的表达，所谓演讲的"演"，就是指面部表情、姿态和手势。心理学家指出，人在交际、谈话、演讲中，感情表达可形成下列公式：

感情表达 ＝7％ 言词 ＋38％ 声音 ＋55％ 面部表情

这说明了面部表情在演讲中的重要作用和地位。中外古今的演讲家都十分注重运用自己的面部表情，以充分发挥自己演讲的作用。

如果说眼睛是心灵的窗户，那么面部就是心灵的镜子，这面镜子是由面部的颜色、光泽、肌肉的收与展所形成的纹路而组成的，这面镜子把各种心理变化，如高兴、悲哀、痛苦、畏惧、愤怒、烦恼、报复等最迅速、最敏捷、最充分地反映出来。

当一个人眉飞色舞、喜笑颜开时，我们就知道他遇到喜事了，我们常说"察言观色"，就是能通过面部表情看出对方复杂曲折的内心活动。那么在演讲中，怎样才能更好地运用面部表情来表达自己的内心情感呢？请注意以下五点：

第一，表情要和语言同步。表情应该和语言所表达的情感，同时开始并同时结束，过长、过短、稍前、稍后都不好。

第二，表情要明朗。演讲者面部所表达的情感，不仅要准确，还要明朗化，即使每个微小的变化都能让听众觉察到，喜就是喜，怒就是怒，一定要克服那种似是而非、模糊不清的表情。

第三，要有真实感。要让听众看出你的心灵深处最真实的东西，如果让听众感到华而不实、哗众取宠，你的面部表情再好也是失败的。

第四，掌握分寸。运用面部表情要有一定的"度"，要做到不温不火、适可而止。过火，显得矫揉造作，不及，显得平淡无味。如何运用得当，全在于演讲者自己潜心琢磨、细心体会。

第五，要有美感。表情既要真实又带有一定的艺术性，不仅使听众得到情感的陶冶，也得到美的享受。

在面部表情中，眼睛的表达是最典型、最出色的，也是最不容易用好的器官。因此，了解和掌握眼睛在演讲中的作用和运用，是每个演讲者都必须重视的课题，也是学习面部表情的基础。可以这么讲，学会眼睛的运用，就掌握了面部表情的大半。既然眼睛有这么重要的作用，那么演讲者应该怎样准确地运用自己的眼睛，以发挥其独特的作用呢？

首先要注意用眼睛充分表达自己的情感。在演讲中，演讲者的思想感情如浩瀚的大海，时而风平浪静，时而狂涛翻滚，演讲者的喜怒哀乐随着语言表达流露的同时，也要尽可能地用眼神表露出来，以收到最佳的效果。有的演讲者不管内容如何转折变化，不管感情多么跌宕起伏，始终都是一种无动于衷的眼神，显得麻木、呆滞，不仅不能吸引听众，也影响思想感情的表达。所以演讲者必须使自己的眼神和思想情感变化一致，让听众从这丰富多彩的眼神变化中，体验到感情的变化，从中受到教育和启迪，这也是每个演讲者应该着重研究和追求的。

　　注意视线的转动。演讲者除特殊需要外，眼睛应始终注视所有的听众，这不仅使每个听众感到"他是在向我进行演讲的"，而且还可以观察到听众的心理变化。如果一个演讲者总是专注某一部分听众，不但抓不住全体听众的注意力，而且给听众留下不礼貌、不庄重，以至怠慢听众的印象，有的演讲者常仰视于天花板、地板或一会儿顾左、一会儿顾右，这都是不妥当的。因为每一种视线都有它的固定意义，如视线向上是思索和傲慢的表示；视线向下是忧伤、愧悔、羞怯的表示；环顾左右则是神情紧张、心绪不宁的表示。我们既反对一动不动的直视，也反对眼球滴溜溜地乱转，我们提倡的是得体、自然、活泼的眼神，只有这样才能准确地表达思想感情，又能给听众美的感受。

演讲者的姿态也很重要。演讲者站在讲台上，身体前倾5厘米，脚成半丁字形站；写字或擦白板时侧身，最好是边写边说或边擦边说，注意不要冷场。写好板书后应让开，站在白板旁边，以便能让听众看清或抄写。

想要学会有用的姿势，只有靠自己去用心揣摩。而唯一有价值的手势就是你自然而然地产生的那种，没有人能替你想出某种姿势的法则，因为这要取决于演讲者的气质、准备的程度、具有的热情、自己富有的个性以及演讲的内容。

即使这样还是有一定的章法可循，如不要重复使用同一种手势，因为这样很容易给人造成枯燥单调的感觉；也不要使用肘部做短促而急速的动作，如果你用肩部做出动作则要好得多；你的手势动作不要结束得太快，一定要让你的意思充分表达出来为止；如果你用食指强调你的想法，一定要在整个句子中维持那个手势，不要中途停止，一般人容易忽视这一点，这是一种很严重的错误，因为这样做会割裂你表达的意思，削弱你的重点。

当你发表演讲的时候，手势要顺其自然，如果你平时进行过练习，则不妨强迫自己做出手势，这样有助于在真正的演讲时，让手势自然而然地流露出来。你在练习使用手势时，一定要清醒地明白你的手势所表达的含义，不能胡乱地挥舞。

要记住：手势是在你表达观点时，自然而然地流露出

来的，不是从书本上学到的。当你演讲时，你的激情和表达的欲望让你做出合适的手势，它是适合的，比任何教授教给你的窍门或方法更有价值。

当你走上讲台时，请记住：如果你专注于所要表达的内容，并把它表达出来的时候，你忘掉了自己的存在，所有的言语和动作都出于自然流露，那么不论你做何种手势、何种表达方式都是对的，人们会对你的自然流露表示欢迎。

一个演讲者的台风与个性是决定他演讲成败的重要因素。衣着、环境、手势固然重要，但唯有自然、真诚，才能赢得听众的信任和赞赏。

7. 演讲开头的学问

俗话说：万事开头难，许多演讲者在多次的演讲后就体会到，在演讲的最初十分钟内，吸引听众是比较容易的，但在接下来的时间里，保持这种状况就比较困难了。所以聪明的演讲者总是有一个好的开头，然后设法像磁石一样紧紧地吸引听众，那么如何开好头，请注意以下几点：

（1）用故事开头。大部分情况下用讲故事开头，只要演讲者列出具体的故事情节、时间、地点、人物，便可达到吸引听众的目的。

（2）展示物品。展示的物品一定要与你的演讲内容有

关，或者有助于你表达主题。在一次演讲中，演讲者别出心裁地拿出几根头发展示给听众，问："这是什么？"听众不知其意都回答："头发。"他话一转问听众："你们都知道头发是长在头上的，这几根头发为什么会掉下来了呢？"，这一句问话引起了听众的注意，听众开始专心致志地等待他表达的意思，接着他说："这就是烦恼的副作用，如此乌黑的头发长在头上多么漂亮，可是它却无可奈何地离开了养育它的'土地'，我们为什么要烦恼呢？"这一节讨论"烦恼的副作用"的课给听众留下了深刻的印象。

（3）用提问开头。就如上一个例子那样，提问可以引导听众的思路，使听众按照你的思路去思考问题，并产生一种想知道答案的欲望。所提的问题不能太多，一般一个就行，关键是要达到抛砖引玉的效果。

（4）用名言开头。使用名人的话开头的好处是，名人都是大家耳熟能详的，并且具有某种权威性，许多人对名人都有一种崇拜感，所以引用他们的话，就会自然而然地产生一种吸引力。

（5）用惊奇的事件开头。用惊奇的事件开头，可以使听众产生一种探究的欲望，从而引发听众的兴趣，如果演讲者开始的时候说："昨天夜里本市发生了一件不寻常的事件，一只老虎在大街上引颈长啸……"我想听众会马上表示出极大的兴趣。

（6）用赞美的话开头。人们都喜欢赞美，所以在开始

演讲的时候，可以对当地人民的善良勤劳表示赞颂，或对当地的自然风光、悠久历史、传统风貌等表示由衷的敬佩之意，这样易引发听众的自豪感，从而获得听众的认同，也使自己接下来的演讲在愉快的气氛中进行。

（7）用与听众利益相关的话开头。如果演讲者在开头的时候，用涉及听众利益的话题，那听众一定会竖起耳朵听，产生极大的兴趣。

（8）寻找共同的语言。你可以寻找双方共同的经历或遭遇，也可以谈以前的合作，或者展示双方未来发展的宏图，以及你与听众之间的友谊。

当你们翻开书本看着书中介绍演讲的各种技巧时，千万不要觉得它遥不可及而不去运用它。无论你们是开会讨论、作决定、解决问题或是决策会议，都不要忘记把这些技巧运用到实践中去，这将会使你的谈话灿然生辉。

记住：观点的组织表达、词汇的正确选用、演讲时的热情与真诚，都是保证我们的演讲能够完美呈现的要素。你在日常生活中与人交谈，这些技巧和方法也会有助于你的谈话，在合适的场合，用合适的原则与技巧，你会发现有那么多眼光对你充满了钦佩。

在日常生活和工作中，要反复使用这些技巧。不要羞怯不安，一定要利用各种机会当众说话。具有清晰、有力、强劲的表达能力，正是我们自身魅力的条件之一，这

使你在家庭中、社会团体中、民间组织中、公司里或政府机关中，都会大受欢迎。

（三）演讲方式

1. 介绍性演讲

介绍性演讲必须清晰而精确使用语言，使听众能清楚地了解你介绍的内容、说明的情况，因此必须注意以下几点：

（1）限制题材。要在固定的时间内把问题讲清楚，对题材的限制必须严格，因为我们做的不是专场演讲，不能花大量的时间，所以要限制题材。要突出演讲的重点，让听众明白你演讲的意思以及要完成的使命。

（2）安排好顺序，层次清楚。如果我们的演讲没有章法，演讲者的思维像浮萍一样，飘到哪儿说到哪儿，明明是在介绍产品的功能，你却在讲市场动向，就这样飘来飘去，很难让听众理解你的意思。所以，要安排好一个合理的顺序，写好提纲将有助于你更清楚、更有层次地表达，给听众一种井井有条、条理分明的印象。要做到这点并不困难，方法是：这是第一点，接下去是第二点、第三点，按顺序进行演讲。这样，既有利于把该讲的事情讲完、讲清楚又不易遗漏，又可以在听众的头脑中形成一条清晰的

线，能更容易把握和理解你要讲的内容。

（3）善用比较。对于介绍性的演讲，给观众留下深刻印象的方法之一是善用比较。如陌生与熟悉的比较、新与旧的比较、过去与现在的比较、主观与客观的比较，比较的好处是对比强烈、一目了然，使人易懂易分。

（4）用展示物给观众以视觉印象。如果想要清楚的表达，你应该生动地描述你的重点，并把它具体化，你可以展示图片或展示实物，给听众一种鲜明的视觉印象，因为人们总是认为眼见为实。展示时要注意以下事项：

第一，不要事先让观众看到展示物，到需要展示时才拿出来。之所以这样做，是因为展示物预先让听众看到了，等你需要讲解它时，听众的新鲜感早已消失，达不到预期的目的。而过早地出示展出物，听众会过早地对它进行预测，从而分散了注意力。

第二，展示物应该足够大，让最后一排都能看见。如观众看不清则无法从展示物学到东西。一件能打动观众的展示物强于一百句话，最好示范一下。

第三，讲话时切莫瞪着展示物，记住：你是要与听众沟通，不是与展示物沟通。很多演讲者在拿出展示物后，长时间盯着它向听众介绍，反而忽视了听众的反应，在捕捉听众因展示物的出现而引起兴趣时，没能很好地加以引导和发挥，从而失去了产生高潮的机会。

第四，展示物使用完毕，应尽可能收起，不要让听众

看见，否则有可能分散听众的注意力。

　　第五，如若将展示物做"神秘处理"，演讲时就把它盖住，你演讲时可以多次提到它，这样会引发好奇心，不过别说它是什么。这样可在听众心里产生悬念，当你揭开覆盖物后，你早已引发了的好奇和兴趣，使观众的情绪在刹那间被激发到了极点。

2. 说服性演讲

说服性演讲，其最大目的是"说服"。

　　在一次演讲课上，很多学生曾为一点小小的过失而弄得寝食难安，例如考试后因为担心不及格而失眠，或者回忆自己的言行时，为了某一句话措辞不当和办事不妥而后悔等。老师在课堂上摆着一瓶牛奶，当时同学们纳闷，我们现在上的课与牛奶有什么关系呢？

　　等大家坐好后，老师突然将那瓶牛奶拿到桌子旁边，有意似又无意地重重放下，瓶子一下破了，牛奶洒了一地。老师大声说道："不要为打翻的牛奶哭泣！"

　　接着他指着那个已破的瓶子说："我希望诸位在以后的岁月中，始终铭记这个教训：牛奶已经洒了，任你如何顿足懊恼也无法收回一滴来，假如你事先稍

加小心，就不会把瓶子弄破，但现在谈假如为时已晚了。我们现在所能做的事就是，把这件事完全忘掉，把注意力转移到下一件事情上。生活中有很多的过失，不值得我们为它牵肠挂肚，过失既已犯下了，又何必为此耿耿于怀呢？你们应该做的是：抬起头、往前走，在以后的日子里注意不再犯同样的错误就行了。"老师的话深深地印进大家的脑海，帮助他们从痛苦和烦恼中走出来，勇敢地面对生活中的一切。

在这里，这位老师的说服性演讲显得极其成功，他辅以道具，但更重要的是，他对同学们真诚的爱，对他们是友善和尊重的，不然他就不会费这么大的苦心准备，他完全可以用训斥性的讲话，可是他没有这么做。

下面介绍几个方法，可以使说服性演讲效果更加突出。

（1）要以真诚赢得听众的信心。用充满真诚的话语进行说服，极容易获得赞同，如果你以真诚来讲述自己的理念，进行说服性演讲，相信在这样的光辉普照之下，容易点燃听者的内心火花。

（2）要努力使听众产生认同感。要如何获取听众的认同，使演讲者与听众之间达成一种默契呢？一开始就要强调一些听众与你都相信的事实，然后再举出一个合适的问题，让听众愿闻其详，接着再带着听众一起去热烈地追求

答案。在这寻求的途中，将事实摆在他们面前，他们便会被你所引领，进而接受你的结论，对于听众自己所发现的事实，他们会有更多的认同感。

（3）在演讲中渲染你的热情。演讲者用热烈的感情来陈述自己的理念时，听众很少会升起相反的观念。请记住要动之以感情，要激发起情感。不管一个人能编造多么精致的语言，不管他能收集多少故事，不管他的动作多么协调或手势多么优雅，如果不能真诚地讲述，那这些都只是空洞的装饰罢了。要使听众印象深刻，首先自己要给听众深刻印象，你的双眼闪亮发光，你的精神经你的声音而向四方辐射，并经过你的情绪发挥，它自然会与听众产生沟通。

（4）以友善的方式开始你的演讲。人需要爱，也需要被尊敬，人人都有一种价值感、重要感和尊严感，如果伤害了它，你便永远失去那个人。当你爱上一个人，你也改造了他，而且他也同样地爱你、敬你。所以在说服性演讲中，演讲者对听众表示尊敬和热爱，会使双方达成理解而有利于沟通，这是一个演讲者应该特别关注的问题。

人们相处之所以能够达到和谐，在于人们互相友善，所以，从人们心底的愿望出发，都是愿意对人友善的。开始演讲时你要主动向听众示以友善，你会发现你获得的回报比你预想的要多得多。

3. 即席演讲

在所有的演讲中，即席发表演讲的机会要比专门的演讲的机会多得多，当你参加朋友的生日宴会，朋友叫你发表贺词；你是某一个部门的负责人，在检查工作的时候，你要向员工发表你的意见；或者你被记者采访时，难免要说几句，这些都叫即席演讲。即席演讲可以全面了解一个人的素质，和他的应变能力的强弱，以及他处理紧急问题的能力等。如果你想在这方面展示你的魅力，不妨好好地练习一下即席演讲。

在很短的时间里能够收拢自己的思想并发表演讲，要比经长时间准备之后才能演说更为重要。在现代飞速发展的社会里，许多重要的决定是在会议桌上商定的，但是仍可各自发言，人们都希望自己的发言能在这群策群议的会议上产生影响，这时候，即席演讲就显得更加重要。

即席演讲必须注意以下几点：

（1）要不断地锻炼自己进行即席演说。如果没有经过这方面的训练，没有心理准备，你可能会红着脸走出大厅。你可以采用某些著名演讲者曾使用的方法：站着思考。你还可以假想某某人邀请你做哪一方面的发言，然后你对着墙壁演讲，方法很多，只看你是否适合。

（2）要有即席演讲的心理准备。在会议室、宴会等场所发表即席演讲的机会最多，当人们在你毫无准备的情况

下请你发言时，多是期望你对某一个你能发表权威言论的题目表示些意见。而你要做的是面对讲话的情景不胆怯，并在极短的时间内确定自己要谈论些什么，让思维理出些头绪，组织一个能说得出口的言语方案。即使简短，只要能达到效果就行，而所有方法之中最好的方法就是，心理上先有准备。

假如在开会当中，你可以不断问自己，如果现在要我起来讲话，我该讲些什么？我最适合讲哪些方面的题材？对于他的建议和要求，我该做怎样的答复？时常想想对你有益无害。

（3）在演讲几句话后，立刻举例。为什么要在即席演讲中举例，因为一想到例子，你就可以从苦苦思索下一句的需要中解脱出来，因为你举的例子多是你以前的经过或是你亲眼看见的，你现在讲起来就比较容易。如果你在毫无准备的情况下被邀请演讲，克服紧张的方法便是马上举一个与此相关例子，让你的思维暂时有落脚之处，这样，你一边讲述你的例子，一边迅速地串联你的词句，紧张的心理也在这当中慢慢地平息了。当然，在这里所说的举例，一般是比较简短的，不能太长，因为即席讲话的性质决定了你不可能占用太多的时间。

（4）要顺应当时的客观环境。如果你事先毫无准备，而主持人突然请你说几句话，这时最需要保持平静，你可以先向主持人致意，说上两句话，这样可以有个喘息的机

会，然后再发表与听众有密切关系的言论，听众只对自己，或自己正在做的事情有兴趣。

下面有两个方法，可以作为即席演讲之用：

第一，谈论现场听众，说说他们是谁，或他们正在干什么，特别是对社会和人类做了什么贡献，可使用一个明确的实例来证明。

第二，谈论聚会场合及聚会背景。你可以讲讲这次聚会是周年纪念日，还是表扬大会？是生日宴会，还是年度聚会，等等。

成功的即席演讲，都是真正的当场表演，并且是根据此时此地的情况进行的演讲，他们所表达的是演讲者对听众和场合的感想，他们是适时适地，就如同手和手套之间的密切关系，它们是专为了这个场合而量身订制的。它们的成功也就在于此，就像花朵在特定的季节里开放一样。

4. 较长演讲

较长演讲一般都是在规模较大的场合，或是某一演讲赛，或是某一类专题讲座。它的特点是听众人数多、时间长。进行较长的演讲关键是看演讲者如何准备，以及采用什么样的方法，同时要对以下三方面给予足够的重视：

第一，要尽快引起听众的注意。

第二，要准备好演讲的正文。

第三，做好演讲的结论。

这三方面支撑了你演讲的整个过程，要注意它们各自的特征，并加以融合，这将是你获得成功的法宝。一位名人说过："从出场和谢幕的情况看，就可以知道他是不是好演员。"演讲也是这样，中间固然重要，但开头和结尾更重要。

如何使听众在演讲一开始就能全心交付，这是一切演讲成功的要素。换句话说，就是如何使听众在一开始的时候，就把注意力集中到你的演讲中去。

下面介绍一些方法，有助于开场白吸引人

（1）以事件、事例、故事作为开场白。

（2）制造悬念引起听众的兴趣，使他们全身心地关注到你的演讲中。

（3）陈述一件惊人的事实，相信这样做可以令听众屏住呼吸，只盯着你的嘴巴。

（4）在开场白的适当时机，提出问题让听众举手回答，这样可调动听众的参与感，从一开始就把听众带入角色中去。

（5）告诉听众如何去获得他们所想、所要的。但你必须谨记，既然作出了承诺就要实现它。

（6）使用展示品。

（7）以某位名人提出的问题作为开场白，这样做具有一定的名人效应，可使听众在名人的提示中去思考或提出问题。

许多新手的演讲结束得太过突然，往往给听众造成一种茫然若失的感觉，没有结论，缺乏共鸣。太过突然的结束方法不够平顺，缺乏必要的修饰，或者可以说没有结尾，他们只是一种突然而急骤的停止，这将使听众很不愉快，就像是在一次社交谈话中，对方突然停止说话猛然冲出房间，而未有礼貌地道声再见一样。

下面总结了一些规律，提出一些有助于结尾的建议：

（1）总结你的观点。这是最常见的演讲结束语，在长篇大论之后把你的观点总结一下，告诉听众你究竟讲了什么，这样既有利于听众明白，也对自己头脑里的东西进行印证，从而使听众有一个清晰完整的印象。

（2）希望采取的行动。特别是在说服性演讲中，在表达了你的观点后，向听众表明请求，希望他们采纳你的建议，或遵守某一项法则，或进行某项活动，在这时候的请求或建议都比较能奏效，因为听众在你的精彩演讲中已经激动起来了。

（3）对听众表示至诚的赞美。无论是你对听众，或者是对你演讲中的某一件事、某一个人，都要由衷地表达出你的赞美，这将会获得听众广泛的认同，尤其是你对听众表达的赞美之意，会使听众愉快地接受，并向你表示敬意。

（4）用幽默的话语作结尾。恰到好处的幽默，能使你的演讲锦上添花，使听众在愉快的笑声中退场。

（5）用名人的诗句作结尾。用名人诗句作结尾，必须注意诗句要能与你的演讲内容贴合，并对整个演讲有总结作用，或瞻望未来，或表示你的行动。

（6）尽量达到演讲的高潮，然后在合适的时候结束你的演讲。

总之，注意在实践中寻找、研究、再实践，一直到获得好的结尾或开场白，然后把它们运用到你的演讲中，让它们发挥效果。

长篇大论的演讲是不容易把握的，因为要长时间地调动听众的兴趣，使他们保持注意力是比较困难的，所以要随时关注听众的反映，学会从他们的立场来演讲，这将会获得很好的效果。

5. 简短演讲

简短的演讲有别于较长时间的演讲，也不同于即席演讲，它有自己的特点，也在很多的场合被运用。简短演讲一般是进行某项行动前的动员，演讲者应该学习使用一些有力、鲜明的词语，都是字斟句酌没有半点废话。

有一种"魔术公式"被广泛地应用，它既可以运用于商业，又可运用于企业，即使在家庭教育中也可运用，如父母亲可以利用它来激发孩子。这个公式就是：如果照你的话去做，会有什么好处？不按你的话去做，会有什么坏处？

在一堂烦恼课堂上，演讲者为了让大家勇敢地站起来倾诉自己的烦恼，以获得心灵的平静。他说："先生们、女士们，请你们想想你们曾遭受过的打击，或者是正在遭受的烦恼，请你们站起来告诉大家目前你的困惑，我将认真倾听，并对你表示真切的理解和同情。我要告诫你们的是：不要徒自伤悲、不必流无谓的眼泪，连一代英雄拿破仑都有1/3的战役是失败的，我们谁能无错。所以说出来吧，先生们、女士们，当你们说出来之后，你将获得一种平静。"他的话刚一说完，就有一位女士站了起来倾诉她的遭遇。

在这段启发式的简短演讲中，有明确的目标，表达了要听众倾诉的意念，并简单地陈述了能获得的结果，从而使听众立即产生了行动。

在简短演讲中，要注意以下几点：

（1）列举实例。列举的实例可以是你个人经历，因为个人经历具有足够的说服力。一件永久不忘的教训和个人经验，是演说必备的第一要素，这种要素可以打动听众去行动。听众会这样推理，如果你能遇到这事，他们一样也能遇到，那么最好听你的劝告，做你要他做的事。

开始时便举例子作为演讲的第一步，原因之一就是要立即抓住听众的注意力，你的演讲必须回答下列问题，

如：何人、何时、何事、如何做。所举的事例必须与内容相符，假如你谈的是如何观赏风景，举的例子却是抵达目的地后在何处过夜，这样就显得文不对题了。

（2）说出你演讲的重点，指明要听众做什么。要使重点简短明确，就要明确地告诉听众要他们做什么，因为人们只会去做自己了解的事情。所以你必须自问，别人是否已经明白了？简明扼要地把重点写下来，使自己的言词尽可能清楚明白。要明确地陈述重点，标题的字要突出，你对行动的要求也应热烈，让听众感觉到你的热忱。

（3）讲出你的结论，告诉听众可能获得的利益。演讲者在讲述结论时，必须注意结论要与你的主题有关，与你所列举的事例有关。结论不必多只要一个就行，那就是他们照着你的话去做将会获得什么利益。

（四）结论

雄辩的口才好比一件美丽的衣装，它使人赏心悦目。历来的名家演讲，不仅风靡当时，而且对后世也产生深远影响。他们或逻辑严密，或豪气凌云，或慷慨激昂，或机智幽默、妙趣横生，使听众坚定对崇高理想的追求，使听众增加知识、明白事理。

今天的时代就是发现才能、发挥才能的时代。演讲的

价值更显突出，推销自己需要演讲，展示自己需要演讲，求助别人、关心别人需要演讲，宣传鼓动需要演讲，批评教育需要演讲，只要你认真学习，大胆锻炼，相信你将拥有出色的演讲口才。

第十八章　人际关系

（一）六个秘诀

1．真诚地关心对方

要学习结交知己的方法，根本不必费神阅读许多书籍，最简单的方法就是向世界上最善交友的动物学习。狗可以说是世上最高明的交友能手，当它接近人时，便主动摇尾，人们见它，也情不自禁地拍拍它的背、摸摸它的头，而它更使出浑身解数，紧靠你腿边厮磨一阵向人们表示好感。

我以前养了一只小狗叫阿丽，上班时它总等着我，有时我走慢了，它一定要停下来等我一起走，而不会只顾自己往前走。有一次我到广州出差，把它托给一个朋友看管，这位朋友吃惊地告诉我，这只小狗非要在我常走的路上到处寻找。平时只要一喊它的名字"阿丽"，这条狗不

管前面有再高的障碍物也奋不顾身地跳下来，有时是滚下来跑到我身边的。

有一次，一个小偷来家偷东西，那只仅三四个月大的小狗就把小偷赶跑了。几天后小偷用毒药把它毒死了，它死了后我很伤心，我一直难以忘怀。刚开始喂养它，只是为了看门，在我眼里它不过是动物，可是后来为什么却对它这般喜爱，是因为它给我奉献了一颗真诚的心。

我们在人际交往中，与其引起别人对自己的关心和注意，不如毫无企图地关怀对方，这样能赢得更多知己。要赢得友谊，关怀对方比引起对方的注意更重要，但是却有许多人为了引起别人的注意，在相反的道路上拼命地努力。这样下再多功夫也是徒劳的，在这种人眼里只有自己没有别人，他们无时无刻只看重自己。

有人做过一项有趣的调查：每次电话里经常出现的是哪些字？结果发现"我"字独占鳌头。人们看自己和他人合照的照片是先看谁的呢？人们都喜欢关心和理解自己的人，同样，你不关心别人，别人会关心你吗？不关心他人的人一定过着痛苦的日子，也给旁人极大的困扰。人类所有的失败都发生在这种人身上，仅仅使对方佩服你，想唤起他对你的关心，这样永远不会结交到知己。

有一位著名的魔术师素有"魔术大王"的美誉，在40年的表演生涯中他曾游历世界各地，6000多万观众心甘情愿地掏腰包、排长队买票，只为一睹他的风采和魔术，观

赏后，无人不对他的表演技艺赞叹不已。

有一天，一位记者到后台拜访他，请教他成功的秘诀，显然，正规的学校教育和他的成功无关。记者问他是否具有特别深奥的魔术知识，他说，和他同样精于此道的人很多，可是他却具备大多数人所没有的两个条件。第一是他有吸引观众的独到之处，对举止、说话的技巧和脸部表情，他事先都进行了充分的准备和练习；第二是他始终对别人怀有感恩，只要他站在台上，心里便暗暗对自己说："我感谢这些观众来捧场，正因为他们不嫌弃我，我才能过上安稳的日子，我要竭尽所能做最完美的表演。"而且他还一再地在心里重复着："我要由衷地爱这些观众。"这就是魔术大王的成功要诀。其实，要想得到别人的喜爱并不难，就是要真诚地关心对方。

2. 用微笑对待他人

人和人之间面对面地接触，一定要有一种强烈的吸引对方的魅力，与别人交往要使对方快乐，就要学着向身边的人微笑，微笑表示：我很喜欢你，见到你很高兴。一家百货公司的经理说过，在录用店员时，小学未毕业的却经常微笑的女子，比大学毕业而满面冰霜的女子录用的机会大得多。如果你打心眼里不想微笑，该怎么办呢？最好的办法是装得很快乐，并且学着快乐地说话，宁要假快乐，也不要真忧伤。

你的乐观、你的微笑能照亮所有看见它的人，对那些整天愁眉苦脸、愁容满面的人，你的笑容就像穿破乌云的阳光，告诉他们一切是美好的。请记住被人喜欢的第二要诀：用微笑对待他人。

3. 记住别人的姓名

一般人对于自己的姓名，比全世界其他人的姓名还要关心，如果有人记得他的名字，就会使对方产生好感，这比奉承更具有说服人的魔力，相反忘记或写错别人名字往往使人失望。尊重朋友也尊重朋友的名字，这也是成功的要素之一。

人们除了对自己的名字特别看重以外，更希望将自己的名字留传后世。200多年前，国外有许多富翁为了名留青史，会捐赠一大笔钱给文学家，好让他的著作出版时写上"本书献给A先生"。

大部分人不容易记住别人的名字是由于忙，但许多成功人士再忙也会抽出时间记住别人的名字，因为他们清楚地知道，被人喜爱的最简单又是最重要的方法，就是记住对方的名字，使对方觉得自己很重要，但是，又有多少人知道这个秘诀呢？

有人采用这种方法：如果没有听清别人的名字时就说："对不起，请您再说一遍。"如果名字不好记就说："请问你的名字怎么写？"然后在交谈中多次提到对方的名字，为了

加深印象，可观察对方的面部表情和姿态，把他的特征记下来，如"大个子飞行员""大胡子记者"等，空闲时就把他的名字写在笔记本上。这种集中精力记名字的方法，要动员心、手、眼、耳、口，虽然比较麻烦却很有效。

记住，被人喜爱的第三个秘诀就是：说出对方的姓名，这会成为他所听到的最甜蜜最重要的声音。

4. 倾听他人的谈话，做一个好听众

破坏美好印象的最大原因，大多数是没有注意倾听对方的话，许多人只关心自己要说的话，耳朵却从不注意听别人要说的话。人们都喜欢听自己说话的人，不喜欢和自己争着发言的人，更不喜欢与自己抢话的人，可见善于倾听别人说话，比其他任何才能更难具备。

在现实生活中，喜欢别人听自己说话的人并不只是名流要人，任何人都一样。当心情烦闷时，任何人都需要倾吐的对象，尤其是生气的顾客，不满的员工和满怀悲伤的朋友，更需要有人来听他们的倾诉。如果你能把握这一点，就一定能成为别人喜欢的人。假如你不想让别人讨厌你，一定不要做以下五点：

（1）别人还没讲完话，就中间插话，抢着说话；

（2）别人谈话时不认真听，心不在焉，不是看手机就是转身与别人谈话等；

（3）向别人提问时，别人还没有回答完这个问题，就

急着提下一个问题；

（4）不听对方说话，总是鼓起如簧之舌，自己说个不停；

（5）对方说话时如有反对的意见，就立刻打断别人的发言，毫不客气地指责批评。

在你们身边可能就有这样的人吧？我也看过这种人，其中有些还是名人。他们自视清高、唯我独尊，使人觉得既无聊又难以应付，他们只顾自己在那里发表高见，却不愿听别人吭一声，他们只考虑与自己有关的问题，却不考虑与别人有关的事情。

只想自己的人是没有涵养的人，即使他接受过高等教育，也终究是个没有涵养的人。你若想成为善辩之才，就先强制自己做个好听众吧。让我们询问一些对方愿意回答的问题，说与对方有关的或他引为自豪的事情，与你谈话的人对他自己的问题，比对你的问题要关心一百倍。假如印度正在闹旱灾，有100万人将活活饿死，这对一个不是生活在印度的人来说，他的牙疼远比此事更为重要；而患面部肿胀的人也会认为，自己的病比非洲的贫困更应及早治疗，因此和别人交谈时，别忘了掌握这种心理。

5．以对方所关心的事为话题

会谈时双方都能拥有共同的话题，谈论对方所关心的问题，彼此的交谈才会愉快，这是争取人心的捷径。

一位作家在《人性》这本书中曾这样叙述道：

在六岁那年的一个星期六，我去阿姨家过周末，记得傍晚时来了一位中年男子，他先和阿姨说笑了好一会儿，然后就走到我面前和我说话，当时我正迷上小船，整天抱着小船爱不释手地玩它，我以为他只是随便和我聊几句，没想到他对我说的全是小船的事。等他走了以后，我还念念不忘，就对阿姨说："那位先生真了不起，懂得那么多关于小船的事，很少有人会那么喜欢小船。"阿姨笑着告诉我，那位客人是一位律师，他对小船毫无研究。我不解地问："为什么他说的话，都和小船有关系呢?""那是因为他是个有礼貌的绅士，他想和你做朋友，知道你喜欢小船，就有意挑你喜欢的话题和你谈。"阿姨笑着告诉我其中的道理。

6. 真诚的赞美

关于人际关系还有一个重要原则必须遵守，若能遵守这个原则，除可结交许多朋友外，大部分纠纷都可以避免，你会发现幸福就在你身边，这个原则就是：经常使对方觉得他自己很重要。想成为别人敬仰的偶像，是人类与生俱来的本能欲望，这是人和动物的最大区别。人类有被人肯定、称赞的欲望，人类的文明也因此而发展进步。

3000 年前，波斯教的创始人佐索罗亚斯发现人需要被重视这个真理，他将此真理传给教徒。2000 多年前的孔子也教育人这样做。道教的创始人老子也这样教导过弟子。谁不想让人称赞，谁不希望别人重视自己的存在，但是露骨的奉承没有人爱听，而发自内心的真诚赞美却能打动人心。那么我们应该在何时何地使用它呢？不论何时何地我们都要运用它！

世界上没有比家庭更需要赞美，也没有比家庭更忽视赞美的了，当你掌握了赞美他人的原则后，首先应该在家庭中运用。每个妻子都有优点，至少她的丈夫承认这些优点，所以才与她携手共度人生。可是婚后几年，夫妻关系越来越淡，做丈夫的似乎忘记给妻子一点小小的赞美。奉劝各位男士，在没有学会巧妙地说奉承话之前，千万别结婚，一旦结婚，赞美女性则尤其重要，这是维持美满婚姻不可缺少的条件。如果你想拥有一个温暖的家，就不要总是责备妻子的缺点，也不要拿妻子与母亲比较。别忘了面带笑容说几句体贴的话，我敢说，你们夫妻的感情一定会更深、更浓，婚姻也会更幸福。

（二）说服他人的方法

1. 避免与人争论，尊重对方的意见

美国前总统林肯年轻时，好与人争辩，他的一位好友

有一次严厉地批评他说："你再这样下去，将会失去你所有的朋友，因为你和意见不同的人争论时就像打人耳光一样，所以没人愿和你相处，和你谈话只能制造不愉快，因此大家都不理你，以后你不可能有什么进步了。"

林肯诚心诚意接受了这么严厉的批评，他觉悟到自己正如朋友所说，是在一步步走向深渊，他及时回头，抛开了无视一切的态度。林肯对自己说，我决定不当面反驳别人，表达意见要婉转，带有决定性的字眼，如："确定""绝对"……绝口不提，即使对方明显错了，也不立即反驳，只说"我能理解、有道理，但我觉得现在情况大不一样"。我的方式改变后，真是受益匪浅，当我再与别人讨论时，也比以前顺利多了，而且双方都很愉快，因为我提意见的态度比较客气、温和，对方也容易接受。刚开始用这种方法时，需要压抑坏脾气，压制一次次冲动确实很难，过了一段时间后，抑制冲动就不是苦差事了，温和待人也渐渐成了习惯。在这几十年里，没人听过我专横地发表意见，当我提议改革时，大家都由衷地赞成，而我能左右议会的重大议案，也应归于谦和待人。

2. 勇于认错

当你知道自己的错误时，最好在对方指责之前抢先认错，立刻用对方想责备的话自责，那么对方就无话可说了，他十有八九会向你表示宽大。如果我们找借口掩饰自

己的错误，这是愚蠢的做法，你肯主动认错，不但提高了对方的高贵感，别人也会为你的品德高尚而高兴。当自己没错时，应该用温和的态度和巧妙的言语说服对方；若是自己错了，应不加迟疑地坦诚认错，这种做法比找借口搪塞更有效，更能使人舒畅。

3. 以温和的态度与对方交谈

小时候我曾读到"太阳和北风比赛"的故事：一天，太阳和北风在争论谁强而有力，风说："我来证明我更行，你看那个穿大衣的老头吗？我打赌，我比你能更快使他脱掉大衣。"于是太阳躲到云里去了，风开始吹起来，愈吹愈大，但是风吹得越急，老人就越把大衣紧裹在身上，风累了，终于平息下来，放弃了。

然后太阳从云后面出来，开始以它温暖的微笑照着老人，不久老人开始擦汗，脱掉了大衣。太阳对风说："温和和友善总是比愤怒和暴力更强、更有力。"伊索在耶稣之前600年就写了这个故事，现在仍然证明了他的教言是正确的，温暖的阳光比凶猛的北风更有力量。

同样，温和真诚的态度比怒骂的声音更能征服人心。在自己生气时，如果可以将对方驳倒，一定觉得心中非常舒畅，然而对方的感觉是不是也和你一样呢？以争执的口吻将对方驳倒，会不会使对方心服口服呢？如果我们以温和的语气，心平气和地研究问题，观念不同就再讨论讨

论，我们就会发现，双方差异并没有想象的那么大，只要好好沟通，许多问题都可以迎刃而解。

4. 提出使对方不得不回答"是"的问题

与人交谈时，绝不可一开始就将双方意见不同的问题拿出来讨论，应从彼此见解一致的问题谈起，这是特别强调的一点。因此开始交谈时，我们要尽量把那些能够使对方回答"是"的问题提出来，避免使对方回答中夹着"不"字，如果遵循这个原则，在交谈中，双方会向着相同的目标努力，当你使对方说出了"不"后，再想使他收回就不容易了，就有损他的自尊心了。因此一旦说出了"不"，无论在何种情况下都会坚持己见。所以如何引导对方说出"是"，是非常重要的。

如果一开始就使对方不断地说出"是"，那么原来的防御心理就会被削弱，就会向肯定的方向移位，这和撞球的原理相似。当球向某一方向滚动时，如果要改变球的滚动方向，一定要加上相当的力，如果要使球再往相反的方向滚动，就要加上更大的力。

一般人如果从心底回答"不"，不仅在他的口中说出"不"，甚至他体内的各种内分泌、神经、肌肉及全部组织都会感应出拒绝的状态；如果我们能使对方回答"是"，这时体内的各种组织也会作出可接受的暗示。因此，使对方说出越多的"是"，就越能将对方引入自己的见解中，

也是说服对方的一个诀窍，可能因为太简单，反而容易被人忽视了。许多人出于自己的优越感，他们说话激进，不出三句话就得罪对方，这又有什么好处呢？

当然，在开始交谈时，将"不"改成"是"，就得有耐心。雅典哲学家苏格拉底是使别人口服心服的第一人，所谓苏格拉底问答法，就是使对方肯定的回答，以简洁的语言询问对方，使他不得不回答"是"，第二句话也使他不得不说"是"，接下去每个问题都使他的回答不脱离肯定的范围，直到他感觉到，他原先所否定的问题已在不知不觉中回答"是"了，当你指责别人错误的时候，想想苏格拉底就会改变你的方式。

5. 让对方多发言，谦受益

许多人在说服对方时，总是滔滔不绝地说个不停，直到对方认输才罢休，这是人们常犯的一种错误。最好给对方充分发言的机会，没有人会比他自己更了解自己的需求，所以让对方有机会发言是上策。如果他的话使我们反感，请务必克制自己的冲动，当对方说出他的需求时，不论我们说什么都不可能改变他的想法，因此，我们不如心存宽厚，耐心地听他说完。如果将这个方法运用在生意交谈上，会有什么效果呢？让我们看看使用这种方法的人：

有一个公司的业务经理正患着严重的喉炎，他开

始介绍产品时发现自己声音沙哑难听，不得已在一张纸上写上："因患喉炎，没办法说话，抱歉！"并递给了董事长。

董事长站起来说："这样好了，由我替你说明吧！"说着，董事长就将公司的样品摆在桌上，然后逐项地介绍使用这些产品的好处，买方热烈地发言，业务经理坐在一旁只能以微笑、点头或用各种动作表示谢意。

会谈结束后业务经理获得了大订单，换句话说他做了一笔大生意，这是他有史以来最大的成交额。如果当时业务经理没有生病，嗓子还可以说话，他将无法得到这笔大数目的订单，因为他会自己喋喋不休地说个不停，不听对方的发言。

常常有一种情形发生，就是有人高谈自己的历史时，别人会想：那有什么了不起，我的过去比你更值得炫耀。就因为这样一些人失败了，为什么呢？因为无论是谁，如果比他周围人优越，一定会心生自傲，同时周围人会对你产生羡慕或嫉妒。因此，一旦成功了，就要注意尽可能只告诉自己最亲近的人，这样就可以确保成功。

一位先生深知这个道理，"听说你是位一流的作家"，"我只是运气好一点，碰巧出了名"，越是夸大自己成就的人，就越没成就，应谦虚、谨慎，切勿自我标榜。

人们有一个相同的需求，都希望别人重视自己、关心自己。为什么不肯牺牲一点点，让别人也得到愉快的体验呢？如果你希望别人的看法与你一致，达到说服的目标，别忘了第五个原则：给他人说话的机会。

6. 同情对方的处境

心理学家分析，几乎每个人都希望得到别人的同情，小孩子会迫不及待地叫别人看他手上的伤口，大人也是一样，喜欢把所遭遇的困难成天挂在嘴上，如果他动过手术，会唯恐天下人不知道似的到处宣传，为什么会这样呢？因为自怜是一般人的通病。如果你希望人们接受你，请记住一定要对他表示同情。

7. 刺激竞争的意识

高薪不一定能招揽人才，要使人才不外流，就得采取竞争的方式，成功人都酷爱竞争，因为竞争能使他利用机会表现自我，并充分发挥潜力胜过别人。现在的种种比赛都是为了刺激人"站在优越的地位"和"被人重视"的欲望。

好了，朋友，我们在人际交往中，首先要推销自己，让别人喜欢你，其次才是推销你的政策、方案、产品，使用说服他人的方法，使我们能相互理解，为目标而努力。

人，都应该有梦

人，都应该实现梦想

人，都应该掌握实现梦想的工具

后　记

　　1989 年，我怀揣着创业的梦想，告别了 20 年的军旅生涯，踏上了南粤这块改革开放的热土，由一名军人变成了一个创业者。

　　30 多年来，在漫长、坎坷的创业路上，我经历了种种艰辛和困苦。面对挫折和失败，我曾怀疑过自己，也曾感到前途迷茫而暗淡，精神上的高度紧张和焦虑，使我身心交瘁。

　　创业的漫长道路，也是一场艰苦的修行过程，为了实现梦想，我决心改变自己，用积极的心态来对待一切。在人生的大舞台上，要学会自己给自己伴奏。通过不断的学习，我从硕士到了博士，还自创了一种自我充电的方法。

　　刚开始改变时，是一个很痛苦的过程，我感到自己像在一个丹炉里，一团团火在我的五脏六腑，慢慢地燃烧着。我要学会主动地控制情绪，克制一次次的冲动和坏脾气，我要改变以前错误的思维方式和不良的习惯。尽管有痛苦、有抗拒，但每当想起那只搏击长空、重获新生的鹰

王，我就感受到了激励。

我对自己说："我不允许任何事情逃离我的反省，为什么要害怕批评呢？也许我在某一次的争论中措辞过于严厉；也许因为我的观点刺耳所以不被接受；也许因为我一时不可控制的愤怒而失去了解决问题、缓解冲突的机会。"

我问自己：我是否对人和蔼可亲？我是否懂得感恩、惜缘？我是否对机会保持警惕？我是否集中精力在目标上了？我做得不够，我决心改变自己，我不再对别人提意见的方式和细节斤斤计较了。

渐渐地我感到心情开始平静了，过去的痛苦，甚至那些让我心碎的事情似乎已被遗忘，焦虑紧张的情绪明显缓解，待人处事的态度也发生了变化。我的朋友对我说："你和以前大不一样了，你进步得很快呀。"

晚上，我迫不及待做的一件事就是听自己制作的录音。在学习了《中国古代管理思想》一书后，我知道了古人是怎么选人、用人的。我感到自己的管理水平也在提升，知道自己应该怎么做，从哪些方面思考问题。通过《性格分析》一书，我认识了自己，理解了别人，而不要求每个人都跟自己一样。现在我能静心地梳理思绪，综合分析问题并作出决策，事业开始一步步走向坦途。我的努力换来了快乐和充实，开始走向成功。

我把自做的录音带给了需要帮助的朋友听，他们又给了他们的朋友听，大家反响很好并让我正式出碟子。所以

1999 年我出版了《走向成功》系列录音。社会反响很好，销售完之后我一直没有再制作。许多朋友和听众问我能否再买到这个碟子，因为我工作忙，再加上近几年出版了《中国女兵》和《梦圆南粤》两部长篇小说，所以一直没有再制作。

如今，站在新时代这个重要的历史起点上，回首往事，我感慨万千。我认为它将依然是一段激情飞扬的岁月，它将依然是我们最生动、最有血气的年代，能融入这个伟大的时代，我感到很幸福。感谢这个伟大的时代，成就了许多人的梦想，也成就了我。

于是，我决定把《走向成功》CD 变成书，将它作为一份礼物，献给那些为了追求梦想而奋斗的人们。

期望《走向成功》一书能成为您实现梦想的工具，衷心地希望它对您有所帮助。

最后，让我们共同走向成功！

张梅梅

图书在版编目（CIP）数据

农业现代化进程中农牧户兼业动机及影响因素研究：
以内蒙古农村牧区为例 / 句芳编著. —北京：中国农
业出版社，2016.1
ISBN 978-7-109-21559-7

Ⅰ.①农…　Ⅱ.①句…　Ⅲ.①牧区—农户—多种经营
—研究—内蒙古　Ⅳ.①F327.26

中国版本图书馆 CIP 数据核字（2016）第 072057 号

中国农业出版社出版
（北京市朝阳区麦子店街 18 号楼）
（邮政编码 100125）
责任编辑　姚　佳

北京印刷一厂印刷　　新华书店北京发行所发行
2016 年 1 月第 1 版　　2016 年 1 月北京第 1 次印刷

开本：850mm×1168mm　1/32　印张：7
字数：200 千字
定价：30.00 元
（凡本版图书出现印刷、装订错误，请向出版社发行部调换）